面向新工科普通高等教育系列教材

PHP+MySQL 动态网站开发案例教程

张兵义　主编

王　蓓　范培英　副主编

机械工业出版社

本书采用 PHP+MySQL 作为动态网站开发技术组合，采用 HBuilder+XAMPP 作为开发工具组合，以 PHP 编程技术为基础，由浅入深、完整详细地介绍了 PHP 程序设计、MySQL 数据库应用、基于 MVC 的 Laravel 框架技术及网站的开发流程。本书共 13 章，主要内容包括 PHP 概述与开发环境、PHP 编程基础、数据操作、面向对象程序设计、文件处理、状态管理与会话控制、MySQL 数据库基础、PHP 操作 MySQL 数据库、使用 PHP 数据对象访问数据库、图像处理技术、Ajax 技术、PHP 的 MVC 开发模式和学生信息管理系统。本书内容简明扼要，结构清晰，示例丰富，步骤明确，讲解细致，突出可操作性和实用性。

本书适合作为高等院校、职业院校计算机及相关专业的动态网站开发和 PHP 编程教材，也可作为 PHP 爱好者和动态网站开发维护人员的学习参考书。

本书配有电子课件，所有例题、习题的源代码和案例视频，需要配套资源的教师可登录 www.cmpedu.com 免费注册，审核通过后下载，或联系编辑索取（微信：15910938545，电话：010-88379739）。

图书在版编目（CIP）数据

PHP+MySQL 动态网站开发案例教程 / 张兵义主编．—北京：机械工业出版社，2022.8（2024.2 重印）

面向新工科普通高等教育系列教材

ISBN 978-7-111-71098-1

Ⅰ．①P… Ⅱ．①张… Ⅲ．①PHP 语言-程序设计-高等学校-教材 ②SQL 语言-程序设计-高等学校-教材 Ⅳ．①TP312.8②TP311.132.3

中国版本图书馆 CIP 数据核字（2022）第 113426 号

机械工业出版社（北京市百万庄大街 22 号 邮政编码 100037）
策划编辑：胡 静 责任编辑：胡 静 王 斌
责任校对：张艳霞 责任印制：张 博

北京建宏印刷有限公司印刷
2024 年 2 月第 1 版 • 第 2 次印刷
184mm×260mm • 16.75 印张 • 413 千字
标准书号：ISBN 978-7-111-71098-1
定价：69.00 元

电话服务
客服电话：010-88361066
010-88379833
010-68326294

网络服务
机 工 官 网：www.cmpbook.com
机 工 官 博：weibo.com/cmp1952
金 书 网：www.golden-book.com
机工教育服务网：www.cmpedu.com

前 言

PHP 是当前开发 Web 应用系统中比较理想的工具，它易于使用、功能强大、成本低廉、安全性高、开发速度快且执行灵活，应用非常广泛。使用 PHP+MySQL 开发的 Web 项目，在软件方面的投资成本较低、运行稳定。因此，在当今互联网中许多常见的 Web 应用开发都是由 PHP 实现的，无论是从性能、质量，还是价格上，PHP+MySQL 都已成为企业优先考虑的开发组合。PHP 程序设计是高等院校计算机应用技术类和软件类专业的重要专业课程。目前，有些高校同类教材在内容选择和编排上，存在篇幅和难易程度不适合教学的情况，可能使学生只掌握 PHP 程序设计的一些知识点和基本原理，但实际设计能力、动手操作能力较弱，导致理论学习和实践应用严重脱节。

为了帮助读者快速掌握 PHP 动态网站开发技术，编者结合多年从事教学工作和 Web 应用开发的实践经验，按照教学规律精心编写了本书。编写本书的主要目的是为了满足当前高校教学改革要求，在教材编写上通过更加合理的案例材料和表现形式，为教师教学提供更丰富的教学材料，帮助学生能够更直观地理解和学习教材内容。在各种动态网站开发技术中，Apache+MySQL+PHP 组合以其开源性和跨平台性而著称，被誉为黄金组合并得到广泛应用。本书采用 PHP+MySQL 作为动态网站开发技术组合，采用 HBuilder+XAMPP 作为开发工具组合，详细地讲述了 Apache 服务器配置、PHP 程序设计、MySQL 数据库应用、基于 MVC 的 Laravel 框架技术及网站的开发流程等。

本书具有以下特色。

1）以动态网站开发为中心，以实例为引导，把介绍知识与实例设计、制作、分析融于一体。

2）结构上采用点面结合，内容组织采用模块化、任务驱动设计，并配套丰富的案例。另外，受限于教材的篇幅，书中个别案例没有给出完整的代码，而是把完整代码放到本书提供的教学资源中。

3）从需求出发，按照项目开发的顺序，系统全面地介绍 PHP 项目的开发规范和流程，帮助读者在很短的时间内掌握 PHP 项目开发的步骤与常用技术。

4）在案例顺序的安排上，根据其技术难易程度采用了由浅入深的方式，将技术难点分散于各个案例中，做到了叙述上的前后呼应、技术上的逐步加深。

5）采用 HBuilder+XAMPP 的开发架构编写，紧密结合当前“1+X”Web 前端开发职业技能等级证书的教学需要。

6）深入挖掘课程中的思政元素，增强学生家国情怀。

本书涵盖内容较广，具有指导性强、示例典型、技术新颖及内容丰富等特点。为便于教师教学，本书配有教学课件，所有例题、习题的源代码和案例视频，老师们可从机械工业出版社的教材网 http://www.cmpedu.com 下载。

本书由张兵义担任主编，王蓓、范培英担任副主编，编写分工为：范培英编写第 1、8、9 章，张兵义编写第 2、3、4 章，王蓓编写第 5、6、7 章，刘瑞新编写第 10 章，刘东红编写第 11、12 章，徐军编写第 13 章，全书由刘瑞新教授统审定稿。

由于编者水平有限，书中难免存在疏漏和不足之处，敬请广大师生指正，并提出宝贵意见。

编　者

目　录

前言

第 1 章　PHP 概述与开发环境

PHP 是一种执行于服务器端的动态网页开发技术，执行 PHP 时需要在 Web 服务器上搭建一个编译 PHP 网页的引擎。配置 PHP 开发环境的方法很多，但主要工作就是安装和配置 Web 服务器和 PHP 引擎。Apache 是目前比较流行的支持 PHP 运行的 Web 服务器。本章主要介绍 PHP 运行环境的配置以及在 HBuilder 中搭建 PHP 开发环境的方法。

1.1　动态网站简介

WWW（World Wide Web，万维网）是 Internet 上基于客户/服务器体系结构的分布式多平台的超文本超媒体信息服务系统，它是 Internet 最主要的信息服务，允许用户在一台计算机上通过 Internet 读取另一台计算机上的信息。

1.1.1　WWW 的工作原理

WWW 又称 3W 或 Web，它作为 Internet 上的新一代用户界面，摒弃了以往纯文本方式的信息交互手段，采用超文本（Hypertext）方式工作。利用该技术可以为企业提供全球范围的多媒体信息服务，使企业获取信息的手段有了根本性的改善。

WWW 主要分为两个部分：服务器端（Server）和客户端（Client）。服务器端是信息的提供者，就是存放网页供用户浏览的网站，也称为 Web 服务器。客户端是信息的接收者，是通过网络浏览网页的用户或计算机的总称，浏览网页的程序称为浏览器（Browser）。

WWW 中的网页浏览过程，是由客户端的浏览器向服务器端的 Web 服务器发送浏览网页的请求，Web 服务器就会响应该请求并将该网页传送到客户端的浏览器，并由浏览器解析和显示网页。

1.1.2　静态网页和动态网页

WWW 网站的网页，可以分为静态网页和动态网页两种。

1. 静态网页

静态网页指客户端的浏览器发送 URL 请求给 WWW 服务器，服务器查找需要的超文本文件，不加处理直接下载到客户端，运行在客户端的页面是已经事先做好并存放在服务器中的网页。其页面的内容使用的仅仅是标准的 HTML 代码，静态网页通常由纯粹的 HTML/CSS 语言编写。

网站建设者把内容设计成静态网页，访问者只能被动地浏览网站建设者提供的网页内容。静态网页的内容不会发生变化，除非网页设计者修改了网页的内容。静态网页不能和浏览网页的用户之间进行交互，信息流向是单向的，即从服务器到浏览器，服务器不能根据用户的选择调整返回给用户的内容。

2. 动态网页

网络技术日新月异，许多网页文件扩展名不再只是.html，还有.php、.asp、.jsp 等，这些都是采用动态网页技术制作出来的网页文件。动态网页其实就是建立在 B/S 架构上的服务器端脚本程序。在浏览器端显示的网页是服务器端程序运行的结果。

静态网页与动态网页的区别在于 Web 服务器对它们的处理方式不同。当 Web 服务器接收到对静态网页的请求时，服务器直接将该页发送给客户浏览器，不进行任何处理。如果接收到对动态网页的请求，则从 Web 服务器中找到该文件，并将它传递给一个称为应用程序服务器的特殊软件扩展，由它负责解释和执行网页，将执行后的结果传递给客户浏览器。

动态网页技术根据程序运行的区域不同，分为客户端动态技术与服务器端动态技术。

1.1.3 客户端的动态网页

客户端动态技术不需要与服务器进行交互，实现动态功能的代码往往采用脚本语言形式直接嵌入到网页中。服务器发送给浏览者后，网页在客户端浏览器上直接响应用户的动作，有些应用还需要浏览器安装组件支持。常见的客户端动态技术包括 JavaScript、VBScript、Java Applet、Flash、DHTML 和 ActiveX 等。

1.1.4 服务器端的动态网页

服务器端动态技术需要与客户端共同参与，客户通过浏览器发出页面请求后，服务器根据 URL 携带的参数运行服务器端程序，产生的结果页面再返回客户端。一般涉及数据库操作的网页（如注册、登录和查询等）都需要使用服务器端动态技术程序。动态网页比较注重交互性，即网页会根据客户的要求和选择而动态改变和响应，将浏览器作为客户端界面，这将是今后 Web 发展的趋势。动态网站上主要是一些页面布局，网页的内容大都存储在数据库中，并可以利用一定的技术使动态网页内容生成静态网页内容，方便网站的优化。

典型的服务器动态技术有 CGI、ASP/ASP.Net、JSP、PHP 等。

1. CGI 通用网关接口

CGI 是一段运行在 Web 服务器上的程序，它定义了客户请求与应答的方法，提供了服务器和客户端 HTML 页面的接口。通俗地讲 CGI 就像是一座桥，把网页和 Web 服务器中的执行程序连接起来，它把 HTML 接收的指令传递给服务器，再把服务器执行的结果返回给 HTML 页面。用 CGI 可以实现处理表格、数据库查询、发送电子邮件等操作。

可以使用不同的编程语言编写适合的 CGI 程序，如 VB、Delphi 或 C/C++等。用户将编写好的程序放在 Web 服务器上运行，再将其运行结果通过 Web 服务器传输到客户端的浏览器上。事实上，这样的编制方式比较困难而且效率低下，因为用户每一次修改程序都必须重新将 CGI 程序编译成可执行文件。

2. ASP/ASP.NET

ASP（Active Server Pages）是目前较为流行的开放式 Web 服务器应用程序开发技术。ASP 既不是一种语言，也不是一种开发工具，而是一种技术框架。它能够把 HTML、脚本、组件等有机地组合在一起，形成一个能够在服务器上运行的应用程序，并把按用户要求专门制作的标准 HTML 页面回送给客户端浏览器。其主要功能是为生成动态的交互式的 Web 服务器应用程序提供一种功能强大的方法或技术。

近年来，微软（Microsoft）开发了以.Net Framework 为基础的动态网站技术——

ASP.NET。ASP.NET 是 ASP 的.NET 版本，是一种编译式的动态技术，其执行效率较高，同时支持使用通用语言建立动态网页。

3．JSP

JSP（Java Server Page）是由 SUN 公司倡导，众多公司参与，一起建立的一种动态网页技术标准。由于 JSP 是基于 Java 技术的动态网页解决方案，具有良好的可伸缩性，并且与 Java Enterprise API 紧密结合，因此在网络数据库应用开发方面有得天独厚的优势。

JSP 几乎可以运行在所有的服务器系统上，对客户端浏览器要求也很低。JSP 可以支持超过 85%的操作系统，除了 Windows 外，它还支持 Linux、UNIX 等。

4．PHP

PHP（PHP：Hypertext Preprocessor）是超文本预处理语言的缩写。PHP 是一种 HTML 内嵌式的语言，与微软的 ASP 颇有几分相似，都是一种在服务器端执行的嵌入 HTML 文档的脚本语言，其语言风格类似于 C 语言。PHP 独特的语法混合了 C、Java、Perl 以及 PHP 自创的语法，可以比 CGI 或者 Perl 更快速地执行动态网页。PHP 是将程序嵌入到 HTML 文档中去执行，执行效率比完全生成 HTML 标记的 CGI 要高许多。

PHP 具有非常强大的功能，所有的 CGI 或者 JavaScript 的功能 PHP 都能实现，而且支持几乎所有主流的数据库以及操作系统。

1.2　PHP 简介和特点

PHP 是一种通用开源脚本语言，语法吸收了 C 语言、Java 和 Perl 的特点，易于学习，使用广泛，主要适用于 Web 开发领域。

1.2.1　PHP 简介

PHP 最初是由丹麦的 Rasmus Lerdorf 创建的，刚开始它只是一个简单地用 Perl 语言编写的程序，用来统计网站的访问量。后来又用 C 语言重新编写，添加访问数据库的功能。1995 年，他以 Personal Home Page Tools（PHP Tools）开始对外发布第一个版本，Lerdorf 写了一些介绍此程序的文档，并且发布了 PHP 1.0。

1997 年 11 月，PHP/FI 2.0 在经历了数个 beta 版本后，发布了官方正式版本。PHP 3.0 作为 PHP/FI 2.0 的官方后继版本，是类似于当今 PHP 语法结构的第一个版本，于 1998 年 6 月正式发布。

2000 年 5 月 22 日，PHP 4.0 发布。该版本将语言和 Web 服务器之间的层次抽象化，并且加入了线程安全机制和更先进的两阶段解析与执行标签解析系统。这个新的解析程序依然由 Zeev Suraski 和 Andi Gutmans 编写，并且被命名为 Zend 引擎。

2004 年 7 月 13 日，PHP 5.0 发布，一个全新的 PHP 时代到来。PHP 5.0 引入了面向对象的全部机制，保留了向下的兼容性，并且引进了类型提示和异常处理机制，能更有效地处理和避免错误的发生。2008 年 PHP 5.0 成了 PHP 唯一维护中的稳定版本。

2015 年 12 月 4 日，PHP 7 发布。此版本包含了大量的新功能和漏洞修复。开发者需要特别注意的是，该版本不再支持 Windows XP 和 Windows 2003 操作系统。

1.2.2 PHP 语言特点

PHP 作为一种服务器端的脚本语言，主要有以下几个特点。

1．开放源代码

PHP 属于自由软件，是完全免费的，用户可以从 PHP 官方站点（http: //www.php.net）自由下载，而且可以不受限制地获得源码，甚至可以从中加进自己需要的专用代码。

2．基于服务器端

PHP 是运行在服务器上的，充分利用了服务器的性能，PHP 的运行速度只与服务器的速度有关，因此它的运行速度可以非常快；PHP 执行引擎还会将用户经常访问的 PHP 程序存储在内存中，其他用户再一次访问这个程序时就不需要重新编译了，只要直接执行内存中的代码即可，这也是 PHP 高效性的体现之一。

3．数据库支持

PHP 能够支持目前绝大多数的数据库，如 DB 2、dBase、mSQL、MySQL、Microsoft SQL Server、Sybase、Oracle、Oracle 8、PostgreSQL 等，并完全支持 ODBC，（Open Database Connection Standard，开放数据库连接标准），因此可以连接任何支持该标准的数据库。其中，PHP 与 MySQL 是绝佳的组合，它们的组合可以跨平台运行。

4．跨平台

PHP 可以在目前所有主流的操作系统上运行，包括 Linux、UNIX 的各种变种、Microsoft Windows、Mac OS X、RISC OS 等。正是由于这个特点，使 UNIX/Linux 操作系统上有了一种与 ASP 媲美的开发语言。另外，PHP 已经支持了大多数的 Web 服务器，包括 Apache、IIS、iPlanet、Personal Web Server（PWS）、Oreilly Website Pro Server 等。对于大多数服务器，PHP 均提供了一个相应模块。

5．易于学习

PHP 的语法接近 C、Java 和 Perl，学习起来非常简单。PHP 还提供数量巨大的系统函数集，用户只要调用一个函数就可以完成很复杂的功能，编程十分方便。因此用户只需要很少的编程知识就能够使用 PHP 建立一个交互的 Web 站点。

6．网络应用

PHP 还提供了强大的网络应用功能，支持诸如 LDAP、IMAP、SNMP、NNTP、POP3、HTTP、COM（Windows 环境）等协议服务。它还可以开放原始端口，使任何其他的协议能够协同工作，PHP 也可以编写发送电子邮件、FTP 上传/下载等网络应用程序。

7．安全性

由于 PHP 本身的代码开放，所以它的代码由许多工程师进行了检测，同时它与 Apache 编译在一起的方式也让它具有灵活的安全设定。因此到现在为止，PHP 具有公认的安全性。

8．其他特性

PHP 还提供其他编程语言所能提供的功能，如数字运算、时间处理、文件系统、字符串处理等。除此之外，PHP 还提供更多的支持，包括高精度计算、公元历转换、图形处理、编码与解码、压缩文件处理以及有效的文本处理功能（如正则表达式、XML 解析等）。

1.2.3 PHP 的应用领域

PHP 与 HTML 语言有着非常好的兼容性，用户可以直接在 PHP 脚本代码中加入 HTML

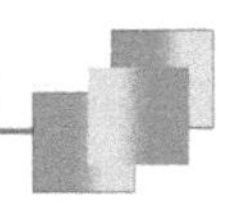

标记，或者在 HTML 语言中嵌入 PHP 代码，从而更好地实现页面控制。PHP 提供了标准的数据接口，数据库连接十分方便，兼容性好，扩展性好，可以进行面向对象编程。

PHP 脚本主要用于以下 3 个领域。

1．服务端脚本

这是 PHP 最传统，也是最主要的目标领域。开展这项工作需要具备以下 3 点：PHP 解析器（CGI 或服务器模块）、Web 服务器和 Web 浏览器。需要在运行 Web 服务器时，安装并配置 PHP，然后用 Web 浏览器来访问 PHP 程序的输出，即浏览服务端的 PHP 页面。

2．命令行脚本

用户可以编写一段 PHP 脚本，并且不需要任何服务器或浏览器来运行它。通过这种方式，仅仅只需要 PHP 解析器来执行。这种用法对于依赖 cron（UNIX 或 Linux 环境）或者 Task Scheduler（Windows 环境）的脚本来说是理想的选择。这些脚本也可以处理简单的文本。

3．编写桌面应用程序

对于有着图形界面的桌面应用程序来说，PHP 或许不是一种最好的语言，但是如果用户非常精通 PHP，并且希望在客户端应用程序中使用 PHP 的一些高级特性，可以利用 PHP-GTK 来编写这些程序。用这种方法，还可以编写跨平台的应用程序。PHP-GTK 是 PHP 的一个扩展，在通常发布的 PHP 包中并不包含它。

1.3　PHP 的工作原理

在学习 PHP 编程语言之前，一定要先了解 PHP 的工作原理，包括 PHP 系统的构成和 PHP 程序的工作流程，这样才能正确搭建 PHP 的开发环境，编写 Web 应用程序。

1.3.1　PHP 系统的构成

PHP 是基于服务器端运行的脚本程序语言，实现数据库和网页之间的数据交互。一个完整的 PHP 系统由以下几个部分构成。

1．操作系统

网站运行服务器所使用的操作系统。PHP 对操作系统没有特定要求，其跨平台的特性允许 PHP 运行在任何操作系统上，如 Windows、Linux 等。

2．服务器

搭建 PHP 运行环境时所选择的服务器。PHP 支持多种服务器软件，包括 Apache、IIS 等。

3．PHP 包

PHP 包实现对 PHP 文件的解析和编译。

4．数据库系统

实现系统中数据的存储。PHP 支持多种数据库系统，包括 MySQL、SQL Server、Oracle 及 DB2 等。

5．浏览器

浏览器用于浏览网页。由于 PHP 在发送到浏览器时已经被解析器编译成其他的代码，所以 PHP 对浏览器没有任何限制。

1.3.2 PHP 程序的工作流程

图 1-1 完整地展示了用户通过浏览器访问 PHP 网站系统的全过程，从图中可以更加清晰地理清它们之间的关系。

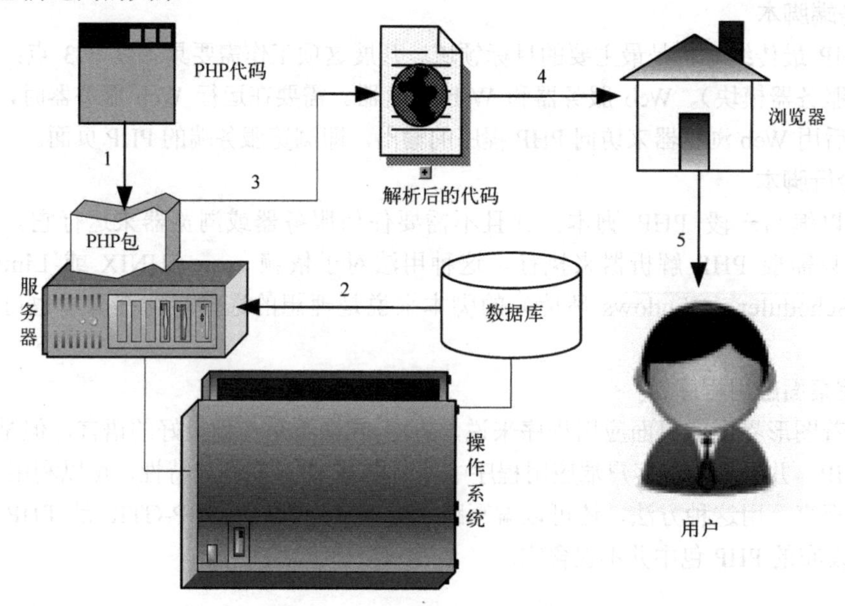

图 1-1 PHP 程序的工作流程

1）PHP 代码传递给 PHP 包，请求 PHP 包进行解析并编译。

2）服务器根据 PHP 代码的请求读取数据库中的数据。

3）服务器与 PHP 包共同根据数据库中的数据或其他运行变量，将 PHP 代码解析成普通的 HTML 代码。

4）解析后的代码发送给浏览器，浏览器对代码进行分析获取可视化内容。

5）用户通过访问浏览器浏览网站内容。

1.4 PHP 开发环境搭建

在了解了 PHP 的工作原理之后，读者就可以开始学习如何搭建 PHP 开发环境，包括开发环境的选择、下载、安装与配置。

1.4.1 PHP 开发环境的选择

PHP 开发环境涉及操作系统、Web 服务器和数据库。XAMPP 是 PHP 开发的一种常用开发工具的技术组合。所谓 XAMPP 就是基于 Windows、Apache、MySQL 和 PHP 的运行环境，XAMPP 的名字来源于这些软件名称的第一个字母。

1．Apache 服务器

Apache 是一款开放源码的 Web 服务器，其平台无关性使得 Apache 服务器可以在任何操作系统上运行。强大的安全性和其他优势，使得 Apache 服务器即使运行在 Windows 操作系统上也可以与 IIS 服务器媲美，甚至在某些功能上远远超过了 IIS 服务器。在目前所有的 Web 服务器软件中，Apache 服务器以绝对优势占据了市场份额的 70%，遥遥领先于 IIS 服务器。

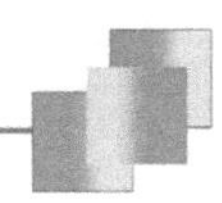

2．MySQL 数据库

MySQL 是一个开放源码的小型关系数据库管理系统，由于其体积小、速度快、总体成本低等优点，目前被广泛应用于 Internet 的中小型网站中。MySQL 是一个真正的多用户、多线程的 SQL 数据库服务器。由于 MySQL 源代码的开放性和稳定性，并且可与 PHP 完美结合，很多站点使用它们进行 Web 开发。

3．PHP 脚本语言

目前主流的 PHP 版本是 PHP 7，该版本的最大特点是引入了面向对象的全部机制，并且保留了向下的兼容性。PHP 7 引进了类型提示和异常处理机制，能更有效地处理和避免错误的发生。PHP 7 成熟的 MVC 开发框架使它能适应企业级的大型应用开发，再加上其强大的数据库支持能力，PHP 7 将会得到更多 Web 开发者的青睐。

1.4.2　下载 XAMPP 集成开发工具

PHP 有多种开发工具，既可以单独安装 Apache、MySQL 和 PHP 三个软件并进行配置，也可以使用集成开发工具。和其他动态网站技术相比，PHP 的安装与配置相对比较复杂，建议使用 PHP 集成开发工具 XAMPP，该程序包集成了 Apache + PHP + MySQL + phpMyAdmin，一次性安装，可以完成复杂的开发环境配置。

该程序包的下载地址是：https://www.apachefriends.org/index.html，本书下载使用的 XAMPP 版本是 xampp-portable-win32-7.3.2-0-VC15-installer.exe。

1.4.3　安装 XAMPP

在安装 XAMPP 之前，需要说明的是，Apache 服务器使用的默认服务端口是 80 端口，如果服务器中安装并启动了 Microsoft 的 IIS 信息服务（IIS 的默认服务端口也是 80 端口），应将 IIS 服务停止，以避免安装时产生服务端口的冲突。安装 XAMPP 的步骤如下。

安装 XAMPP

① 双击 XAMPP 的安装程序 xampp-portable-win32-7.3.2-0-VC15-installer.exe，启动程序的安装。首先弹出的是杀毒软件保护警告，提示用户是否继续安装，单击“Yes”按钮继续安装即可，如图 1-2 所示

② 弹出欢迎安装窗口，如图 1-3 所示。

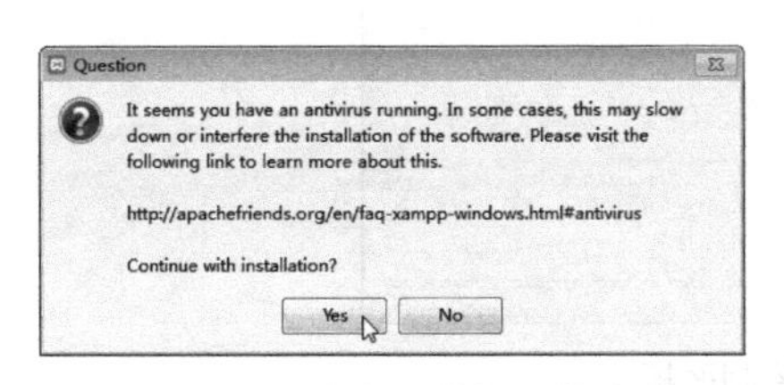

图 1-2　杀毒软件保护警告

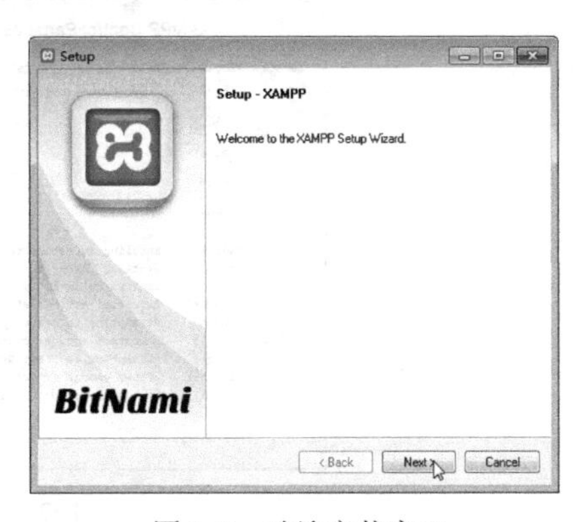

图 1-3　欢迎安装窗口

③ 单击“Next”按钮继续安装，打开“选择组件”窗口，默认安装所有组件，如图 1-4 所示。

④ 单击“Next”按钮继续安装，打开“选择安装目录”的对话框，默认安装在“C:\xampp”文件夹中，如图 1-5 所示。

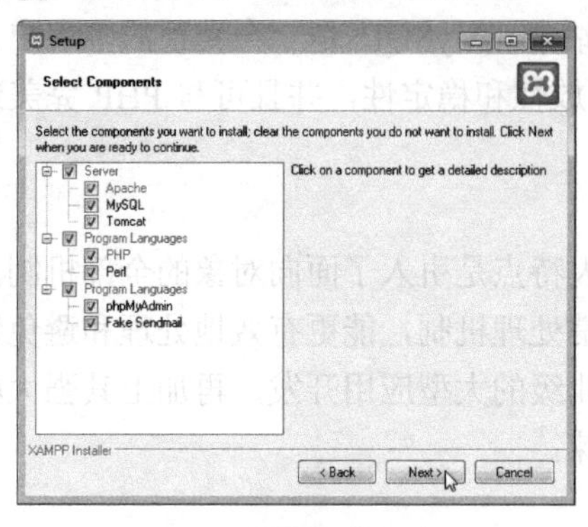

图 1-4 “选择组件”窗口

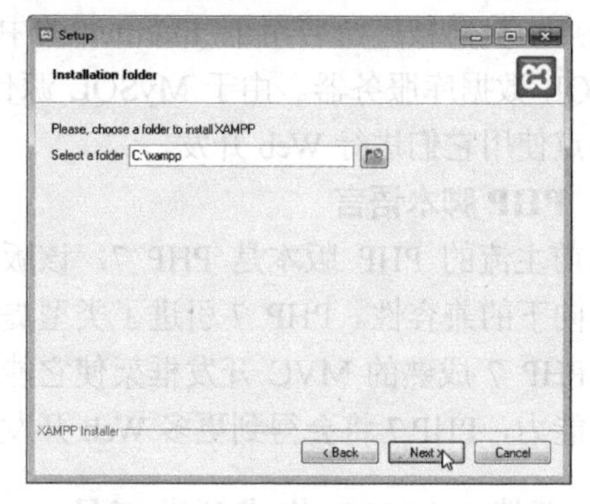

图 1-5 “选择安装目录”窗口

⑤ 单击“Next”按钮，安装程序将自动完成其余的内容，直至整个软件安装完毕。在浏览器地址栏输入“http://127.0.0.1/dashboard”或“http://localhost/dashboard”，如果显示一些关于 XAMPP 集成开发环境的信息，表明 XAMPP 安装成功，如图 1-6 所示。

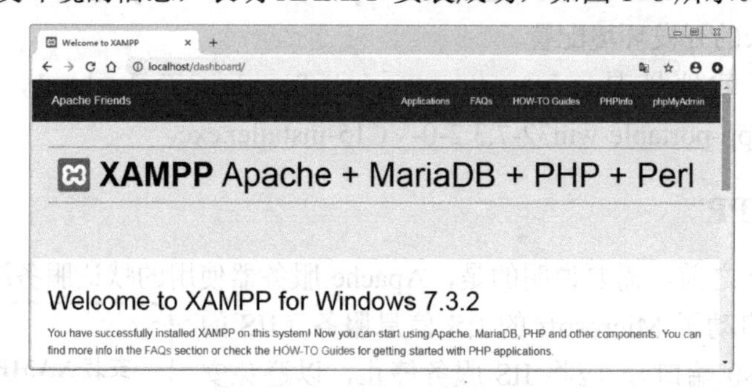

图 1-6 XAMPP 安装成功

1.4.4 XAMPP 控制面板简介

双击桌面上的 xampp-control.exe 图标，打开 XAMPP 控制面板，如图 1-7 所示。

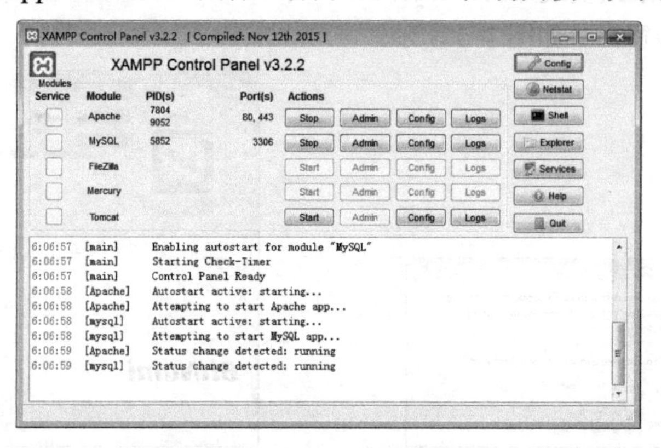

图 1-7 XAMPP 控制面板

控制面板由 3 个区域组成：主服务区、右侧导航区和底部信息区。

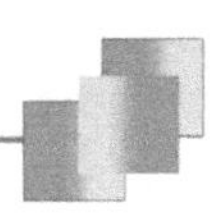

1. 主服务区

主服务区包括 Apache 网站服务器和 MySQL 数据库服务器的常用功能设置，如图 1-8 所示，主要功能如下。

1）Start/Stop：服务的启动和关闭。

2）Admin：服务器管理的首页。

3）Config：服务器的配置管理。

4）Logs：服务器的日志管理。

图 1-8　主服务区

2. 右侧导航区

右侧导航区的常用功能设置如图 1-9 所示，主要功能如下。

1）Config：配置控制面板的常用功能。

2）Netstat：查看服务进程的状态。

3）Shell：快速打开命令行窗口。

4）Explorer：快速打开 XAMPP 的安装文件夹。

5）Services：快速打开系统服务窗口。

6）Help：查看 XAMPP 帮助文件。

7）Quit：退出 XAMPP 管理。

3. 底部信息区

底部信息区主要用来显示网站服务器和数据库服务器的服务状态信息，如图 1-10 所示。

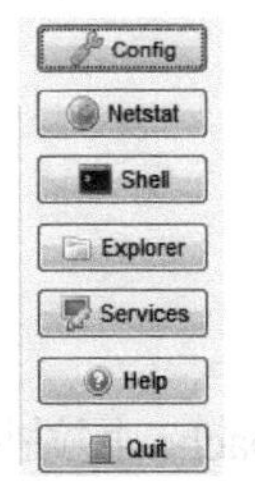

图 1-9　右侧导航区

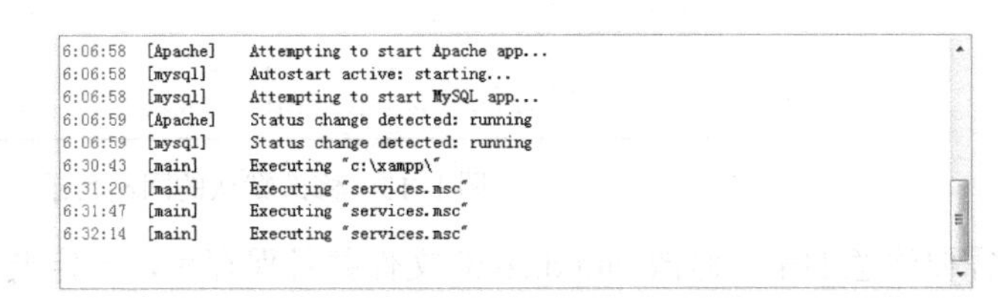

图 1-10　底部信息区

1.4.5　配置 XAMPP 运行环境

虽然 XAMPP 能够快速地安装与初始化 PHP 集成开发环境，但是用户也需要在此基础上掌握环境配置文件的基本用法，配置适合自身需要的开发环境。

PHP 环境配置文件主要包含 3 个文件：httpd.conf、php.ini 和 my.ini。

1）httpd.conf：该文件用于配置 Apache 网站服务。

2）php.ini：该文件用于配置 PHP 编程语言的环境。

3）my.ini：该文件用于配置 MySQL 数据库服务。

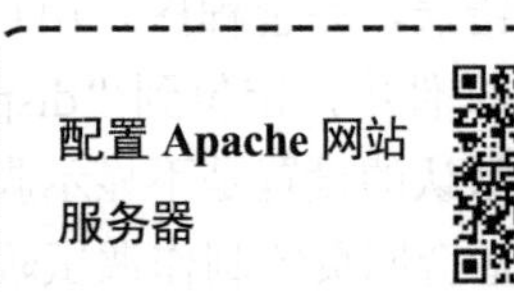

1. 配置 Apache 网站服务器

在主服务区中单击 Apache 网站的“Config”按钮，在弹出的菜单中选择“Apache(httpd.conf)”菜单项，如图 1-11 所示。打开 httpd.conf 文件，这里主要讲解 Apache 网站服务器的服务端口和默认网站目录的配置。

（1）修改服务端口

Apache 网站服务器的默认服务端口是 80 端口，用户也可以根据网站开发的需要更改默认的服务端口。在打开的 httpd.conf 文件中，定位到“Listen 80”这行代码，如图 1-12 所示。将系统默认的 80 服务端口改为用户需要的端口（例如 800）即可。

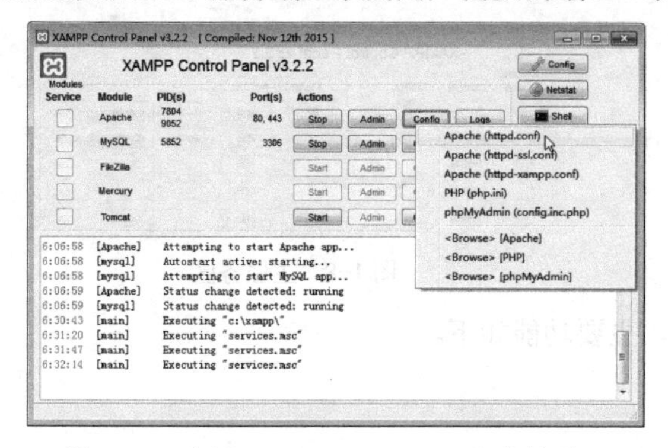

图 1-11　选择“Apache(httpd.conf)”菜单项

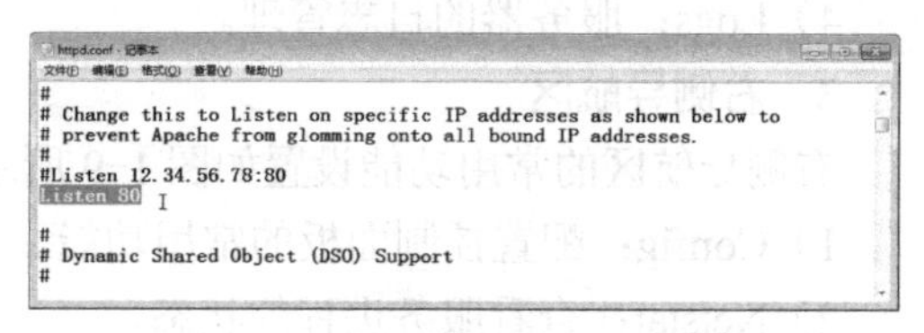

图 1-12　修改 Apache 服务端口

（2）修改默认网站目录

Apache 网站服务器的默认网站目录是“C:\xampp\htdocs”，用户也可以根据网站开发的需要更改这个默认的网站目录。在打开的 httpd.conf 文件中，定位到 DocumentRoot "C:/xampp/htdocs"和<Directory "C:/xampp/htdocs">这两行代码，如图 1-13 所示。将系统默认的网站目录改为用户需要的网站目录（例如“E:\www”）即可。

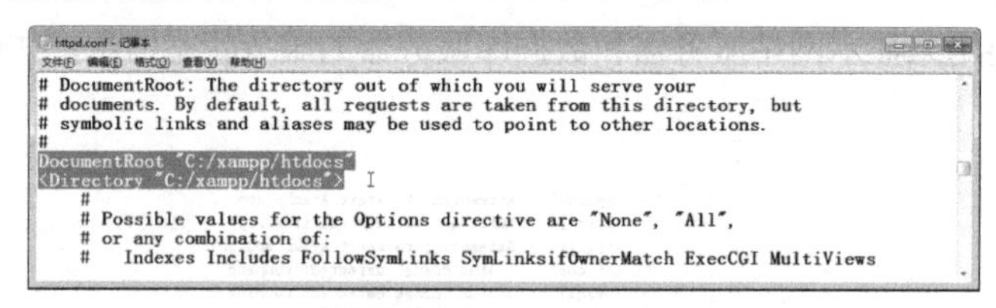

图 1-13　修改默认的网站目录

需要注意的是，修改 httpd.conf 文件并且保存后，一定要重新启动 Apache 网站服务器才能使修改有效。

2．配置 PHP 脚本环境

在主服务区中单击 Apache 网站的“Config”按钮，在弹出的菜单中选择“PHP(php.ini)”菜单项，如图 1-14 所示。打开 php.ini 文件，这里主要讲解常用的 PHP 脚本环境变量的配置。

配置 PHP 脚本环境

在动态网页的制作调试阶段，用户总是希望能及时地查看脚本运行后的出错信息，以便进一步修改错误，完善程序。用户可以通过设置 display_errors 环境变量实现这一功能。在打开的 php.ini 文件中，定位到“display_errors = Off”这行代码，如图 1-15 所示。

系统默认的设置是不显示脚本调试错误，这种情况适合程序调试无误后发布网站的环境设置，并不适合网页的制作调试阶段。

此处，将 Off 改为 On 即可实现脚本运行后显示脚本调试错误的功能。

需要注意的是，修改 php.ini 文件并且保存后，一定要重新启动 Apache 网站服务器才能使修改有效。

配置 MySQL 数据库服务

3．配置 MySQL 数据库服务

在主服务区中单击 MySQL 数据库服务器的“Config”

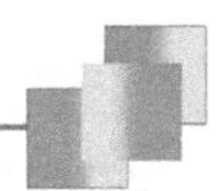

按钮，在弹出的菜单中选择“my.ini”菜单项，如图 1-16 所示。打开 my.ini 文件，这里主要讲解 MySQL 数据库服务的服务端口和默认数据字符集的设置。

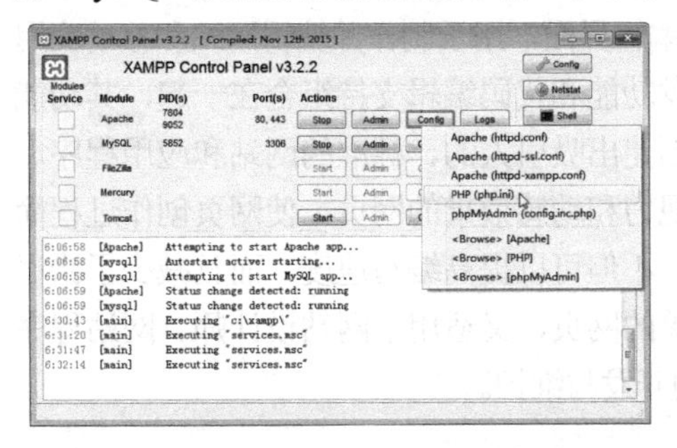

图 1-14　选择“PHP(php.ini)”菜单项

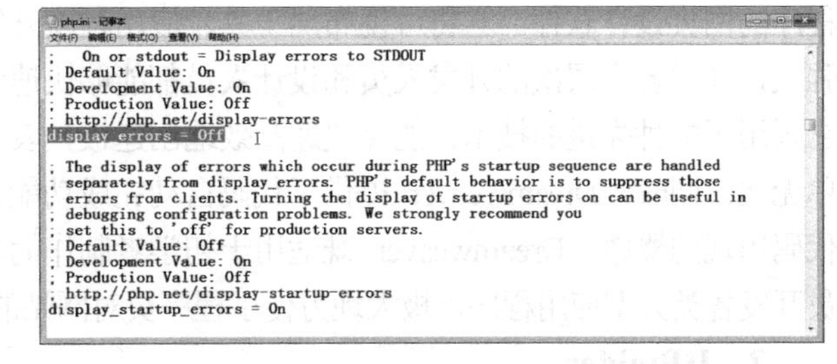

图 1-15　脚本调试错误的设置

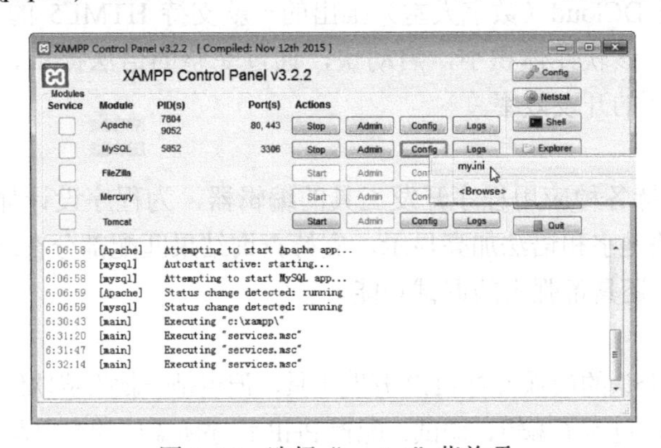

图 1-16　选择“my.ini”菜单项

（1）修改服务端口

MySQL 数据库服务的默认服务端口是 3306 端口，用户也可以根据数据库开发的需要更改这个默认的服务端口。在打开的 my.ini 文件中，定位到“port=3306”这行代码，如图 1-17 所示。将系统默认的 3306 服务端口改为用户需要的端口（例如 3307）即可。

（2）修改默认数据字符集

MySQL 默认的数据字符集是 utf8，用户也可以根据数据库开发的需要更改这个默认的数据字符集。在打开的 my.ini 文件中，定位到“character set server=utf8”这行代码，如图 1-18 所示。将系统默认的 utf8 数据字符集改为用户需要的数据字符集即可。

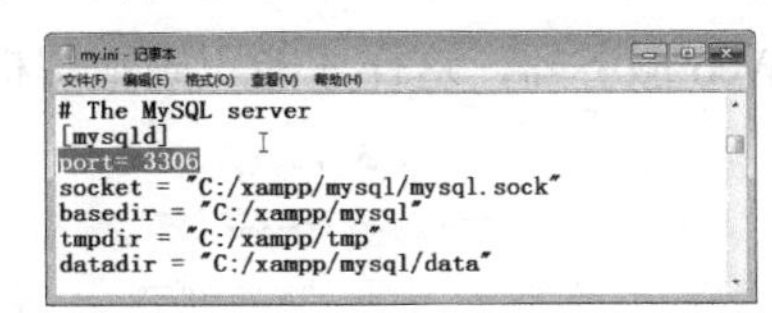

图 1-17　修改 MySQL 数据库服务端口

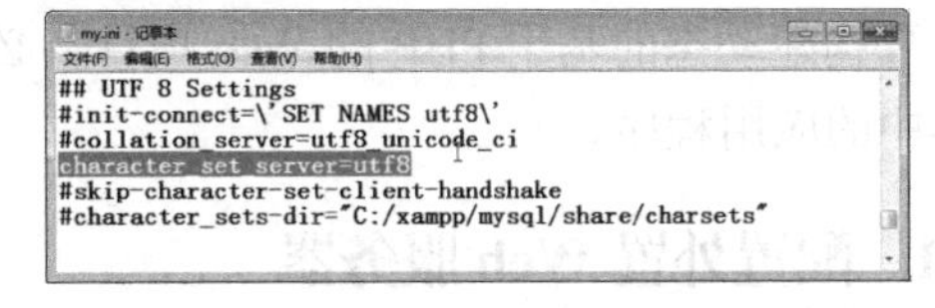

图 1-18　修改 MySQL 默认的数据字符集

需要注意的是，修改 my.ini 文件并且保存后，一定要重新启动 MySQL 数据库服务才能使修改有效。

1.5　常用代码编辑工具

随着互联网的普及，动态网站开发技术的不断发展和完善，随之产生了众多代码编辑工具。下面介绍几款常用代码编辑工具。

1．Dreamweaver

Dreamweaver 是美国 Adobe 推出的一套拥有可视化编辑界面，用于制作并编辑网站和移动应用程序的网页设计软件。它将可视布局工具、应用程序开发功能和代码编辑支持组合在一起，其功能强大，使得各个层次的开发人员和设计人员都能够快速创建出吸引人的、标准的网站和应用程序。它采用了多种先进的技术，能够快速高效地创建极具表现力和动感效果的网页，使网页创作过程简单无比。同时，Dreamweaver 提供了代码自动完成功能，不但可以提高编写速度，而且减少了错误代码出现的概率。Dreamweaver 既适用于初学者制作简单的网页，又适用于网站设计师、网站程序员开发各类大型应用程序，极大地方便了程序员对网站的开发与维护。

2．HBuilder

HBuilder编辑器是 DCloud（数字天堂）推出的一款支持 HTML5 的 Web 集成开发工具，具有开发快捷的优势。该软件体积小，启动快，通过完整的语法提示、代码输入法和代码块等，大幅提升 Web 页面的开发效率。

3．Eclipse

Eclipse 是一款支持各种应用程序开发工具的编辑器，为程序设计师提供了许多强大的功能。它支持多语言的关键字和语法加亮显示，支持查询结果匹配部分在编辑器中的加亮显示，支持代码格式化功能，还具备强大的调试功能。

4．ZendStudio

ZendStudio 是目前公认的最强大的 PHP 开发工具，但也是一款收费软件。其具备功能强大的专业编辑工具和调试工具，包括了编辑、调试、配置 PHP 程序所需要的客户及服务器组件，支持 PHP 语法加亮显示，尤其是功能齐全的调试功能，能够帮助程序员解决在开发中遇到的问题。

5．PHPEdit

PHPEdit 是一款 Windows 下优秀的 PHP 脚本 IDE（集成开发环境）。该软件为快速、便捷地开发 PHP 脚本提供了多种工具，其功能包括：语法关键词高亮，代码提示、浏览，集成 PHP 调试工具，帮助生成器，自定义快捷方式，150 多个脚本命令，键盘模板，报告生成器，快速标记，插件等。

1.6 使用 HBuilder 建立 Web 项目

要构建动态的基于 PHP 的 Web 项目，必须配置外置 Web 服务器，这样才能正确地解析服务器中的应用程序。

1.6.1 配置外置 Web 服务器

本书采用 HBuilder 作为编写 PHP 代码的开发工具，但 HBuilder 内置的 Web 服务器只能解析静态的 HTML、JavaScript 和 CSS 代码，不能直接解析 PHP 服务器端的代码，需要配置外置 Web 服务器才能解析服务器端的代码。下面讲解新建外置 Web 服务器并配置外置 Web 服务器的方法。

图 1-19 设置 Web 服务器

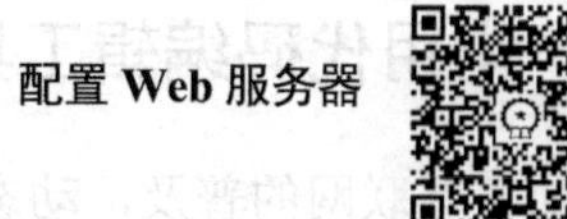

① 打开 HBuilder，单击工具栏上浏览器下拉列表，在弹出的列表中选择“设置 web 服务器”选项，如图 1-19 所示。

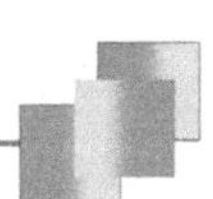

② 在打开的“首选项(已过滤)”窗口中选择“外置 Web 服务器设置”选项，如图 1-20 所示。在打开的窗口中单击“新建”按钮，如图 1-21 所示。

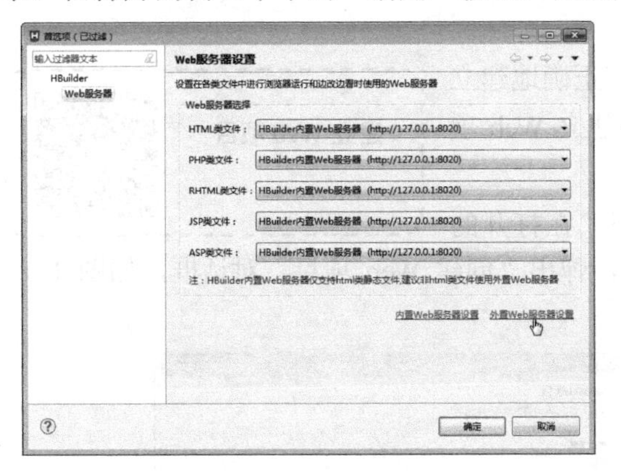

图 1-20　外置 Web 服务器设置

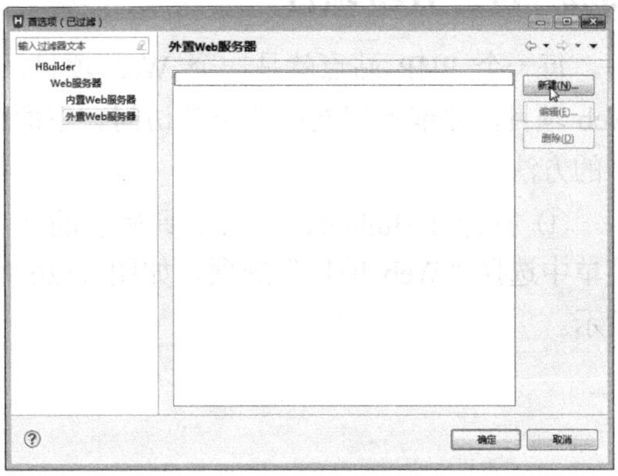

图 1-21　新建 Web 服务器设置

③ 打开“编辑”对话框，如图 1-22 所示，输入服务器名称和浏览器运行 URL 地址，如图 1-23 所示。其中 http://localhost 代表的就是 C:\xampp\htdocs（默认的网站根目录）。

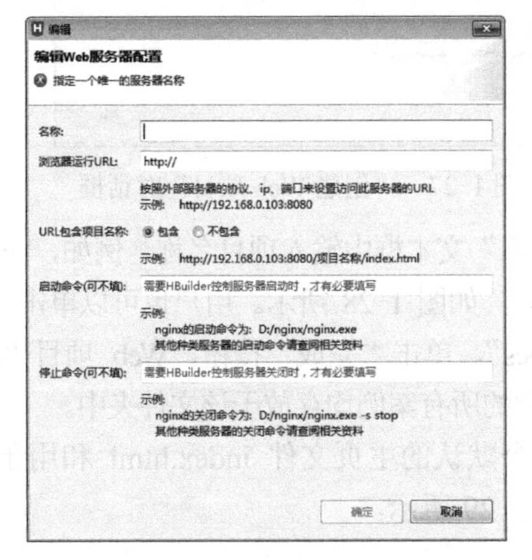

图 1-22　“编辑”对话框

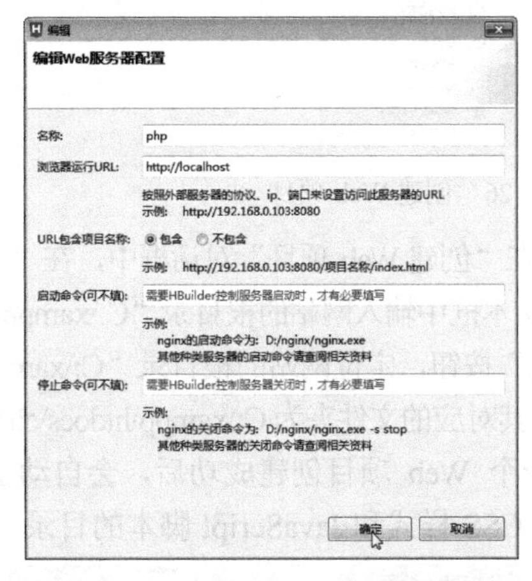

图 1-23　编辑 Web 服务器配置

④ 单击“确定”按钮，返回“首选项 1 已过滤”窗口，然后从“PHP 类文件”右侧的 Web 服务器列表中选择新建的外置 Web 服务器“php(http://localhost)”，如图 1-24 所示。设置完成后的最终结果如图 1-25 所示。

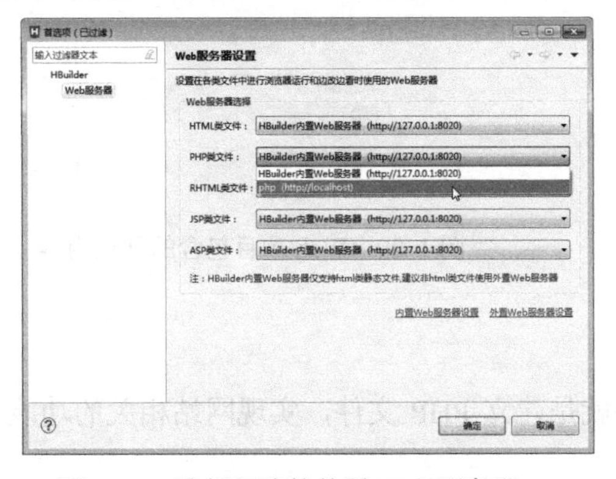

图 1-24　选择新建的外置 Web 服务器

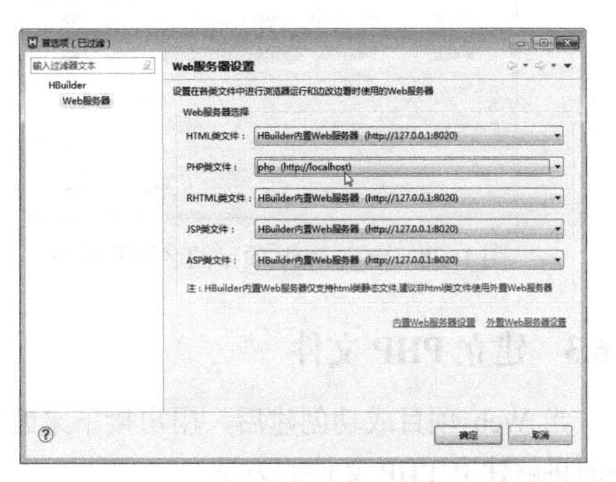

图 1-25　设置完成后的最终结果

单击“确定”按钮，完成外置 Web 服务器的配置。

1.6.2 建立 Web 项目

每一个 PHP 站点就是一个 Web 项目，只有正确地建立 Web 项目，才能实现网站的正常访问。下面讲解建立 Web 项目的方法。

① 打开 HBuilder，单击工具栏上的 + 按钮，在打开的菜单中选择“Web 项目”选项，如图 1-26 所示，弹出“创建 Web 项目”对话框，如图 1-27 所示。

图 1-26 创建 Web 项目

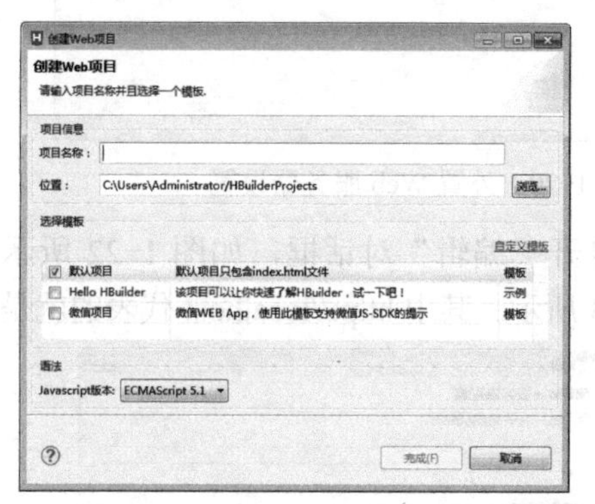

图 1-27 “创建 Web 项目”对话框

② 在“创建 Web 项目”对话框中，在“项目名称”文本框中输入项目名称，例如，“ch1”；在“位置”文本框中输入网站的根目录“C:\xampp\htdocs”，如图 1-28 所示。用户也可以单击对话框中的“浏览”按钮，定位网站的根目录“C:\xampp\htdocs”。单击“完成”按钮，Web 项目“ch1”创建成功，其对应的文件夹为 C:\xampp\htdocs\ch1，本章的所有案例均存放于该文件夹中。

当一个 Web 项目创建成功后，会自动生成一个默认的主页文件 index.html 和用于存放网站图像、CSS 样式和 JavaScript 脚本的目录，如图 1-29 所示。

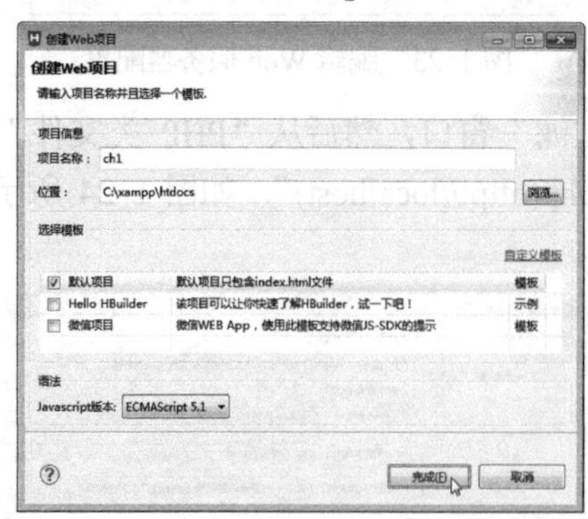

图 1-28 定义 Web 项目的名称和位置

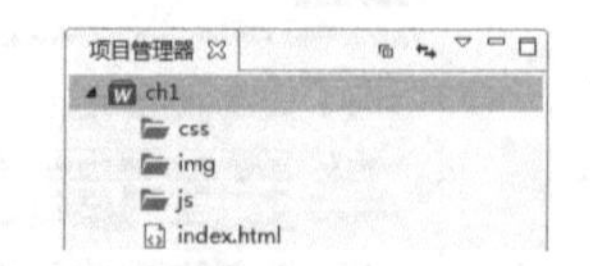

图 1-29 Web 项目包含的默认内容

1.6.3 建立 PHP 文件

当 Web 项目成功创建后，用户接下来的任务就是建立 PHP 文件，实现网站相关的功能。下面讲解建立 PHP 文件的方法。

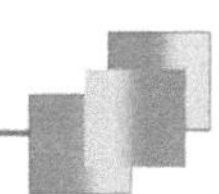

① 在 Web 项目 ch1 上右击，在弹出的快捷菜单中选择“新建”→“PHP 文件”选项，如图 1-30 所示。打开“创建文件向导”对话框，在“文件名”文本框中输入要建立的文件名，例如，“hello.php”，如图 1-31 所示。

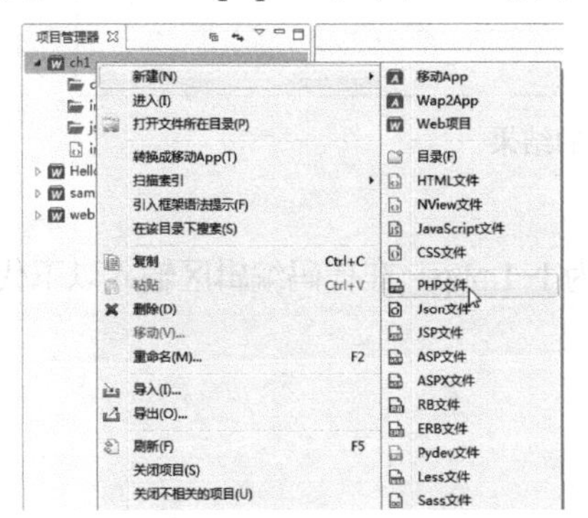

图 1-30　新建 PHP 文件

图 1-31　“创建 PHP 文件向导”对话框

② 单击“完成”按钮，生成 PHP 文件 hello.php，在代码窗口中输入简单的 PHP 代码，如图 1-32 所示。单击工具栏上的按钮，保存网页。

③ 单击工具栏上的谷歌浏览器按钮，启动浏览器，网页的显示结果如图 1-33 所示。

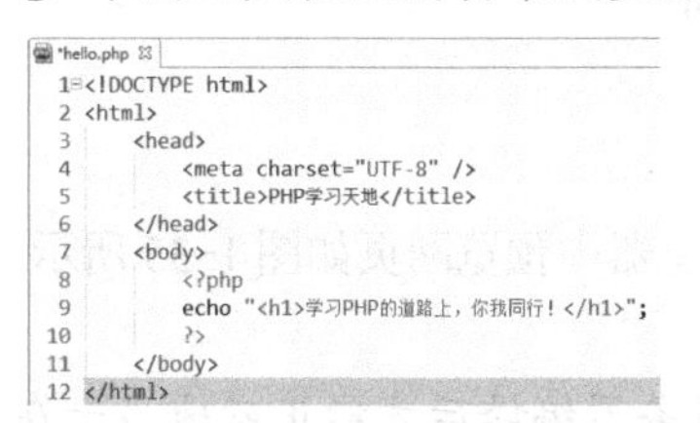

图 1-32　输入简单的 HTML 代码

图 1-33　网页的显示结果

用户也可以使用 HBuilder 中的“边改边看模式”，直接在 HBuilder 中同步查看当前编辑代码的输出结果。单击工具栏右侧的查看模式列表，在弹出的列表中选择“边改边看模式”即可在 HBuilder 中看到页面的输出结果，如图 1-34 所示。

图 1-34　边改边看模式

1.7　第一个 PHP 程序

通过以上讲解，读者应该掌握了建立基于 PHP 的 Web 项目及页面的基本方法。在本节的综合案例中将进一步巩固练习这些知识点。

【例】 练习建立 PHP 页面。本例页面预览后，页面中显示出学习信息和系统日期，页面预览的结果如图 1-35 所示。

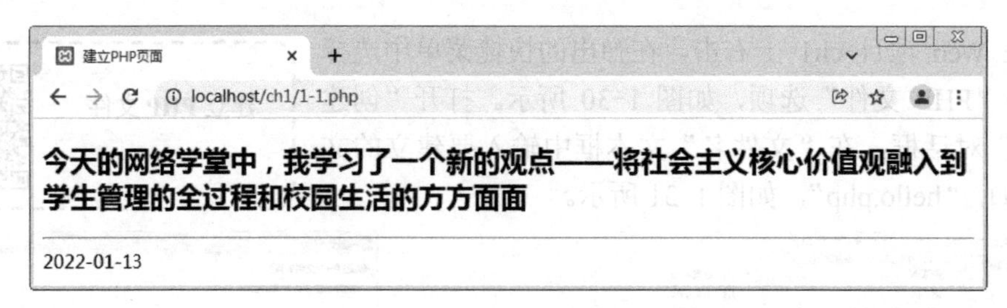

图 1-35　页面预览的结果

操作步骤如下。

① 在 Web 项目 ch1 中新建一个 PHP 文件，命名为 1-1.php，在代码编辑区输入以下代码。

```
<!DOCTYPE html>
<html>
      <head>
            <meta charset="UTF-8" />
            <title>建立 PHP 页面</title>
     </head>
     <body>
            <h2>今天的网络学堂中，我学习了一个新的观点——将社会主义核心价值观融入学生管理的全过程和校园生活的方方面面</h2>
            <hr>
            <?php
            echo date("Y-m-d");
            //date()函数的作用是按照给定的格式生成日期字符串
            ?>
      </body>
</html>
```

② 执行“文件”→“全部保存”命令，保存页面，在浏览器中预览网页如图 1-35 所示。

【说明】

这段 PHP 代码被嵌入到 HTML 代码中，必须被 Web 服务器编译后才能正确地显示在客户端的浏览器中。在谷歌浏览器中右击，执行“查看网页源代码”命令，被编译后的代码全部是静态网页代码，如图 1-36 所示。

```
建立PHP页面    view-source:localhost/ch1/1-1
view-source:localhost/ch1/1-1.php
自动换行
1  <!DOCTYPE html>
2  <html>
3      <head>
4          <meta charset="UTF-8" />
5          <title>建立PHP页面</title>
6      </head>
7      <body>
8          <h2>今天的网络学堂中，我学习了一个新的观点——将社会主义核心价值观融入到学生管理的全过程和校园生活的方方面面
9          <hr>
10         2022-01-13   </body>
11 </html>
```

图 1-36　被编译后的静态代码

1.8　习题

1. 简述静态网页和动态网页的区别。
2. 常见的客户端动态网页技术有哪些？常见的服务器端动态网页技术有哪些？

3．PHP 开发环境的常用技术组合是什么？

4．安装 PHP 集成开发工具 XAMPP，安装完毕后测试 PHP 运行环境的信息。

5．PHP 开发环境中的 3 个主要配置文件是什么？常用的配置有哪些？

6．使用 HBuilder 建立基于 PHP 的 Web 项目。

7．建立一个简单的 PHP 网页，预览后查看编译生成的静态代码。

第 2 章　PHP 编程基础

PHP 是一种被广泛应用的开放源代码的多用途脚本语言，它可嵌入到 HTML 中，尤其适合动态网站的开发。

2.1　PHP 基本语法

PHP 是一门嵌入式脚本语言，经常被嵌入到 HTML 中使用。本节讲解 PHP 标记、注释、语句结束符的使用，以及 PHP 代码和 HTML、JavaScript 相结合的方法。

2.1.1　PHP 标记

在 1.6.3 节的 PHP 网页中出现了“<?php”和“?>”标志符，这就是 PHP 标记。PHP 标记告诉 Web 服务器 PHP 代码何时开始、结束。这两个标记之间的代码都将被解释成 PHP 代码，PHP 标记用来隔离 PHP 和 HTML 代码。PHP 的标记风格有如下 4 种。

1．以“<?php”开始，“?>”结束

以“<?php”开始，“?>”结束的标记如下。

```
<?php
 …      //PHP 代码
?>
```

这是本书使用的标记风格，也是最常见的一种风格。它在所有的服务器环境上都能使用，而在 XML（可扩展标记语言）嵌入 PHP 代码时就必须使用这种标记以适应 XML 的标准，所以推荐用户都使用这种标记风格。

2．以“<?”开始，“?>”结束

以“<?”开始，“?>”结束的标记如下。

```
<?
…      //PHP 代码
?>
```

3．script 标记风格

script 标记如下。

```
<script language="php">
 …      //PHP 代码
</script>
```

这是类似 JavaScript 的编写方式。

4．以“<%”开始，“%>”结束

以“<%”开始，“%>”结束的标记如下。

```
<%
…      //PHP 代码
%>
```

这与 ASP 的标记风格相同。与第 2 种风格一样，这种风格默认是禁止的。

2.1.2 PHP 注释

注释是对 PHP 代码的解释和说明，PHP 解释器将忽略注释中的所有文本。事实上，PHP 分析器将跳过等同于空格的注释。PHP 注释一般分为多行注释和单行注释。

1．多行注释

多行注释一般是 C 语言风格的注释，以“/*”开始，“*/”结束。如下注释就是一个多行注释。

```
/* 作者：弹吉他的侠客
 完成时间：2021.07
 内容：PHP 测试
*/
```

2．单行注释

单行注释可以使用 C++风格或 shell 脚本风格的注释，C++风格是以“//”开始，所在行结束时结束；shell 脚本风格与 C++类似，使用的符号是“#”。如下注释就是一个单行注释。

```
<?php
echo "Hello";      //这是 C++风格的注释
echo "World!";     #这是 shell 脚本风格的注释
?>
```

2.1.3 PHP 语句和语句块

PHP 程序由一条或多条 PHP 语句构成，每条语句都以英文分号“;”结束。如果多条 PHP 语句之间存在着某种联系，可以使用“{”和“}”将这些 PHP 语句包含起来形成一个语句块。示例代码如下。

```
<?php
{
echo "欢迎进入 PHP 世界";
echo "<br />";
echo "GOOD LUCK";
}
?>
```

语句块一般不会单独使用，只有在与条件判断语句、循环语句、函数等一起使用时，语句块才会有意义。

2.1.4 HTML 中嵌入 PHP

在 HTML 代码中嵌入 PHP 代码相对来说比较简单，下面是一个在 HTML 中嵌入 PHP 代码的例子。

```
<!DOCTYPE html>
<html>
        <head>
               <meta charset="UTF-8" />
               <title>HTML 中嵌入 PHP</title>
        </head>
        <body>
               设置文本框的默认值
               <input type=text value="<?php echo '这是 PHP 的输出内容'?>">
        </body>
</html>
```

2.1.5 PHP中输出HTML

echo()显示函数在前面的内容中已经使用过，用于输出一个或多个字符串。print()函数的用法与echo()函数类似，下面是一个使用echo()函数和print()函数的例子。

```
<?php
echo("hello");               //使用带括号的echo()函数
echo "world";                //使用不带括号的echo()函数
print("hello");              //使用带括号的print()函数
print "world";               //使用不带括号的print()函数
?>
```

显示函数只提供显示功能，不能输出风格多样的内容。在PHP显示函数中使用HTML代码可以使PHP输出更为美观的界面内容。以下就是在PHP中输出HTML的代码。

```
<?php
echo '<h1 align="center">一级标题</h1>';
print "<br>";
echo "<font size='3'>这是3号字体</font>";
?>
```

2.1.6 PHP中调用JavaScript

PHP代码中嵌入JavaScript能够与客户端建立起良好的用户交互界面，强化PHP的功能，其应用十分广泛。在PHP中生成JavaScript脚本的方法与输出HTML的方法一样，可以使用显示函数。以下就是在PHP中调用JavaScript的代码。

```
<?php
echo "<script>";
echo "alert('调用JavaScript!消息框');";
echo "</script>";
?>
```

【例2-1】 制作一个PHP和HTML、JavaScript结合的网页，实现静态网页和动态网页代码的相互嵌入。本例页面在浏览器中打开时，先自动调用JavaScript弹出一个消息框显示第1个变量的信息。浏览者单击“确定”按钮后，关闭消息框，在新的显示内容中，单击“点击”按钮，可以看到文本框中显示出第二个变量的信息，页面预览的结果如图2-1所示。

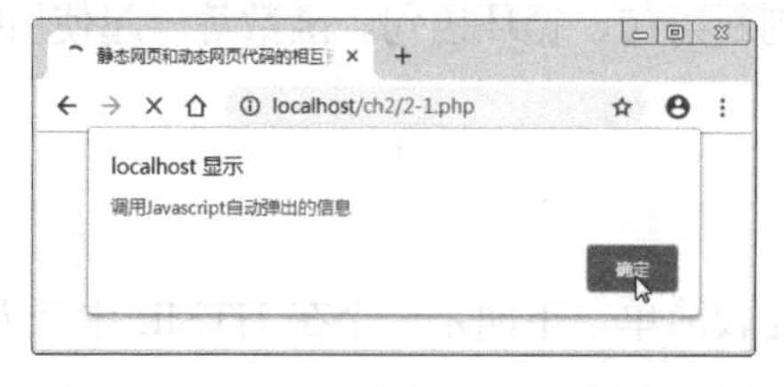

图2-1 静态网页和动态网页代码的相互嵌入

操作步骤如下。

① 在HBuilder中建立Web项目ch2，其对应的文件夹为C:\xampp\htdocs\ch2，本章的所有案例均存放于该文件夹中。

② 在Web项目ch2中新建一个PHP文件，命名为2-1.php，在代码编辑区输入以下代码。

```
<!DOCTYPE html>
<html>
     <head>
```

```
            <meta charset="UTF-8" />
            <title>静态网页和动态网页代码的相互嵌入</title>
        </head>
        <body>
            <?php
            $s1 = "调用 Javascript 自动弹出的信息";
            //在弹出消息框中显示
            $s2 = "单击按钮调用显示的信息";
            //在文本框中显示
            echo "<script>";
            echo "alert('" . $s1 . "');";
            //在 JavaScript 中使用 $s1 变量
            echo "</script>";
            ?>
            <h1>HTML 页面</h1>
            <form name="form1">
                <input type="text" name="tx" size=20>
                <br>
                <input  type="button"  name="bt"  value=" 点 击 "  onclick="tx.value='<?php
echo $s2; ?>'">
            </form>
        </body>
    </html>
```

③ 执行“文件”→“全部保存”命令，保存页面，在浏览器中预览网页如图 2-1 所示。

【说明】

1）PHP 变量的定义是以“$”开始的。例如，代码中的$s1 和$s2。

2）在按钮的 onclick 单击事件中包含了 PHP 动态代码，应注意引号在嵌套调用时，外层使用双引号，内层使用单引号。

2.2　数据类型

PHP 提供了一个不断扩充的数据类型集，不同的数据可以保存在不同的数据类型中。

2.2.1　整型

整型变量的值是整数，表示范围是-2147483648～2147483647。整型值可以用十进制数、八进制数或十六进制数的标志符号指定。八进制数符号指定，数字前必须加 0；十六进制数符号指定，数字前必须加 0x。在这里说明下面代码的含义和作用。

```
$n1=123;            //十进制数
$n2=0;              //零
$n3=-36;            //负数
$n4=0123;           //八进制数（等于十进制数的 83）
$n5=0x1B;           //十六进制数（等于十进制数的 27）
```

2.2.2　浮点型

浮点型也称浮点数、双精度数或实数，浮点数的字长与平台相关，最大值是 1.8e308，并具有 14 位十进制数的精度。在这里说明下面代码的含义和作用。

```
$pi=3.1415926;
$width=3.3e4;
$var=3e-5;
```

2.2.3 字符串

1. 单引号

定义字符串最简单的方法是用单引号“'”括起来。如果要在字符串中表示单引号，则需要用转义符“\”将单引号转义之后才能输出。和其他语言一样，如果在单引号之前或字符串结尾处出现一个反斜线“\”，就要使用两个反斜线来表示。在这里说明下面代码的含义和作用。

```
<?php
echo '输出\'单引号';                    //输出：输出'单引号
echo '反斜线\\';                        //输出：反斜线\
?>
```

2. 双引号

使用双引号“"”将字符串括起来同样可以定义字符串。如果要在定义的字符串中表示双引号，则同样需要用转义符转义。另外，还有一些特殊字符的转义序列，见表2-1。

表2-1 特殊字符转义序列表

序　列	说　明
\n	换行（LF 或 ASCII 字符 0x(10)）
\r	回车（CR 或 ASCII 字符 0x0D(13)）
\t	水平制表符（HT 或 ASCII 字符 0x09(9)）
\\	反斜线
\$	美元符号
\"	双引号
\[0-7]{1,3}	此正则表达式序列匹配一个用八进制符号表示的字符
\x[0-Fa-f]{1,2}	此正则表达式序列匹配一个用十六进制符号表示的字符

注意：如果使用“\”试图转义其他字符，则反斜线本身也会被显示出来。

使用双引号和单引号的主要区别是，单引号定义的字符串中出现的变量和转义序列不会被变量的值替代，而双引号中使用的变量名在显示时会显示变量的值。在这里说明下面代码的含义和作用。

```
<?php
$str="和平";
echo '世界$str!';                //输出：世界$str!
echo "世界$str!";                //输出：世界和平!
?>
```

字符串的连接：使用字符串连接符“.”可以将几个文本连接成一个字符串，前面已经用过。通常使用 echo 命令向浏览器输出内容时使用这个连接符可以避免编写多个 echo 命令。在这里说明下面代码的含义和作用。

```
<?php
$str="PHP变量";
echo "连接成". "字符串";          //字符串与字符串连接
echo $str. "连接字符串";          //变量和字符串连接
?>
```

2.2.4 布尔型

布尔型是最简单的一种数据类型，其值可以是 TRUE（真）或 FALSE（假），这两个关键

字不区分大小写。要想定义布尔变量，只需将其值指定为 TRUE 或 FALSE。布尔变量通常用于流程控制。在这里说明下面代码的含义和作用。

```
<?php
$a=TRUE;                                   //设置变量值为 Tue
$b=FALSE;                                  //设置变量值为 False
$username="Mike";
//使用字符串进行逻辑控制
if($username=="Mike")
{
    echo "Hello,Mike!";
}
//使用布尔值进行逻辑控制
if($a==TRUE)
{
    echo "a 为真";
}
//单独使用布尔值进行逻辑控制
if($b)
{
    echo "b 为真";
}
?>
```

2.2.5 数组

数组是一组由相同数据类型元素组成的一个有序映射。在 PHP 中，映射是一种把 values（值）映射到 keys（键名）的类型。数组通过 array()函数定义，其值使用“key->value”的方式设置，多个值通过逗号分隔。当然也可以不使用键名，默认是 1，2，3，…。在这里说明下面代码的含义和作用。

```
<?php
$arr1=array(1,2,3,4,5,6,7,8,9);                                    //直接给数组赋值
$arr2=array("animal "->"tiger", "color"->"red","numer"->"12");     //为数组指定键名和值
?>
```

2.2.6 数据类型的转换

PHP 数据类型的转换有两种：隐式类型转换（自动类型转换）和显式类型转换（强制类型转换）。

1. 隐式类型转换

PHP 中隐式数据类型转换很常见，在这里说明下面代码的含义和作用。

```
<?php
$a=10;
$b='string';
echo $a . $b;
?>
```

上面例子中字符串连接操作将使用自动数据类型转化。连接操作前，$a 是整数类型，$b 是字符串类型。连接操作后，$a 隐式（自动）地转换为字符串类型。

PHP 自动类型转换的另一个例子是加号“+”。如果一个数是浮点数，则使用加号后其他的所有数都被当作浮点数，结果也是浮点数。否则，参与“+”运算的运算数都将被解释成整数，结果也是一个整数。在这里说明下面代码的含义和作用。

```
<?php
$str1="1";                                 //$str1 为字符串型
```

```
$str2="ab";                          //$str2 为字符串型
$num1=$str1+$str2;                   //$num1 的结果是整型（1）
$num2=$str1+5;                       //$num2 的结果是整型（6）
$num3=$str1+2.56;                    //$nun3 的结果是浮点型（3.56）
?>
```

2．显式类型转换

PHP 还可以使用显式类型转换，也叫强制类型转换。它将一个变量或值转换为另一种类型，这种转换与 C 语言类型的转换是相同的：在要转换的变量前面加上用括号括起来的目标类型。PHP 允许的强制转换如下。

(int)，(integer)：转换成整型。

(string)：转换成字符串。

(float)，(double)，(real)：转换成浮点型。

(bool)，(boolean)：转换成布尔型。

(array)：转换成数组。

(object)：转换成对象。

在这里说明下面代码的含义和作用。

```
<?php
$var=(int)"hello";                   //变量为整型（值为 0）
$var=(int)TRUE;                      //变量为整型（值为 1）
$var=(int)12.56;                     //变量为整型（值为 12）
$var=(string)10.5;                   //变量为字符串（值为"10.5"）
$var=(bool)1;                        //变量为布尔型（值为 TRUE）
$var=(boolean)0;                     //变量为布尔型（值为 FALSE）
$var=(boolean)"0";                   //变量为布尔型（值为 FALSE）
?>
```

说明：

1）强制转换成整型还可以使用 intval()函数，转换成字符串型还可以使用 strval()函数。在这里说明下面代码的含义和作用。

```
$var=intval("12ab3c");               //变量为整型（值为 12）
$var=strval(2.3e5);                  //变量为字符串（值为"2.3e5"）
```

2）在将变量强制转换为布尔型时，当被强制转换的值为整型值 0、浮点型 0.0、空白字符或字符串"0"、没有特殊成员变量的数组、特殊类型 NULL 时都被认为是 False，其他的值都被认为是 True。

3）如果要获得变量或表达式的信息，如类型、值等，可以使用 var_dump()函数。在这里说明下面代码的含义和作用。

```
<?php
$var1=var_dump(123);
$var2=var_dump((int)FALSE);
$var3=var_dump((bool)NULL);
echo $var1;                          //输出结果为：int(123)
echo $var2;                          //输出结果为：int(0)
echo $var3;                          //输出结果为：bool(FALSE)
?>
```

结果中，前面是变量的数据类型，括号内是变量的值。

2.3　变量和常量

PHP 使用变量和常量来实现数据在内存中的存储，变量和常量可以视为存储数据的容器。

2.3.1 变量

变量是指在程序运行过程中值可以改变的量。变量的作用就是存储数值，一个变量具有一个地址，这个地址中存储变量数值信息。在 PHP 中可以改变变量的类型，也就是说 PHP 变量的数值类型可以根据环境的不同而做调整。PHP 变量分为自定义变量、预定义变量和外部变量。

1．自定义变量

PHP 中的自定义变量由一个美元符号“$”和其后面的字符组成，字符是区分大小写的。

（1）变量名的定义

在定义变量时，变量名与 PHP 中其他标记一样遵循相同的规则：一个有效的变量名由字母或下划线“_”开头，后面跟任意数量的字母、数字或下划线。在这里说明下面代码的含义和作用。

```
<?php
//合法变量名
$a=1;
$a12_3=1;
$_abc=1;
//非法变量名
$123=1;
$12Ab=1;
$天天=1;
$*a=1;
?>
```

（2）变量的初始化

PHP 变量的类型有布尔型、整型、浮点型、字符串、数组、对象、资源和 NULL。数据类型在前面已经做过介绍。变量在初始化时，使用“=”给变量赋值，变量的类型会根据其赋值自动改变。在这里说明下面代码的含义和作用。

```
$var="abc";                    //$var 为字符串
$var=TRUE;                     //$var 为布尔型
$var=666;                      //$var 为整型
```

PHP 也可以将一个变量的值赋给另外一个变量。例如：

```
<?php
$height=100;
$width=$height;                //$width 的值为 100
?>
```

（3）变量的引用

PHP 提供了另外一种给变量赋值的方式——引用赋值，即新变量引用原始变量，改动新变量的值将影响原始变量，反之亦然。使用引用赋值的方法是，在将要赋值的原始变量前加一个“&”符号。在这里说明下面代码的含义和作用。

```
<?php
$var="hello";                  //$var 赋值为 hello
$bar=&$var;                    //变量$bar 引用$var 的地址
echo $bar;                     //输出结果为 hello
$bar="world";                  //给变量$bar 赋新值
echo $var;                     //输出结果为 world
?>
```

注意：只有已经命名过的变量才可以引用赋值，例如，下面的用法是错误的。

```
$bar=&(5*20);
```

（4）变量的作用域

变量的使用范围，也叫作变量的作用域。从技术上来讲，作用域就是变量定义的上下文背景（也就是它的有效范围）。根据变量使用范围的不同，可以把变量分为局部变量和全局变量。

1）局部变量。

局部变量只在程序的局部有效，它的作用域分为两种。

在当前文件主程序中定义的变量，其作用域限于当前文件的主程序，不能在其他文件或当前文件的局部函数中起作用。

在局部函数或方法中定义的变量仅限于局部函数或方法，当前文件中主程序、其他函数、其他文件中无法引用。在这里说明下面代码的含义和作用。

```
<?php
$my_var="good";                                    //$my_var 的作用域仅限于当前主程序
function my_func()
{
      $local_var=586;                              //$local_var 的作用域仅限于当前函数
      echo '$local_var='.$local_var."<br>";        //调用该函数时输出结果值为 586
      echo '$my_var ='.$my_var."<br>";             //调用该函数时输出结果值为空
}
my_func();                                         //调用 my_func()函数
echo '$local_var='.$local_var."<br>";              //输出结果值为空
echo '$my_var='.$my_var."<br>";                    //输出结果值为"good"
?>
```

2）全局变量。

与局部变量相反，全局变量在程序的任何地方均可以访问。但是，为了修改一个全局变量，必须在要修改该变量的函数中将其显示地声明为全局变量。这很容易做到，只要在变量前面加上关键字 global，这样就可以将其标识为全局变量。在这里说明下面代码的含义和作用。

```
<?php
$my_global=1;                                      //定义变量$my_global
function my_func1()                                //函数 my_func1()
{
      global $my_global;                           //声明$my_global 为全局变量
      global $two_global;                          //声明$two_global 为全局变量
      echo '$my_global='.$my_global."<br>";        //调用该函数时输出结果值为 1
      $two_global=2;                               //将全局变量$two_global 赋值为 2
}
function my_func2()                                //函数 my_func2()
{
      global $two_global;                          //声明$two_global 为全局变量
      echo '$two_global ='.$two_global."<br>";     //调用该函数时输出结果值为 2
      $two_global=3;
}
my_func1();                                        //调用 my_func1()函数，输出 1
my_func2();                                        //调用 my_func2()函数，输出 2
echo $two_global;                                  //输出结果值为 3
?>
```

（5）检查变量是否存在

可以使用 isset()函数检查变量是否存在，语法格式如下。

```
bool isset ( mixed $var [, mixed $var [, $... ]] )
```

当变量$var 已经存在，该函数将返回 TRUE，否则返回 FALSE。在这里说明下面代码的含义和作用。

```
<?php
$var1="";
$var2=123;
var_dump(isset($var1));              //返回 bool(TRUE)
var_dump(isset($var2));              //返回 bool(TRUE)
?>
```

另外，unset()函数可以释放一个变量。empty()函数检查一个变量是否为空或零值，如果变量值是非空或非零值，则 empty()返回 FALSE，否则返回 TRUE。换句话说，""、0、"0"、NULL、FALSE、array()、var $var，以及没有任何属性的对象都被认为是空的。在这里说明下面代码的含义和作用。

```
<?php
$var=0;
if(empty($var))
    echo "变量为空";                   //输出"变量为空"
?>
```

2．预定义变量

预定义变量是指在 PHP 内部定义的变量，这些预定义变量可以在 PHP 脚本中被调用，而不需要初始化。预定义的变量会随着 Web 服务器以及系统的不同而不同，甚至会因为服务器的版本不同而不同。

预定义变量分 3 种基本类型：与 Web 服务器相关的变量、与系统相关的环境变量以及 PHP 自身的预定义变量。

（1）服务器变量$_SERVER

服务器变量是由 Web 服务器创建的数组，其内容包括头信息、路径、脚本位置等信息。表 2-2 列出了一些常用的服务器变量及其作用，使用 phpinfo()函数可以查看到这些变量信息。

表 2-2　常用的服务器变量及其作用

服务器变量名	变量的存储内容
$_SERVER["HTTP_ACCEPT"]	当前 Accept 请求的头信息
$_SERVER["HTTP_ACCEPT_LANGUAGE"]	当前请求的 Accept-Language 头信息，如 zh-cn
$_SERVER["HTTP_ACCEPT_ENCODING"]	当前请求的 Accept-Encoding 头信息，如 gzip、deflate
$_SERVER["HTTP_USER_AGENT"]	当前用户使用的浏览器信息
$_SERVER["HTTP_HOST"]	当前请求的 Host 头信息的内容，如 localhost
$_SERVER["HTTP_CONNECTION"]	当前请求的 Connection 头信息，如 Keep-Alive
$_SERVER["PATH"]	当前的系统路径
$_SERVER["SystemRoot"]	系统文件夹的路径，如 C:\Windows
$_SERVER["SERVER_SIGNATURE"]	包含当前服务器版本和虚拟主机名的字符串
$_SERVER["SERVER_SOFTWARE"]	服务器标志的字串，如 Apache/ (Win32) PHP/5.2.8
$_SERVER["SERVER_NAME"]	当前运行脚本所在服务器主机的名称，如 localhost
$_SERVER["SERVER_ADDR"]	服务器所在的 IP 地址，如 127.0.0.1
$_SERVER["SERVER_PORT"]	服务器所使用的端口，如 80
$_SERVER["REMOTE_ADDR"]	正在浏览当前页面用户的 IP 地址
$_SERVER["DOCUMENT_ROOT"]	当前运行脚本所在的文档根目录，即 htdocs 目录
$_SERVER["SERVER_ADMIN"]	指明 Apache 服务器配置文件中的 SERVER_ADMIN 参数
$_SERVER["SCRIPT_FILENAME"]	当前执行脚本的绝对路径名

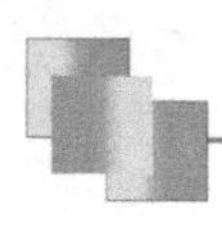

（续）

服务器变量名	变量的存储内容
$_SERVER["REMOTE_PORT"]	用户连接到服务器时所使用的端口
$_SERVER["GATEWAY_INTERFACE"]	服务器使用的 CGI 规范版本
$_SERVER["SERVER_PROTOCOL"]	请求页面时通信协议的名称和版本
$_SERVER["REQUEST_METHOD"]	访问页面时的请求方法，如 get、post
$_SERVER["QUERY_STRING"]	查询的字符串（URL 中第一个问号?之后的内容）
$_SERVER["REQUEST_URI"]	访问此页面所需的 URI
$_SERVER["SCRIPT_NAME"]	包含当前脚本的路径
$_SERVER["PHP_SELF"]	当前正在执行脚本的文件名
$_SERVER["REQUEST_TIME"]	请求开始时的时间戳

PHP 还可以直接使用数组的参数名来定义超全局变量，例如“$_SERVER["PHP_SELF"]”可以直接使用$PHP_SELF 变量来代替，但该功能默认是关闭的，打开它的方法是，修改 php.ini 配置文件中“register_globals = Off”所在行，将“Off”改为“On”。但全局系统变量的数量非常多，这样可能导致自定义变量与超全局变量重名，从而发生混乱，所以不建议开启这项功能。在这里说明下面代码的含义和作用。

```
<?php
echo $_SERVER["SERVER_PORT"];          //输出 80
echo $_SERVER["SERVER_NAME"];          //输出 localhost
echo $_SERVER["DOCUMENT_ROOT"];        //输出 D:/phpStudy/WWW
?>
```

（2）环境变量$_ENV

环境变量记录与 PHP 所运行系统相关的信息，如系统名、系统路径等。单独访问环境变量可以通过“$_ENV['成员变量名']”方式来实现。成员变量名包括 ALLUSERSPROFILE、CommonProgramFiles、COMPUTERNAME、ComSpec、FP_NO_HOST_CHECK、NUMBER_OF_PROCESSORS、OS、Path 等。

如果 PHP 是测试版本，使用环境变量时可能会出现找不到环境变量的问题。解决办法是，打开 php.ini 配置文件，找到“variables_order = "GPCS"”所在的行，将该行改成“variables_order = "EGPCS"”，然后保存，并重启 Apache。

（3）PHP 自身的预定义变量

PHP 自身的预定义变量见表 2-3。

表 2-3　PHP 自身的预定义变量

名　称	说　明
$_COOKIE	由 HTTP Cookies 传递的变量组成的数组
$_GET	由 HTTP Get 方法传递的变量组成的数组
$_POST	由 HTTP Post 方法传递的变量组成的数组
$_FILES	由 HTTP Post 方法传递的已上传文件项目组成的数组
$_REQUEST	所有用户输入的变量数组，包括$_GET、$_POST、$_COOKIE 所包含的输入内容
$_SESSION	包含当前脚本中会话变量的数组

3．外部变量

在程序中定义或自动产生的变量叫内部变量，而由 HTML 表单、URL 或外部程序产生的

变量叫外部变量。外部变量可以通过预定义变量$_GET、$_POST、$_REQUEST 来获得。

表单可以产生两种外部变量：POST 变量和 GET 变量。POST 变量用于提交大量的数据，$_POST 变量从表单中接收 POST 变量，接收方式为“$_POST['表单变量名']”；GET 变量主要用于小数据量的传递，$_GET 变量从提交表单后的 URL 中接收 GET 变量，接收方式为“$_GET['表单变量名']”。$_REQUEST 变量可以取得包括 POST、GET 和 Cookie 在内的外部变量。

【例 2-2】 分别用 POST 和 GET 方法提交表单，使用$_GET、$_POST、$_REQUEST 变量接收来自表单的外部变量。本例页面预览后，在工号文本框中输入“1007”，姓名文本框中输入“王五”，单击“POST 提交”按钮，运行结果如图 2-2 所示。接着在性别单选按钮中选择“男”，部门选项菜单中选择“人事部”，单击“GET 提交”按钮，运行结果如图 2-3 所示。

图 2-2　POST 提交的运行结果

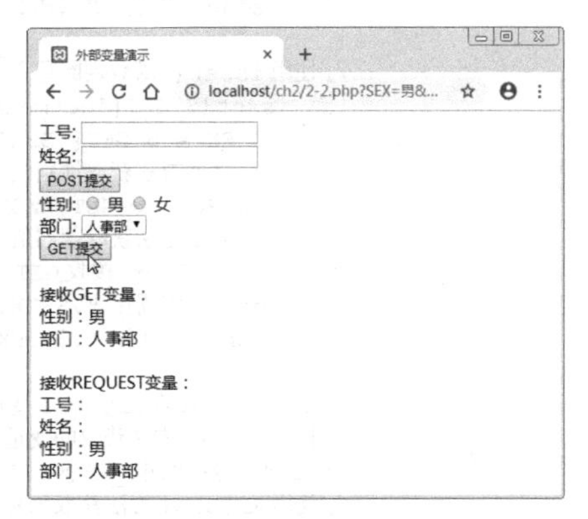

图 2-3　GET 提交的运行结果

操作步骤如下。

① 在 Web 项目 ch2 中新建一个 PHP 文件，命名为 2-2.php，在代码编辑区输入以下代码。

```
<!DOCTYPE html>
<html>
	<head>
		<meta charset="UTF-8" />
		<title>外部变量演示</title>
	</head>
	<body>
		<!-- 产生 POST 外部变量的 HTML 表单 form1 -->
		<form action="" method="post">
			工号:
			<input type="text" name="NUM">
			<br>
			姓名:
			<input type="text" name="NAME">
			<br>
			<input type="submit" name="postmethod" value="POST 提交">
		</form>
		<!-- 产生 GET 外部变量的 HTML 表单 form2 -->
		<form action="" method="get">
			性别:
			<input name="SEX" type="radio" value="男">
			男
			<input name="SEX" type="radio" value="女">
			女
			<br>
```

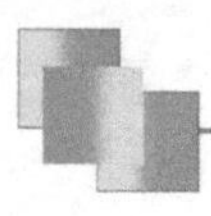


```
            部门:
            <select name="WORK">
                <option>人事部</option>
                <option>财务部</option>
                <option>技术部</option>
                <option>市场部</option>
            </select>
            <br>
            <input type="submit" name="getmethod" value="GET 提交">
        </form>
        <?php
        //使用 isset()函数判断是否是 POST 方法提交
        if (isset($_POST['postmethod'])) {
            $NUM = $_POST['NUM'];
            //获取工号值
            $NAME = $_POST['NAME'];
            //获取姓名值
            echo "接收 POST 变量: <br>";
            echo "工号: ".$NUM."<br>";
            echo "姓名: ".$NAME."<br>";
        }
        //使用 isset()函数判断是否是 GET 方法提交
        if (isset($_GET['getmethod'])) {
            $SEX = $_GET['SEX'];
            //GET 方法获取性别值
            $WORK = $_GET['WORK'];
            //GET 方法获取部门值
            echo "<br>接收 GET 变量: <br>";
            echo "性别: ".$SEX."<br>";
            echo "部门: ".$WORK."<br>";
        }
        echo "<br>接收 REQUEST 变量: <br>";
        //将 REQUEST 方法获取的变量列在最后
        echo "工号: ".@$_REQUEST['NUM']."<br>";
        //使用 REQUEST 方法获取工号
        echo "姓名: ".@$_REQUEST['NAME']."<br>";
        //使用 REQUEST 方法获取姓名
        echo "性别: ".@$_REQUEST['SEX']."<br>";
        //使用 REQUEST 方法获取性别
        echo "部门: ".@$_REQUEST['WORK']."<br>";
        //使用 REQUEST 方法获取部门
        ?>
    </body>
</html>
```

② 执行“文件”→“全部保存”命令，保存页面，在浏览器中预览网页如图 2-2 和图 2-3 所示。

【说明】

1）该程序由于设计了两个提交按钮，因此，在制作表单时应当制作两个表单分别包含一个提交按钮，并且注意正确地设置表单的 method 提交方法。

2）代码“isset($_POST['postmethod'])”中的'postmethod'引用的是 POST 提交按钮的 name 属性，“isset($_GET['getmethod'])”中的'getmethod'引用的是 GET 提交按钮的 name 属性。

2.3.2 常量

常量是指在程序运行中无法修改的值。常量分为自定义常量和预定义常量。

1. 自定义常量

自定义常量使用 define()函数来定义，语法格式如下。

```
define("常量名", "常量值");
```

常量一旦定义，就不能再改变或取消定义，而且值只能是标量，数据类型只能是布尔型、整型、浮点型或字符串。和变量不同，常量定义时不需要加“$”。

在这里说明下面代码的含义和作用。

```
<?php
define("PI",3.1415926);
define("CONSTANT","Hello World!");
echo CONSTANT;                  //输出"Hello World!"
?>
```

常量是全局的，可以在脚本的任何位置引用。

2. 预定义常量

预定义常量也称魔术常量，PHP 提供了大量的预定义常量。但是很多常量是由不同的扩展库定义的，只有加载这些扩展库后才能使用。预定义常量使用方法和常量相同，但是它的值会根据情况的不同而不同，经常使用的预定义常量有 5 个，这些特殊的常量是不区分大小写的，见表 2-4。

表 2-4 PHP 的预定义常量

名 称	说 明
__LINE__	常量所在的文件中的当前行号
__FILE__	常量所在的文件的完整路径和文件名
__FUNCTION__	常量所在的函数名称
__CLASS__	常量所在的类的名称
__METHOD__	常量所在的类的方法名

2.4 运算符

运算符用来对变量进行操作，可以连接多个变量组成一个表达式。下面逐一介绍 PHP 运算符。

2.4.1 算术运算符

算术运算符是最简单也是用户使用最多的运算符，它属于二元运算符，对两个变量进行操作。PHP 有 6 种最基本的算术运算符：加（+）、减（-）、乘（*）、除（/）、取模（%）、取负(-)。在这里说明下面代码的含义和作用。

```
<?php
$a=10;
$b=3;
$num=$a+$b;                //加法，$num 值为 13
$num=$a-$b;                //减法，$num 值为 7
$num=$a*$b;                //乘法，$num 值为 30
$num=$a/$b;                //除法，$num 值为 3.333333…
$num=$a%$b;                //取模，$num 值为 1
$num=-$a;                  //取负，$num 值为-10
?>
```

2.4.2 赋值运算符

赋值运算符的作用是将右边的值赋给左边的变量，最基本的赋值运算符是“=”。如

“$a=5”表示将 5 赋给变量$a，变量$a 的值为 5。由“=”组合的其他赋值运算符还有“+=”、“-=”、“*=”、“/=”、“.=”，示例代码如下。

```
<?php
$a=10;
$b=3;
$num=$a+$b;                    //将$a+$b 的结果值赋给$num，$num 值为 13
$a+=6;                         //等同于$a=$a+6，$a 赋值为 16
$b-=2;                         //等同于$b=$b-2，$b 赋值为 1
$a*=2;                         //等同于$a=$a*2，$a 赋值为 32
$b/=0.5;                       //等同于$b=$b/0.5，$b 赋值为 2
$string="连接";
$string.="字符串";              //等同于$string=$string."字符串"，$string 赋值为"连接字符串"
?>
```

2.4.3 位运算符

位运算符可以操作整型和字符串型两种类型数据，允许对整型数中指定的位进行求值和操作，如果左、右参数都是字符串，则位运算符将操作字符的 ASCII 值。表 2-5 列出了位运算符及其说明。

表 2-5 PHP 的位运算符及其说明

位运算符	名 称	例 子	结 果
&	按位与	$a & $b	将$a 和$b 中都为 1 的位设为 1
|	按位或	$a | $b	将$a 或$b 中为 1 的位设为 1
^	按位异或	$a ^ $b	将$a 和$b 中不同的位设为 1
~	按位非	~ $a	将$a 中为 0 的位设为 1，反之亦然
<<	左移	$a << $b	将$a 中的位向左移动$b 次（每一次移动都表示“乘以 2”）
>>	右移	$a >> $b	将$a 中的位向右移动$b 次（每一次移动都表示“除以 2”）

2.4.4 比较运算符

比较运算符用于对两个值进行比较，不同类型的值也可以进行比较，如果比较的结果为真则返回 TRUE，否则返回 FALSE。表 2-6 列出了所有的比较运算符及其说明。

表 2-6 PHP 的比较运算符及其说明

比较运算符	名 称	例 子	结 果
==	等于	$a == $b	TRUE，如果$a 等于$b
===	全等	$a === $b	TRUE，如果$a 等于$b，并且它们的类型也相同
!=	不等	$a != $b	TRUE，如果$a 不等于$b
<>	不等	$a <> $b	TRUE，如果$a 不等于$b
!==	非全等	$a !== $b	TRUE，如果$a 不等于$b，或者它们的类型不同
<	小与	$a < $b	TRUE，如果$a 严格小于$b
>	大于	$a > $b	TRUE，如果$a 严格大于$b
<=	小于等于	$a <= $b	TRUE，如果$a 小于或等于$b
>=	大于等于	$a >= $b	TRUE，如果$a 大于或等于$b

说明：如果整数和字符串进行比较，字符串会被转换成整数；如果比较两个数字字符串，则作为整数比较。

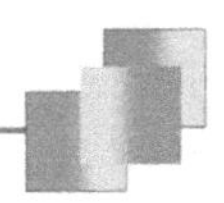

2.4.5　逻辑运算符

逻辑运算符可以操作布尔型数据，PHP 中的逻辑运算符有 6 种，表 2-7 列出了所有的逻辑运算符及其说明。

表 2-7　PHP 的逻辑运算符及其说明

逻辑运算符	名　称	例　子	结　　果
and	逻辑与	$a and $b	TRUE，如果 $a 与 $b 都为 TRUE
or	逻辑或	$a or $b	TRUE，如果 $a 或 $b 任意一个为 TRUE
xor	逻辑异或	$a xor $b	TRUE，如果 $a 或 $b 任意一个为 TRUE，但不同时是
!	逻辑非	! $a	TRUE，如果 $a 不为 TRUE
&&	逻辑与	$a && $b	TRUE，如果 $a 与 $b 都为 TRUE
||	逻辑或	$a || $b	TRUE，如果 $a 或 $b 中任意一个为 TRUE

示例代码如下。

```
<?php
$x=20;
$y=10;
if($x>10&&$y<=12)               //判断$x>10 和$y<=12 是否都是 TRUE
{
     echo "YES!";               //输出'YES!'
}
?>
```

2.4.6　字符串运算符

字符串运算符主要用于连接两个字符串，PHP 有两个字符串运算符“.”和“.=”。“.”返回左、右参数连接后的字符串，“.=”将右边参数附加到左边参数后面，它可看成赋值运算符。示例代码如下。

```
<?php
$a="Hello ";
$b="World";
echo $a.$b;                         //输出'Hello World'
$a.= "World";
echo $a;                            //输出'Hello World'
?>
```

2.4.7　自动递增、递减运算符

PHP 支持 C 语言的递增与递减运算符。PHP 的递增/递减运算符主要是对整型数据进行操作，同时对字符也有效。这些运算符是前加、后加、前减和后减。前加是在变量前有两个“+”号，如“++$a”，表示$a 的值先加 1，然后返回$a。后加的“+”在变量后面，如“$a++”，表示先返回$a，然后$a 的值加 1。前减和后减与加法类似。示例代码如下。

```
<?php
$a=5;                               //$a 赋值为 5
echo ++$a;                          //输出 6
echo $a;                            //输出 6
$a=5;
echo $a++;                          //输出 5
echo $a;                            //输出 6
$a=5;
```

```
echo --$a;                          //输出 4
echo $a;                            //输出 4
$a=5;
echo $a--;                          //输出 5
echo $a;                            //输出 4
?>
```

2.4.8 其他运算符

PHP 还提供了一种三元运算符<?:>，与 C 语言中的用法相同，语法格式如下。

condition?value if TRUE: value if FALSE

condition 是需要判断的条件，当条件为真时返回冒号前面的值，否则返回冒号后面的值。在这里说明下面代码的含义和作用。

```
<?php
$a=10;
$b=$a>100? 'YES': 'NO';
echo $b;                            //输出'NO'
?>
```

2.4.9 运算符的优先级和结合性

一般来说，运算符具有一组优先级，也就是它们的执行顺序。运算符还有结合性，也就是同一优先级的运算符的执行顺序，这种顺序通常是从左到右（简称左）、从右到左（简称右）或者非结合。表 2-8 从高到低列出了 PHP 运算符的优先级，同一行中的运算符具有相同优先级，此时它们的结合性决定了求值顺序。

表 2-8 PHP 运算符优先级和结合性

结合方向	运算符	附加信息
非结合	new	new
左	[	array()
非结合	++ --	递增/递减运算符
非结合	! ～ - (int) (float) (string) (array) (object) @	类型
左	* / %	算数运算符
左	+ - .	算数运算符和字符串运算符
左	<< >>	位运算符
非结合	< <= > >=	比较运算符
非结合	== != === !==	比较运算符
左	&	位运算符和引用
左	^	位运算符
左	|	位运算符
左	&&	逻辑运算符
左	||	逻辑运算符
左	? :	三元运算符
右	= += -= *= /= .= %= &= |= ^= <<= >>=	赋值运算符
左	and	逻辑运算符
左	xor	逻辑运算符

（续）

结合方向	运算符	附加信息
左	or	逻辑运算符
左	,	分隔表达式

说明：表中未包括优先级最高的运算符——圆括号。它提高圆括号内部的运算符的优先级，这样可以在需要时避开运算符优先级法则。

2.5　表达式

操作数和操作符组合在一起即组成表达式。表达式是由一个或者多个操作符连接起来的操作数，用来计算出一个确定的值。

表达式是 PHP 最重要的基石。在 PHP 中，几乎所写的任何东西都是一个表达式。简单却最精确的定义表达式就是“任何有值的东西”。最基本的表达式就是常量和变量；一般的表达式大部分都是由变量和运算符组成的，如$a=5；再复杂一点的表达式就是函数。下面一些例子说明了表达式的各种形式。

```
<?php
$a=10;
$b=$a++;
$a>1?$a+10:$a-10;
function test()
{
     return 20;
}
?>
```

【例 2-3】 利用各种运算符计算物体的位移。已知物体运动的初速度为 3，运行时间为 4，加速度为 5，求物体的位移。本实例页面预览后，页面预览的结果如图 2-4 所示。

操作步骤如下。

① 在 Web 项目 ch2 中新建一个 PHP 文件，命名为 2-3.php，在代码编辑区输入以下代码。

```
<!DOCTYPE html>
<html>
     <head>
          <meta charset="UTF-8" />
          <title>求物体的位移</title>
     </head>
     <body>
          <?php
          $v0 = 3;
          $a = 4;
          $t = 5;
          $s = $v0 * $t + 1 / 2 * $a * $t * $t;
          echo "物体的位移是$s<br>";
          if ($t > 3 && $s > 50) {
               echo "物体运动的时间和距离都达标";
          }
     ?>
     </body>
</html>
```

图 2-4　计算物体的位移

② 执行“文件”→“全部保存”命令，保存页面，在浏览器中预览网页如图 2-4 所示。

【说明】表达式“1/2*$a*$t*$t”中的$t*$t 也可以写成 pow($t,2)函数的形式。

2.6 流程控制语句

控制结构确定了程序中的代码流程，定义了一些执行特性，例如某条语句是否多次执行，执行多少次，以及某个代码块何时交出执行控制权。

2.6.1 条件控制语句

条件控制语句是结构化程序设计语言中重要的内容，也是最基础的内容。常用的控制结构有 if…else 和 switch。PHP 的这一部分内容是从 C 语言中借鉴过来的，它们的语法几乎完全相同，所以如果熟悉 C 语言，就可以很容易地掌握这部分内容。

1. if…else 语句

if 结构是包括 PHP 在内的很多语言的重要特性之一，它允许按照条件执行代码段，增加了程序的可控制性。语法格式如下。

```
if(expr1)
      //代码段 1
elseif(expr2)
      //代码段 2
…
else
      //代码段 n
```

（1）if 语句

if(expr1)语句中，expr1 是一个表达式，它返回布尔值。当表达式值为 TRUE 时，执行代码段 1 中的语句；值为 FALSE 时，则跳过这段代码。在这里说明下面代码的含义和作用。

```
if($a==3)                    //判断$a 是否等于 3
{
      $b=$a+5;
      $a++;
}
```

（2）elseif 语句

elseif 语句是 else 语句和 if 语句的组合，elseif 也可以隔开来写作 else if。只有在要判断的条件多于两个时才会使用到 elseif 语句，例如，判断一个数等于不同值的情况。elseif 语句是 if 语句的延伸，其自身也有条件判断的功能。只有当上面的 if 语句中的条件不成立，即表达式为 FALSE 时，才会对 elseif 语句中的表达式 expr2 进行判断。expr2 的值为 TRUE 则执行代码段 2 中的语句，值为 FALSE 则跳过这段代码。elseif 语句可以有很多个，在这里说明下面代码的含义和作用。

```
<?php
$a=3;
if($a==1)                    //$a 不等于 1，跳过此代码段
{
      echo "等于 1";
}
elseif($a==2)                //$a 不等于 2，跳过此代码段
{
      echo "等于 2";
}
elseif($a==3)                //$a 等于 3，执行此代码段
{
      echo "等于 3";
}
?>
```

（3）else 语句

else 语句中不需要设置判断条件，只有当 if 和 elseif 语句中的条件都不满足时，才会执行 else 语句中的代码段。由于 if、elseif 和 else 语句中的条件是互斥的，所以其中只有一个代码段会被执行。当要判断的条件只有两种情况时，可以省略 elseif 语句。在这里说明下面代码的含义和作用。

```
<?php
$a=2;
$b=3;
if($a==$b)
        echo "a 等于 b";
else
        echo "a 不等于 b";
?>
```

if 语句还可以进行复杂的嵌套使用，从而建立更复杂的逻辑处理，在这里说明下面代码的含义和作用。

```
<?php
$a=15;
if($a>5)                                        //判断$a 是否大于 5
{
      if($a<30)                                 //$a>5，判断$a 是否小于 30
      {
            if($a<25)                           //$a<30，判断$a 是否小于 25
                  echo "a 的值大于 5 小于 25";
            else
                  echo "a 的值大于 25 小于 30";
      }
      else                                      //$a 大于 30 的情况
            echo "a 的值大于 30";
}
else                                            //$a 小于 5 的情况
      echo "a 的值小于 5";
?>
```

【例 2-4】 判定学生某门课程的成绩等级，90～100 分（包括 90 分）的成绩等级为“优”，80～89 分（包括 80 分）的成绩等级为“良”，70～79 分（包括 70 分）的成绩等级为“中”，60～69 分（包括 60 分）的成绩等级为“及格”，60 分以下的成绩等级为“不及格”。本实例页面预览后，在文本框中输入课程的成绩，单击“计算”按钮求出成绩等级并显示在页面中，页面预览的结果如图 2-5 所示。

图 2-5　判定学生某门课程的成绩等级

操作步骤如下。

① 在 Web 项目 ch2 中新建一个 PHP 文件，命名为 2-4.php，在代码编辑区输入以下代码。

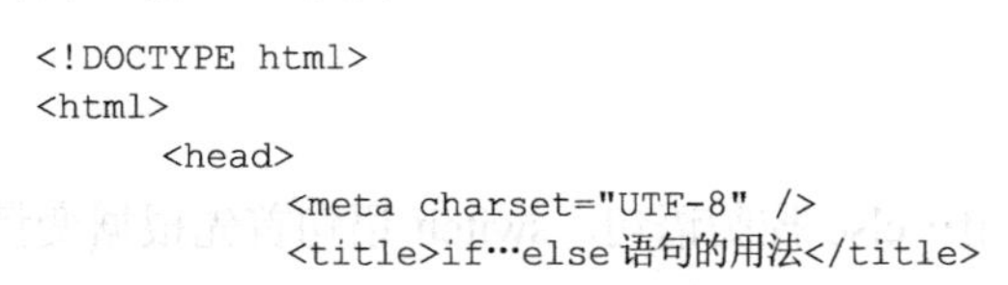

```
<!DOCTYPE html>
<html>
      <head>
            <meta charset="UTF-8" />
            <title>if…else 语句的用法</title>
```

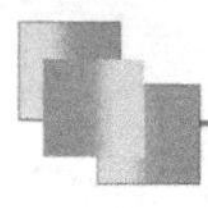


```
        </head>
        <body>
                <h2>请输入课程成绩</h2>
                <form method="post">
                        <input type="text" name="score">
                        <input type="submit" name="button" value="计算">
                </form>
                <?php
                if (isset($_POST['button']))//判断计算按钮是否按下
                {
                        $score = $_POST["score"];
                        //接收文本框 score 的值
                        if ($score >= 90 && $score <= 100)
                                $grade = "优";
                        //90～100 分（包括 90 分）的成绩等级为“优”
                        elseif ($score >= 80)
                                $grade = "良";
                        //80～89 分（包括 80 分）的成绩等级为“良”
                        elseif ($score >= 70)
                                $grade = "中";
                        //70～79 分（包括 70 分）的成绩等级为“中”
                        elseif ($score >= 60)
                                $grade = "及格";
                        //60～69 分（包括 60 分）的成绩等级为“及格”
                        else
                                $grade = "不及格";
                        //60 分以下的成绩等级为“不及格”
                        echo "课程的成绩是" . $score . "<br>" . "成绩等级是" . $grade;
                }
                ?>
        </body>
</html>
```

② 执行“文件”→“全部保存”命令，保存页面，在浏览器中预览网页如图 2-5 所示。

【说明】

1）代码“isset($_POST['button'])”用来判断是否按下计算按钮，产生 POST 方法提交。程序运行后，当按下计算按钮时，isset()函数的返回值为 TRUE，这样才能执行后面的代码。

2）在语句“$score=$_POST["score"];”中，“=”右侧的$_POST["score"]表示获取文本框中输入的成绩，“=”左侧的$score 表示接收提交内容的自定义变量。同样命名为 score，但是含义不同。整条语句的作用是将文本框中输入的成绩提交后赋值给左边的自定义变量$score，以供后面的程序使用。

2．switch 多分支语句

switch 语句和具有同样表达式的 if 语句相似。在同一个变量或表达式需要与很多不同值比较时，可使用 switch 语句。语法格式如下。

```
switch(var)
{
        case var1:
                //代码段 1
                break;
        case var2:
                //代码段 2
                break;
        …
        default:
                //代码段 n
}
```

使用 switch 语句可以避免大量地使用 if…else 控制语句。switch 语句首先根据变量值得到

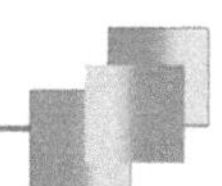

一个表达式的值，然后根据表达式的值来决定执行什么语句。switch 语句中的表达式是唯一的，而不像 elseif 语句中会有其他的表达式。表达式的值可以是任何一种简单的变量类型，如整数、浮点数或字符串，但是表达式不能是数组或对象等复杂的变量类型。

switch 语句是一行一行执行的，开始时并不执行什么语句，只有在表达式的值和 case 后面的数值相同时才开始执行它下面的语句。程序中 break 语句的作用是跳出程序，使程序停止运行。如果没有 break 语句，程序会继续一行一行地执行下去，当然也会执行其他 case 语句下的语句。在这里说明下面代码的含义和作用。

```
switch($i){
      case 0:
            print "i 等于 0";
      case 1:
           print "i 等于 1";
      case 2:
            print "i 等于 2";
}
```

如果变量$i 的值为 0，那么上面的程序会把 3 个语句都输出；如果$i 为 1，会输出后面两个语句；只有$i 为 2 时才能得到预期的结果。一定要注意使用 break 语句来跳出 switch 结构。

case 后面的语句可以为空，这样便将控制转移到了下一个 case 中，并执行相同的语句。在这里说明下面代码的含义和作用。

```
switch($i){
      case 0:
      case 1:
      case 2:
            print "i 小于 3 但不是负数";
            break;
      case 3:
            print "i 等于 3";
}
```

在$i 的值为 0、1 或 2 的情况下都输出“i 小于 3 但不是负数”。

switch 控制语句中还有一个特殊的语句 default。如果表达式的值和前面所有的情况都不相同，就会执行最后的 default 语句。在这里说明下面代码的含义和作用。

```
switch($i){
      case 0:
            print "i 等于 0";
            break;
      case 1:
            print "i 等于 1";
            break;
      case 2:
            print "i 等于 2";
            break;
      default:
            print "i 不等于 0,1 or 2";
}
```

【例 2-5】 设计兴趣爱好调查表单，使用 switch 语句判断来自表单提交的兴趣爱好。本例页面预览后，在菜单中选择兴趣爱好，单击“提交”按钮后在页面中显示出用户选择的兴趣爱好，页面预览的结果如图 2-6 所示。

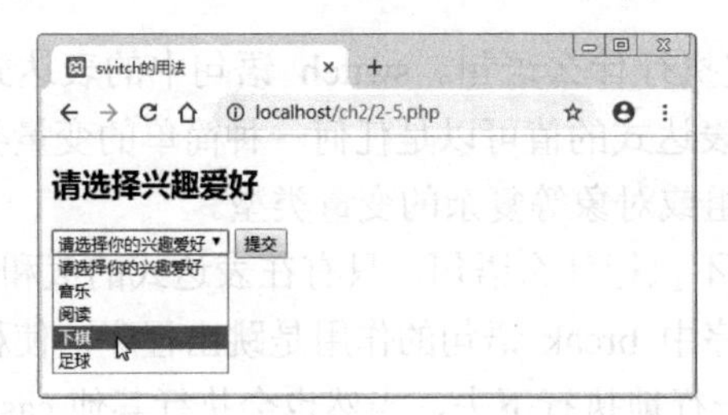

图 2-6　兴趣爱好调查表单

操作步骤如下。

① 在 Web 项目 ch2 中新建一个 PHP 文件，命名为 2-5.php，在代码编辑区输入以下代码。

```
<!DOCTYPE html>
<html>
      <head>
            <meta charset="UTF-8" />
            <title>switch 的用法</title>
      </head>
      <body>
            <h2>请选择兴趣爱好</h2>
            <form name="form1" method="post">
                  <select name="like">
                        <option>请选择你的兴趣爱好</option>
                        <option>音乐</option>
                        <option>阅读</option>
                        <option>下棋</option>
                        <option>足球</option>
                  </select>
                  <input type="submit" name="button" value="提交">
            </form>
            <?php
            if (isset($_POST['button']))//判断提交按钮是否按下
            {
                  $like = $_POST["like"];
                  //接收表单的值
                  switch($like) {
                        case "音乐" :
                              $result = "音乐";
                              break;
                        case "阅读" :
                              $result = "阅读";
                              break;
                        case "下棋" :
                              $result = "下棋";
                              break;
                        case "足球" :
                              $result = "足球";
                              break;
                        default :
                              $result = "请选择你的兴趣爱好";
                  }
                  echo "你的兴趣爱好是：" . $result;
            }
            ?>
      </body>
</html>
```

② 执行“文件”→“全部保存”命令，保存页面，在浏览器中预览网页如图 2-6 所示。

【说明】从程序运行后的执行结果中不难看出，单击“提交”按钮后，菜单的显示项又回到了“请选择你的兴趣爱好”的默认选项，这和当前用户选择的菜单项“阅读”并不一致。造

成这种现象的原因是，静态的<select>菜单标记不能实现保留用户所选的最近操作值，要实现“保值”的效果，必须通过后面章节案例中的动态代码实现。

2.6.2　循环控制语句

循环控制结构是程序中非常重要和基本的一类结构，它是在一定条件下反复执行某段程序的流程结构，这个被反复执行的程序称为循环体。PHP 中的循环语句有 while、do…while、for 等。下面分别介绍这几种循环控制结构。

1. while 循环语句

while 循环是 PHP 中最简单的循环类型，当要完成大量重复性的工作时，可以通过条件控制 while 循环来完成。语法格式如下。

```
while(exp)
{
	//代码段
}
```

说明：当 while()语句中表达式 exp 的值为 TRUE 时，就运行代码段中的语句，同时改变表达式的值。语句运行一遍后，再次检查表达式 exp 的值，如果为 TRUE 则再次进入循环，直到值为 FALSE 时就停止循环。如果表达式 exp 的值永远都是 TRUE，则循环将一直进行下去，成为死循环。如果表达式 exp 一开始的值就为 FALSE，则循环一次也不会运行。

例如，计算 10 的阶乘。

```
<?php
$t=1;                           //初始化阶乘的初值
$i=1;
while($i<=10)
{
	$t*=$i;                     //累积
	$i++;                       //$i 自增 1
}
echo $t;                        //输出 3628800
?>
```

2. do…while 循环语句

语法格式如下。

```
do
{
	//代码段
}while(exp);
```

do…while 循环与 while 循环非常相似，区别在于 do…while 循环首先执行循环内的代码，而不管 while 语句中的 exp 条件是否成立。程序执行一次后，do…while 循环才来检查 exp 值是否为 TRUE，为 TRUE 则继续循环，为 FALSE 则停止循环。而 while 循环是首先判断条件是否成立才开始循环。所以当两个循环中的条件都不成立时，while 循环一次也没运行，而 do…while 循环至少要运行一次。在这里说明下面代码的含义和作用。

```
<?php
$n=1;
do
{
	echo $n ."<br>";
	$n++;
}while($n<10);
?>
```

3. for 循环语句

for 循环是 PHP 中比较复杂的一种循环结构，语法格式如下。

```
for(expr1;condition;expr2)
    //代码段
```

说明：表达式 expr1 在循环开始前无条件求值一次，这里通常设置一个初始值。表达式 condition 是一个条件，在循环开始前首先测试表达式 condition 的值。如果为 FALSE 则结束循环，如果为 TRUE 则执行代码段中的语句，循环执行完一次后执行表达式 expr2，之后继续判断 condition 的值，如果为 TRUE 则继续循环，如果为 FALSE 则结束循环。在这里说明下面代码的含义和作用。

```
<?php
$m=10;
for($i=1;$i<=$m;$i++)
{
    echo $i."<br>";
}
?>
```

for 循环中的每个表达式都可以为空，但如果 condition 为空则 PHP 认为条件为 TRUE，程序将无限循环下去，成为死循环，如果要跳出循环，需要使用 break 语句，在这里说明下面代码的含义和作用。

```
<?php
for($i=0;;)
{
    if($i>10)
    {
        break;                      //如果$i 大于 10 则跳出循环
    }
    echo $i. "<br>";                //输出$i
    $i++;                           //$i 加 1
}
?>
```

4. foreach 循环

foreach 语句也属于循环控制语句，但它只用于遍历数组，当试图将其用于其他数据类型或者一个未初始化的变量时会产生错误。有关 foreach 循环的内容将在介绍数组时讨论。

5. 循环嵌套

一个循环语句的循环体内包含另一个完整的循环结构，称为循环的嵌套。这种嵌套的过程可以有很多重，一个循环的外面包围一层循环叫双重循环，一个循环的外面包围两层或两层以上的循环叫多重循环。

多重循环的特点是：即外循环执行一次，内循环执行一周。

3 种循环语句 while、do…while、for 可以互相嵌套，自由组合。外层循环体中可以包含一个或多个内层循环结构，但要注意的是，各循环必须完整包含，相互之间绝对不允许有交叉现象。因此每一层循环体都应该用 { } 括起来。下面的形式是不允许的。

```
do
{…
for ( ; ; )
{…
} while ( );
}
```

在这个嵌套中出现了交叉。

【例 2-6】 使用双重循环打印星花图案。本例页面预览后，页面中输出星花图案，页面预览的结果如图 2-7 所示。

案例分析：

星花图案可以通过双重循环输出星花的方式实现。其中，外循环控制图案的行输出，内循环控制每行星花的个数。

操作步骤如下。

① 在 Web 项目 ch2 中新建一个 PHP 文件，命名为 2-6.php，在代码编辑区输入以下代码。

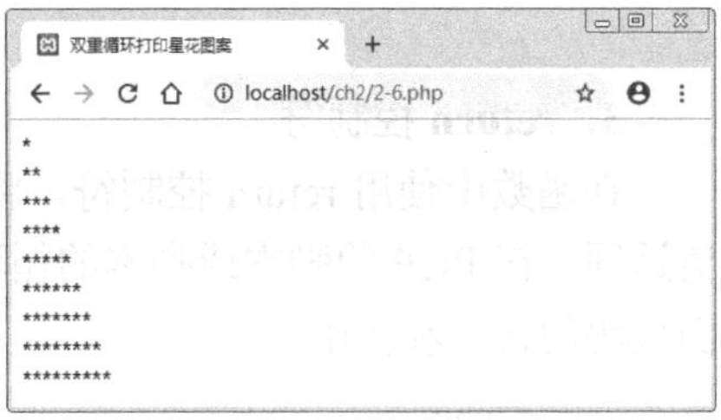

图 2-7　星花图案

```
<!DOCTYPE html>
<html>
      <head>
            <meta charset="UTF-8" />
            <title>双重循环打印星花图案</title>
      </head>
      <body>
            <?php
            for ($i = 1; $i <= 9; $i++)              //外循环（行的循环）
            {
                  for ($j = 1; $j <= $i; $j++)     //内循环（每行输出星花的循环）
                  {
                        echo "*";
                        //内循环输出本行的星花个数，个数恰好等于行号
                  }
                  echo "<br>";
                  //内循环结束后，输出另起一行
            }
            ?>
      </body>
</html>
```

② 执行“文件”→“全部保存”命令，保存页面，在浏览器中预览网页如图 2-7 所示。

【说明】内循环语句“for($j=1;$j<=$i;$j++)”中的循环条件是$j<=$i，而不是$j<=9。这是因为每行输出星花的个数并不都是 9 个，而是和该行的行变量$i 相同的。

2.6.3 流程控制符

1. break 控制符

break 控制符在前面已经使用过，这里具体介绍。break 可以结束当前 for、foreach、while、do…while 或 switch 结构的执行。当程序执行到 break 控制符时，就立即结束当前循环。在这里说明下面代码的含义和作用。

```
<?php
$i=1;
while($i<10)
{
      if($i>3)
            break;                        //当$i>3 时结束 while 循环
      echo $i."<br>";                     //输出$i，$i 最后输出的值只有 1，2，3
      $i++;                               //$i 自增 1
}
?>
```

2. continue 控制符

continue 控制符用于结束本次循环，跳过剩余的代码，并在条件求值为真值时开始执行下

一次循环。在这里说明下面代码的含义和作用。

```
<?php
$i=5;
for($j=0;$j<10;$j++)
{
       if($j==$i)
            continue;                                    //跳出本次循环
       echo $j;                                          //输出的结果是 012346789
}
?>
```

3．return 控制符

在函数中使用 return 控制符，将立即结束函数的执行并将 return 语句所带的参数作为函数值返回。在 PHP 的脚本或脚本的循环体内使用 return，将结束当前脚本的运行。在这里说明下面代码的含义和作用。

```
<?php
$n=5;
for($i=1;$i<10;$i++)
{
       if($i>$n)
       {
            return;                              //当$i>5 时结束脚本运行
            echo "大于 5";                        //此处的内容将不会输出
       }
       echo $i ." ";                             //输出 1 2 3 4 5
}
?>
```

4．exit 控制符

exit 控制符也可结束脚本的运行，用法和 return 控制符类似。在这里说明下面代码的含义和作用。

```
<?php
$a=5;
$b=6;
if($a<$b)
        exit;                                    //如果$a<$b 则结束脚本
echo $a."小于".$b;                               //此处的内容将不会输出
?>
```

【例 2-7】 任意输入一个大于等于 3 的正整数，判断它是不是素数。本实例页面预览后，在文本框中输入一个大于等于 3 的正整数，单击“判断”按钮，显示该数是否是素数，页面预览的结果如图 2-8 所示。

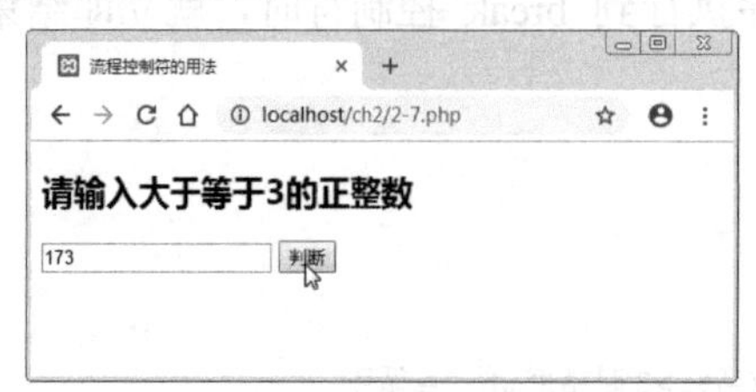

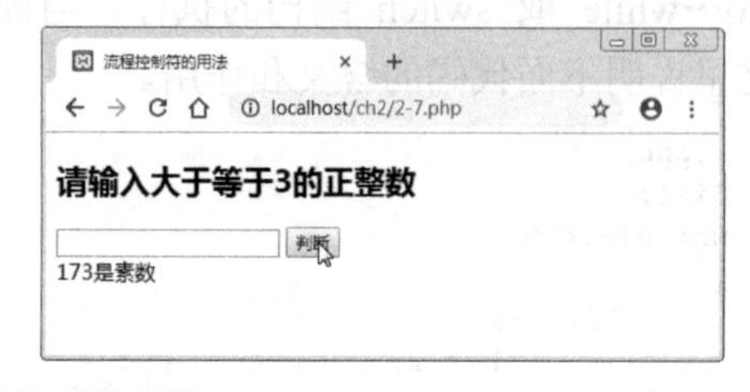

图 2-8 判断是不是素数

案例分析：

素数的定义是除了能被 1 和它本身整除之外，不能被其他正整数整除的数。换句话说，假如$num代表要判断的数，只要能验证$num不能被从 2～$num-1 的所有正整数整除，就能判断

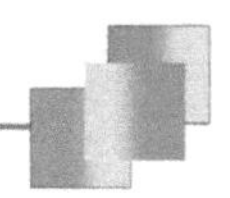

$num 是素数；否则，$num 就不是素数。

操作步骤如下。

① 在 Web 项目 ch2 中新建一个 PHP 文件，命名为 2-7.php，在代码编辑区输入以下代码。

```
<!DOCTYPE html>
<html>
	<head>
		<meta charset="UTF-8" />
		<title>流程控制符的用法</title>
	</head>
	<body>
		<h2>请输入大于等于 3 的正整数</h2>
		<form method="post">
			<input type="text" name="num">
			<input type="submit" name="button" value="判断">
		</form>
		<?php
		if (isset($_POST['button']))//判断“判断”按钮是否按下
		{
			$num = $_POST["num"];
			//接收文本框 num 的值
			for ($i = 2; $i <= $num - 1; $i++) {
				if ($num % $i == 0)//$num 能被$i 整除
					break;
				//结束当前循环
			}
			if ($i > $num - 1)
				echo $num . "是素数";
			else
				echo $num . "不是素数";
		}
		?>
	</body>
</html>
```

② 执行“文件”→“全部保存”命令，保存页面，在浏览器中预览网页如图 2-8 所示。

【说明】

1）在验证除数$i 的循环中，只要出现$num%$i==0 就表示$num 能被$i 整除。这样，就能判断$num 不是素数，其余的循环没有必要执行下去，就可以通过 break 语句立即退出。

2）循环结束后的条件语句 if($i>$num-1)表示以上循环全部循环完毕。因为，只有循环全部循环完毕的情况下，循环变量$i 的值才会大于循环的终值$num-1。这就表示，循环过程中没有出现$num 能被$i 整除的情况，就可以判断$num 是素数；否则，一旦出现，循环立即退出，这时的循环变量$i 的值一定不会大于循环的终值$num-1，就可以判断$num 不是素数。

2.7　函数

函数（function）是一段完成指定任务的已命名代码，函数可以遵照给它的一组值或参数（parameter）完成任务，并且可能返回一个值。函数节省了编译时间，无论调用函数多少次，函数都只需为页面编译一次。函数允许用户在一处修改任何错误，而不是在每个执行任务的地方修改，这样就提高了程序的可靠性；并且将完成指定任务的代码一一隔离，也提高了程序的可读性。

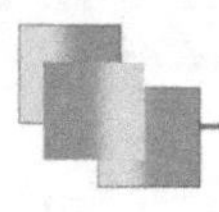

2.7.1 自定义函数

PHP 提供了自定义函数的功能，编写的方法非常简单，定义函数的格式如下。

```
function function_name([$parameter[, …]])
{
      //函数代码段
}
```

定义函数的关键字为 function。function_name 是用户自定义的函数名，通常这个函数名可以是以字母或下划线开头后面跟 0 个或多个字母、下划线和数字的字符串，且不区分大小写，需要注意的是，函数名不能与系统函数或用户已经定义的函数重名。

在定义函数时，花括号内的代码就是在调用函数时将会执行的代码，这段代码可以包括变量、表达式、流程控制语句，甚至是其他的函数或类定义。

在这里说明下面代码的含义和作用。

```
<?php
function func($a,$b)
{
      if($a==$b)
            echo "a=b";
      else if($a>$b)
            echo "a>b";
      else
            echo "a<b";
}
?>
```

2.7.2 参数的传递

函数可以通过参数来传递数值。参数是一个用逗号隔开的变量或常量的集合。参数可以传递值，也可以以引用方式传递，还可以为参数指定默认值。

1. 引用方式传递参数

默认情况下函数参数是通过值进行传递的，所以如果在函数内部改变参数的值，并不会体现在函数外部。如果希望一个函数可以修改其参数，就必须通过引用方式传递参数，只要在定义函数时在参数前面加上“&”。在这里说明下面代码的含义和作用。

```
<?php
function tool(&$to)                //定义 tool()函数
{
      $to="bike";
}
$car="car";
tool($car);                        //调用 tool()函数，参数使用变量$car
echo $car;                         //输出"bike"
?>
```

2. 默认参数

函数还可以使用默认参数，在定义函数时给参数赋予默认值，参数的默认值必须是常量表达式，不能是变量或函数调用。在这里说明下面代码的含义和作用。

```
<?php
function book($newbook="PHP")
{
      echo "I like ".$newbook;     //输出"I like PHP"
}
?>
```

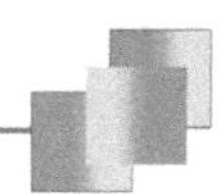

2.7.3　函数变量的作用域

变量的作用域问题在本章已经介绍过，在主程序中定义的变量和在函数中定义的变量都是局部变量。在主程序中定义的变量只能在主程序中使用，而不能在函数中使用。同样，在函数中定义的变量也只能在函数内部使用。在这里说明下面代码的含义和作用。

```
<?php
$num=1;                              //主程序中定义的变量
function sum()
{
      $num=10;                       //函数中定义的变量
}
sum();                               //调用函数
echo $num;                           //输出仍为主程序中定义的变量值 1
?>
```

2.7.4　函数的返回值

函数声明时，在函数代码中使用 return 语句可以立即结束函数的运行，程序返回到调用该函数的下一条语句。在这里说明下面代码的含义和作用。

```
<?php
function my_function($a=1)
{
      echo $a;
      return;                   //结束函数的运行，下面的语句将不被运行
      $a++;
      echo $a;
}
my_function();                  //输出 1
?>
```

中断函数执行并不是 return 语句最常用的功能，许多函数使用 return 语句返回一个值来与调用它们的代码进行交互。函数的返回值可以是任何类型的值，包括列表和对象。在这里说明下面代码的含义和作用。

```
<?php
function squre($num)
{
      return $num*$num;                    //返回一个数的平方
}
echo squre(4);                             //输出 16
function large($a,$b)
{
      if(!isset($a)||!isset($b))           //如果变量未设置则返回 FALSE
            return FALSE;
      else if($a>=$b)                      //如果$a>=$b 则返回$a
            return $a;
      else                                 //如果$a<$b 则返回$b
            return $b;
}
echo large(5,6);                           //输出 6
if(large("a",5)===FALSE)
      echo "FALSE";                        //输出"FALSE"
?>
```

2.7.5　变量函数

PHP 中有变量函数这个概念，在变量的后面加上一对小括号就构成了一个变量函数。例如：

```
$count();
```

如果创建了变量函数，PHP 脚本运行时将寻找与变量名相同的函数，如果函数存在，则尝试执行该函数，如果不存在则产生一个错误。为了防止这类错误，可以在调用变量函数之前使用 PHP 的 function_exists()函数来判断该变量函数是否存在。在这里说明下面代码的含义和作用。

```
<?php
$action="showstr";
function showstr()
{
      echo "显示字符串";
}
if(function_exists($action()))              //判断函数是否存在
      $action();                            //实际调用了 showstr()函数
?>
```

2.7.6 可变数量的参数

对于用户自定义的函数，PHP 还支持可变数量的参数，使用“...”来实现可变数量的参数。在这里说明下面代码的含义和作用。

```
<?php
function sum(...$numbers){
      $acc=0;
      foreach ($numbers as $n){
          $acc+=$n;
      }
      return $acc;
}
echo sum(1,2,3,4);              //输出结果为 10
echo sum(1,2,3,4,5)             //输出结果为 15
?>
```

2.7.7 内置函数

自定义函数可以进行逻辑运算，而大部分的系统底层工作需要由内置函数来完成。

PHP 提供了丰富的内置函数供用户调用，包括文件系统函数、数组函数、字符串函数等。通过这些函数可以用很简单的代码完成比较复杂的工作。但并不是所有的内置函数都能直接调用，有一些扩展的内置函数需要安装扩展库之后才能调用，例如，有些图像函数需要在安装 GD 库之后才能使用。当前运行环境支持的函数列表可以在 phpinfo 页面查看。

在后面的章节将介绍 PHP 的常用内置函数。

2.8 包含文件操作

网站中通常会包含一些公用信息，如 LOGO、菜单、导航等。如果把这些信息分别放置在每一个页面中，当然也没有问题，只是当网站的页面增多时，修改这些信息则比较烦琐，且容易出错。通常的做法是，把这些公用信息放在公用文件中，然后在各页面需要公共信息的地方使用包含文件操作，把包含文件的内容嵌入到当前的页面中。这样在需要修改时，只要改动公用文件就可以了，将为开发者节省大量的时间。

2.8.1　包含文件操作常用的函数

包含文件操作常用的 4 种函数是 include()、require()、include_once()和 require_once()。它们的用法类似，不同之处如下。

1）include()包含文件发生错误时，如包含的文件不存在，脚本将发出一个警告，但脚本会继续运行。

2）require()包含文件发生错误时，会产生一个致命错误并停止脚本的运行。

3）include_once()使用方法和 include()相同，但如果在同一个文件中使用 include_once()函数包含了一次指定文件，那么此文件将不被再次包含。

4）require_once()使用方法和 require()相同，但如果在同一个文件中使用 require_once()函数包含了一次指定文件，那么此文件将不被再次包含。

在包含文件时，函数中要指定正确的文件路径和文件名。如果不指定路径或者路径为“./”，则在当前运行脚本所在目录下寻找该文件，如 include('1.php')或 include('./1.php')。如果指定文件的路径为“../”，则在网站的根目录下寻找该文件，如 include('../1.php')。如果要指定根目录下不是当前脚本所在目录下的文件，可以指定其具体位置，如 include('../david/1.php')。

例如，假设 a.php 和 b.php 文件都在当前工作目录下。

a.php 中代码如下。

```
<?php
$color = 'green';
$fruit = 'apple';
?>
```

b.php 中代码为：

```
<?php
echo "A $color $fruit";          //输出"A"，并给出变量未定义的通知
include 'a.php';                 //包含 a.php 文件
echo "A $color $fruit";          //输出"A green apple"
?>
```

2.8.2　include 与 require 的区别

include 与 require 在引入不存在的文件时的最大区别就是：include 在引入不存在的文件时产生一个警告且脚本还会继续执行，而 require 则会导致一个致命性错误且脚本停止执行。在这里说明下面代码的含义和作用。

```
<?php
include 'no.php';
echo '123';
?>
```

如果 no.php 文件不存在，echo '123'这句可以继续执行且输出结果，如图 2-9 所示。

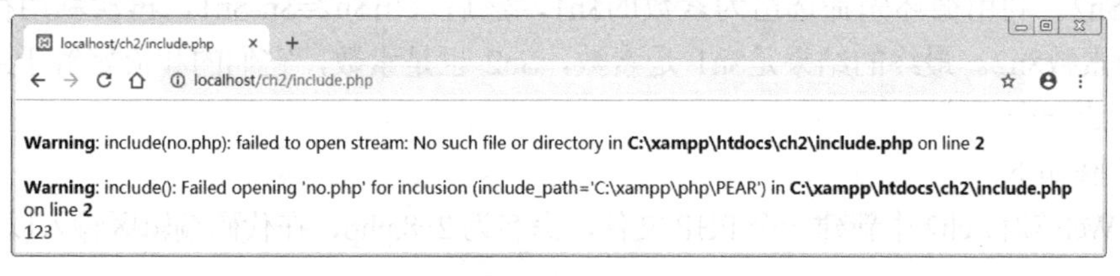

图 2-9　include 在引入不存在的文件时的运行结果

```
<?php
require 'no.php';
echo '123';
?>
```

如果 no.php 文件不存在，echo '123'这句是不执行的，在 require 时就停止了，运行结果如图 2-10 所示。

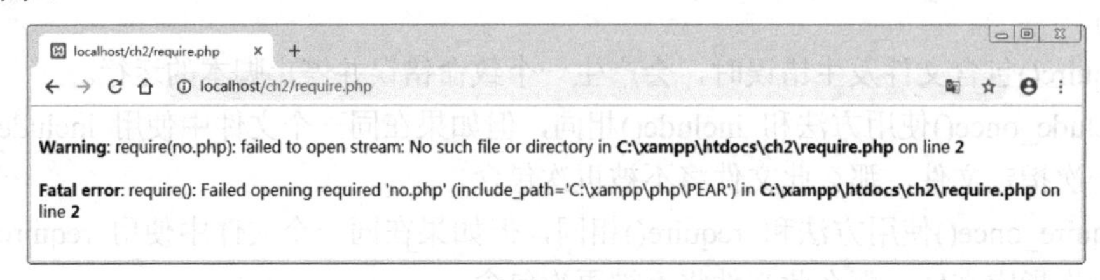

图 2-10　require 在引入不存在的文件时的运行结果

2.9 综合案例——验证哥德巴赫猜想

【例 2-8】 综合前面所学的流程控制知识，编写验证哥德巴赫猜想的程序，即任何一个大于等于 6 的偶数都可以写为两个素数的和，例如 10=3+7，10=5+5。我国数学家陈景润在验证哥德巴赫猜想的探索中有着巨大的贡献，陈景润历经十多个春秋的刻苦钻研，于 1965 年发表了一篇名为《表达偶数为一个素数及一个不超过两个素数的乘积之和》的重要论文，此论文一经发表就引起了全世界数学界的广泛关注，该论文的观点也受到数学界的认同。当人们得知这一中国数学家是在只有 6 平方的小空间，完全是靠笔和纸完成的这项伟大研究时，各国数学家纷纷对此表示称赞和敬佩。英国和德国的数学家更是将陈景润此篇论文纳入教材中，并将其命名为“陈氏定理”。

例 2-8

本实例页面预览后，在文本框中输入一个大于等于 6 的偶数，单击“判断”按钮，显示该数能够写为两个素数的和（结果可能是多个），页面预览的结果如图 2-11 所示。

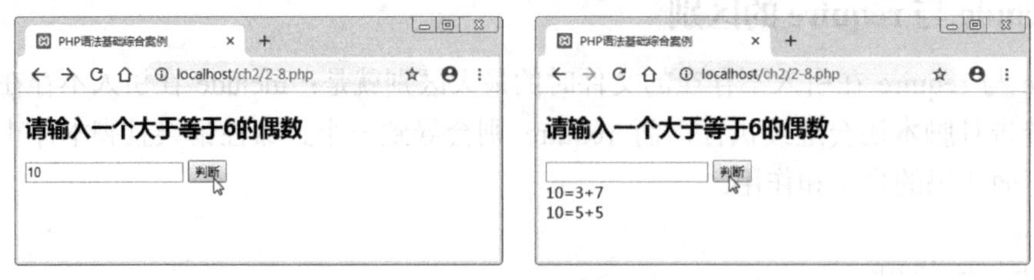

图 2-11　验证哥德巴赫猜想

案例分析：假设$n 为任意输入的大于等于 6 的偶数，将该数分解为两个大于等于 3 的正整数$n1，$n2。利用循环先筛选出为素数的$n1，然后求出$n2=$n-$n1，再次利用循环筛选与$n1 对应的素数$n2。最终的结果是$n1 是素数，$n2 也是素数，它们的和恰好等于$n，这样的结果可能不止一个。

操作步骤如下。

① 在 Web 项目 ch2 中新建一个 PHP 文件，命名为 2-8.php，在代码编辑区输入以下代码。

```
<!DOCTYPE html>
<html>
        <head>
```

```
            <meta charset="UTF-8" />
            <title>PHP 语法基础综合案例</title>
        </head>
        <body>
            <h2>请输入一个大于等于 6 的偶数</h2>
            <form method="post">
                <input type="text" name="n">
                <input type="submit" name="button" value="判断">
            </form>
            <?php
            if (isset($_POST['button']))//判断“判断”按钮是否按下
            {
                $n = $_POST["n"];
                //接收文本框 n 的值
                for ($n1 = 3; $n1 <= $n / 2; $n1++) {
                    for ($i = 2; $i <= $n1 - 1; $i++) {
                        if ($n1 % $i == 0)//$n1 能被$i 整除
                           break;
                        //结束当前循环
                    }
                    if ($i > $n1 - 1)//$n1 就是素数
                    {
                        $n2 = $n - $n1;
                        //分解出$n2
                        for ($i = 2; $i <= $n2 - 1; $i++) {
                            if ($n2 % $i == 0)//$n2 能被$i 整除
                                break;
                            //结束当前循环
                        }
                        if ($i > $n2 - 1)//$n2 就是素数
                            echo $n . "=" . $n1 . "+" . $n2 . "<br>";
                    }
                }
            }
            ?>
        </body>
    </html>
```

② 执行“文件”→“全部保存”命令，保存页面，在浏览器中预览网页如图 2-11 所示。

2.10　习题

1．PHP 的主要版本有哪些？PHP 脚本主要用于哪些领域？

2．简述 PHP 的数据类型有哪些？数据类型之间的转换方式有哪两种？获取变量或表达式信息的函数是什么？

3．简述 PHP 变量的命名规则、分类及常量的定义、分类。

4．什么是变量的作用域？变量有哪两种作用域及它们的区别？

5．常用的 PHP 自身预定义变量有哪些？

6．简述常用的运算符及运算符的优先级和结合性。

7．PHP 条件控制语句有哪些？各适合应用于哪种场合？

8．PHP 循环控制语句有哪些？各适合应用于哪种场合？

9．简述 PHP 的流程控制符及用途。

10．PHP 函数有哪两种分类？函数有哪些参数传递方式？什么是默认参数？

11．包含文件操作常用的 4 种函数是什么？各适合应用于哪种场合？

12．计算半径为 10 的圆的面积和长为 20、宽为 15 的矩形的面积。如果圆面积和矩形面积都大于 100，则输出两个图形的面积。

13．已知商品的原价，优惠幅度如下：1000 元（包括 1000 元）以下的不优惠；1000 元和 2000 元（包括 2000 元）之间的 9 折；2000 元和 3000 元（包括 3000 元）之间的 8.5 折；3000 元以上的 8 折，求商品的优惠价。

14．求一张厚度为 0.2 毫米的纸张对折多少次后可以超越珠穆朗玛峰的高度（8848 米）？

15．硬币问题：已知 5 分、2 分、1 分的硬币共 50 枚组成 1 元钱，问 5 分、2 分、1 分的硬币各多少枚？

16．任意输入一个整数，使用函数的方法判断该数是否为偶数。

17．设计一个计算器程序，实现简单的加、减、乘、除运算，页面预览的结果如图 2-12 所示。提示：

① 本程序可以使用 is_numeric()函数判断接收到的字符串是否为数字。

② 使用 Javascript 的 alert()函数弹出消息框，显示计算结果。

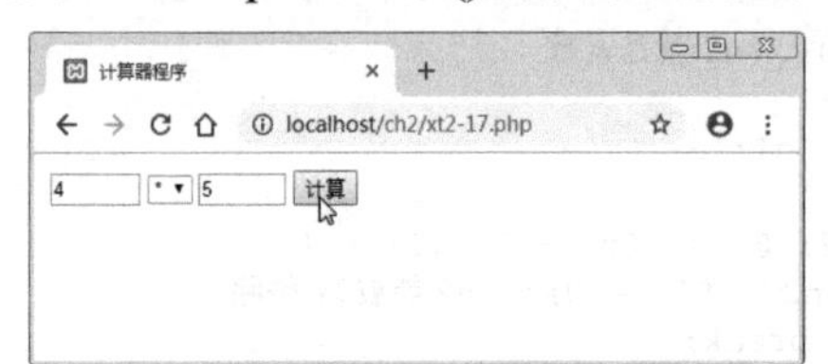

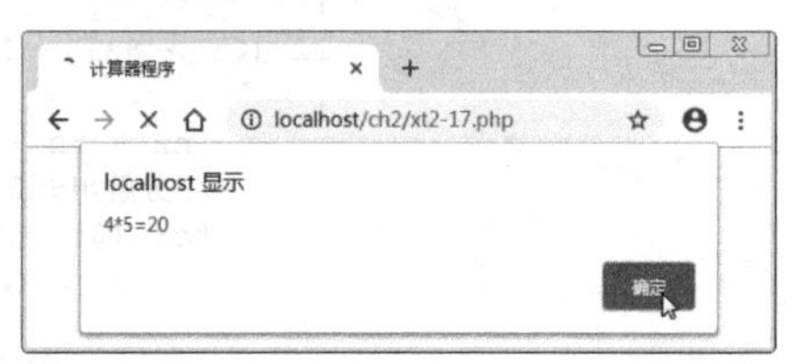

图 2-12　题 17 图

第3章 数据操作

数据操作在 PHP 编程中具有重要的地位，不论编写什么样的程序都少不了和各种各样的数据打交道。本章为读者介绍 PHP 中对数据的操作和有关数据操作的库函数。

3.1 数组操作

数组是对大量数据进行组织和管理的有效手段之一。在 PHP 编程过程中，许多信息都是用数组作为载体的，经常要使用数组处理数据。

数组是具有某种共同特性的元素的集合，每个元素由一个特殊的标识符来区分，这个标识符称为键。PHP 数组中的每个实体都包含两项：键和值。可以通过键值来获取相应数组元素，这些键可以是数值键或关联键。

3.1.1 创建数组

既然要操作数组，第一步就是要创建一个新数组。创建数组一般有以下几种方法。

1．使用 array()函数创建数组

PHP 中的数组可以是一维数组，也可以是多维数组。创建数组可以使用 array()函数，语法格式如下。

```
array array([$keys=>]$values,…)
```

语法“$keys=>$values”，用逗号分开，定义了关键字的键名和值，自定义键名可以是字符串或数字。如果省略了键名，会自动产生从 0 开始的整数作为键名。如果只对某个给出的值没有指定键名，则取该值前面最大的整数键名加 1 后的值。在这里说明下面代码的含义和作用。

```
<?php
$array1=array(1,2,3,4);                                          //定义不带键名的数组
$array2=array("color"=>"red","name"=>"mike","number"=>"01");    //定义带键名的数组
$array3=array(1=>2,2=>4,5=>6,8,10);                              //定义省略某些键名的数组
?>
```

这里介绍一个打印函数 print_r()，这个函数用于打印一个变量的信息。

print_r()函数的语法格式如下。

```
bool print_r(mixed expression [, bool return])
```

如果给出的是字符串、整型或浮点型的变量，将打印变量值本身。如果给出的是数组类型的变量，将会按照一定格式显示键名和值。在这里说明下面代码的含义和作用。

```
<?php
$array=array("a"=>5, "b"=>10, 20);
print_r($array);
/*输出结果为:
     Array ( [a] => 5 [b] => 10 [0] => 20 )
*/
?>
```

数组创建完后，要使用数组中某个值，可以使用$array["键名"]的形式。如果数组的键名是自动分配的，则默认情况下 0 元素是数组的第一个元素。在这里说明下面代码的含义和作用。

```
<?php
$array1=array("黄色","蓝色","黑色");
echo $array1[1];                                    //输出"蓝色"
$array2=array("a"=>10,"b"=>20,"c"=>30);
echo $array2["b"];                                  //输出 20
?>
```

另外，通过对 array()函数的嵌套使用，还可以创建多维数组。在这里说明下面代码的含义和作用。

```
<?php
$array=array(
          "color"=>array("红色","蓝色","绿色"),
          "number"=>array(1,2,3,4,5,6)
          );                                        //定义二维数组$array
echo $array["color"][2];                            //输出数组元素，输出结果为"绿色"
print_r($array);                                    //打印二维数组
/*输出结果为:
    Array ( [color] => Array ( [0] => 红色 [1] => 蓝色 [2] => 绿色)
            [number] => Array ( [0] => 1 [1] => 2 [2] => 3 [3] => 4 [4] => 5 [5] => 6 ) )
*/
?>
```

数组创建之后，可以使用 count()和 sizeof()函数获得数组元素的个数，参数是要进行计数的数组。在这里说明下面代码的含义和作用。

```
<?php
$array=array(1,2,3,6=>7,8,9);
echo count($array);                                 //输出 6
echo sizeof($array);                                //输出 6
?>
```

2．使用变量建立数组

通过使用 compact()函数，可以把一个或多个变量，甚至数组，建立成数组元素，这些数组元素的键名就是变量的变量名，值是变量的值。语法格式如下。

```
array compact(mixed $varname [, mixed ...])
```

任何没有变量名与之对应的字符串都被略过。在这里说明下面代码的含义和作用。

```
<?php
$n=15;
$str="hello";
$array=array(1,2,3);
$newarray=compact("n","str","array");               //使用变量名创建数组
print_r($newarray);
/*输出结果为:
    Array ( [n] => 15 [str] => hello [array] => Array ( [0] => 1 [1] => 2 [2] => 3 ) )
*/
?>
```

与 compact()函数相对应的是 extract()函数，作用是将数组中的单元转化为变量，在这里说明下面代码的含义和作用。

```
<?php
$array=array("key1"=>1, "key2"=>2, "key3"=>3);
extract($array);
echo "$key1 $key2 $key3";                           //输出 1 2 3
?>
```

3．使用两个数组创建一个数组

使用 array_combine()函数可以使用两个数组创建另外一个数组，语法格式如下。

```
array array_combine(array $keys, array $values)
```

array_combine()函数用来自$keys 数组的值作为键名，来自$values 数组的值作为相应的值，最后返回一个新的数组。在这里说明下面代码的含义和作用。

```
<?php
$a = array('green', 'red', 'yellow');
$b = array('avocado', 'apple', 'banana');
$c = array_combine($a, $b);
print_r($c);          //输出：Array ( [green] => avocado  [red] => apple  [yellow] => banana )
?>
```

4．建立指定范围的数组

使用 range()函数可以自动建立一个值在指定范围的数组，语法格式如下。

```
array range(mixed $low, mixed $high [, number $step ])
```

$low 为数组开始元素的值，$high 为数组结束元素的值。如果$low>$high，则序列将从$high 到$low。$step 是单元之间的步进值，$step 应该为正值，如果未指定则默认为 1。range()函数将返回一个数组，数组元素的值就是从$low 到$high 的值。在这里说明下面代码的含义和作用。

```
<?php
$array1=range(1,5);
$array2=range(2,10,2);
$array3=range("a","e");
print_r($array1);          //输出：Array ( [0] => 1 [1] => 2 [2] => 3 [3] => 4 [4] => 5 )
print_r($array2);          //输出：Array ( [0] => 2 [1] => 4 [2] => 6 [3] => 8 [4] => 10 )
print_r($array3);          //输出：Array ( [0] => a [1] => b [2] => c [3] => d [4] => e )
?>
```

5．自动建立数组

数组还可以不用预先初始化或创建，在第一次使用它的时候，数组就已经创建。在这里说明下面代码的含义和作用。

```
<?php
$arr[0]= "a";
$arr[1]= "b";
$arr[2]= "c";
print_r($arr);       //输出：Array ( [0] => a [1] => b [2] => c )
?>
```

3.1.2　键名和键值的操作

1．检查数组中的键名和键值

检查数组中是否存在某个键名可以使用 array_key_exists()函数，是否存在某个键值使用 in_array()函数。array_key_exists()和 in_array()函数都为布尔型，存在则返回 TRUE，不存在则返回 FASLE。在这里说明下面代码的含义和作用。

```
<?php
$array=array(1,2,3,5=>4,7=>5);
if(in_array(5,$array))                          //判断是否存在值 5
      echo "数组中存在值：5";                     //输出"数组中存在值：5"
if(!array_key_exists(3,$array))                 //判断是否不存在键名 3
      echo "数组中不存在键名：3";                  //输出"数组中不存在键名：3"
?>
```

array_search()函数也可以用于检查数组中的值是否存在，与 in_array()函数不同的是：in_array()函数返回的是 TRUE 或 FALSE，而 array_search()函数当值存在时返回这个值的键名，若值不存在则返回 NULL。在这里说明下面代码的含义和作用。

```
<?php
$array=array(1, 2, 3,"x", 5, "y");
$key=array_search("x",$array);                //查找"x"是否在数组$array 中
if($key==NULL)                                //如果返回结果为 NULL 则不存在
{
      echo "数组中不存在这个值";              //不输出
}
else
      echo $key;                              //输出 3
?>
```

2．取得数组当前单元的键名

使用 key()函数可以取得数组当前单元的键名，在这里说明下面代码的含义和作用。

```
<?php
$array=array("a"=>1, "b"=>2, "c"=>3, "d"=>4);
echo key($array);                             //输出"a"
next($array);                                 //将数组中的内部指针向前移动一位
echo key($array);                             //输出"b"
?>
```

另外，“end($array);”表示将数组中的内部指针指向最后一个单元；“reset($array);”表示将数组中的内部指针指向第一个单元，即重置数组的指针；“each($array)”表示返回当前的键名和值，并将数组指针向下移动一位，这个函数非常适合在数组遍历时使用。

3．将数组中的值赋给指定的变量

使用 list()函数可以将数组中的值赋给指定的变量。这样就可以将数组中的值显示出来了，这个函数在数组遍历的时候将非常有用。在这里说明下面代码的含义和作用。

```
<?php
$arr=array("红色","蓝色","绿色");
list($red,$blue,$green)=$arr;                          //将数组$arr 中的值赋给 3 个变量
echo $red;                                             //输出"红色"
echo $blue;                                            //输出"蓝色"
echo $green;                                           //输出"绿色"
?>
```

4．用指定的值填充数组的值和键名

使用 array_fill()和 array_fill_keys()函数可以用指定的值填充数组的值和键名。

array_fill()函数的语法格式如下。

```
array array_fill(int $start_index, int $num, mixed $value)
```

说明：array_fill()函数用参数$value 的值将一个数组从第$start_index 个单元开始，填充$num 个单元。$num 必须是一个大于零的数值，否则 PHP 会发出一条警告。

array_fill_keys()函数的语法格式如下。

```
array array_fill_keys(array $keys , mixed $value)
```

说明：array_fill_keys 函数用给定的数组$keys 中的值作为键名，$value 作为值，并返回新数组。

在这里说明下面代码的含义和作用。

```
<?php
$array1=array_fill(2,3,"red");                         //从第 2 个单元开始填充 3 个值"red"
```

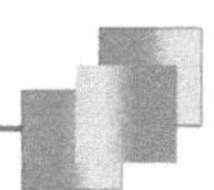

```
$keys=array("a", 3, "b");
$array2=array_fill_keys($keys, "good");              //使用$keys 数组中的值作为键名
print_r($array1);
//输出结果为: Array ( [2] => red [3] => red [4] => red )
print_r($array2);
//输出结果为: Array ( [a] => good [3] => good [b] => good )
?>
```

5. 取得数组中所有的键名和值

使用 array_keys()和 array_values()函数可以取得数组中所有的键名和值，并保存到一个新的数组中。在这里说明下面代码的含义和作用。

```
<?php
$arr=array("red"=>"红色","blue"=>"蓝色","green"=>"绿色");
$newarr1=array_keys($arr);                    //取得数组中的所有键名
$newarr2=array_values($arr);                  //取得数组中的所有值
print_r($newarr1);
//输出结果为: Array ( [0] => red [1] => blue [2] => green )
print_r($newarr2);
//输出结果为: Array ( [0] => 红色 [1] => 蓝色 [2] => 绿色 )
?>
```

6. 移除数组中重复的值

使用 array_unique()函数可以移除数组中重复的值，返回一个新数组，并不会破坏原来的数组。在这里说明下面代码的含义和作用。

```
<?php
$input=array(1,2,3,2,3,4,1);
$output=array_unique($input);                 //移除$input 数组中重复的值
print_r($output);
//输出结果为: Array ( [0] => 1 [1] => 2 [2] => 3 [5] => 4 )
?>
```

3.1.3 数组的遍历和输出

1. 使用 while 循环访问数组

while 循环、list()和 each()函数结合使用就可以实现对数组的遍历。list()函数的作用是将数组中的值赋给变量，each()函数的作用是返回当前的键名和值，并将数组指针向下移动一位。在这里说明下面代码的含义和作用。

```
<?php
$arr=array(1,2,3,4,5,6);
while(list($key,$value) = each($arr))         //直到数组指针到数组尾部时停止循环
{
    echo $value;                              //输出 123456
}
?>
```

如果数组是多维数组（假设为二维数组），则在 while 循环中多次使用 list()函数。在这里说明下面代码的含义和作用。

```
<?php
$t_array=array(
            array("091101","张三","计算机"),
            array("091102","李四","网络工程"),
            array("091103","王五","通信工程")
);
//以表格形式输出数组的值
echo "<table border=1><tr><td>学号</td><td>姓名</td><td>专业</td></tr>";
while(list($key,$value)=each($t_array))
```

```
{
        list($XH,$XM,$ZY)=$value;                    //将二维数组中的单个数组中的值用变量替换
                echo "<tr><td>$XH</td><td>$XM</td><td>$ZY</td></tr>";       //输出变量的值
}
echo "</table>";                                                       //输出表格结尾
?>
```

2．使用 for 循环访问数组

也可以使用 for 循环来访问数组。在这里说明下面代码的含义和作用。

```
<?php
$array=range(1,10);
for($i=0;$i<10;$i++)
{
        echo $array[$i];                             //输出 12345678910
}
?>
```

注意：使用 for 循环只能访问键名是有序的整型的数组，如果键名是其他类型则无法访问。

3．使用 foreach 循环访问数组

foreach 循环是一个专门用于遍历数组的循环，语法格式如下。

格式一：

```
foreach (array_expression as $value)
         //代码段
```

格式二：

```
foreach (array_expression as $key => $value)
         //代码段
```

第一种格式遍历给定的 array_expression 数组。每次循环中，当前单元的值被赋给变量 $value 并且数组内部的指针向前移一步（因此下一次循环将会得到下一个单元）。第二种格式做同样的事，只是当前单元的键名也会在每次循环中被赋给变量$key。

在这里说明下面代码的含义和作用。

```
<?php
$color=array("a"=>"red","blue","white");
foreach($color as $value)
{
     echo $value."<br>";                                       //输出数组的值
}
foreach($color as $key=>$value)
{
     echo $key. "=>". $value. "<br>";                          //输出数组的键名和值
}
?>
```

【例 3-1】 在网页中输出杨辉三角形。本实例页面预览后，页面预览的结果如图 3-1 所示。

杨辉三角形的定义是：组成三角形的第 1 列和对角线上的列的值都为 1，从第 3 行开始每个单元（不包含第 1 列和对角线上的单元）的值都等于该单元上一行的前一列的值加上一行同一列的值。

例 3-1

操作步骤如下。

① 在 HBuilder 中建立 Web 项目 ch3，其对应的文件夹为 C:\xampp\htdocs\ch3，本章的所有案例均存放于该文件夹中。

② 在 Web 项目 ch3 中新建一个 PHP 文件，命名为 3-1.php，在代码编辑区输入以下代码。

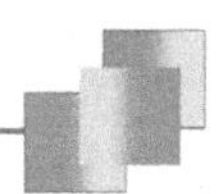

```
<!DOCTYPE html>
<html>
     <head>
          <meta charset="UTF-8" />
          <title>输出杨辉三角形</title>
     </head>
     <body>
          <?php
          //以下产生的是所有的第 1 列和对角线上的 1
          for ($i = 0; $i < 5; $i++)
               for ($j = 0; $j <= $i; $j++) {
                    if ($j == 0 || $j == $i) {//第 1 列和对角线上的列的值都为 1
                         $a[$i][$j] = 1;
                    }
               }
          //以下产生的是第三行开始的中间的数据
          for ($i = 2; $i < 5; $i++)
               for ($j = 1; $j < $i; $j++) {
                    $a[$i][$j] = $a[$i - 1][$j - 1] + $a[$i - 1][$j];
                    //从第 3 行开始每个单元（不包含第 1 列和对角线上的单元）的值都等于该单元上一行
的前一列的值加上一行同一列的值。
               }
          //输出完整的杨辉三角形
          for ($i = 0; $i < 5; $i++) {
               for ($j = 0; $j <= $i; $j++) {
                    echo $a[$i][$j] . " ";
               }
               echo "<br>";
          }
          ?>
     </body>
</html>
```

图 3-1　杨辉三角形

③ 执行“文件”→“全部保存”命令，保存页面，在浏览器中预览网页如图 3-1 所示。

3.1.4　数组的排序

在 PHP 的数组操作函数中，有专门对数组进行排序的函数，使用该类函数可以对数组进行升序或降序排列。

1．升序排序

（1）sort()函数

使用 sort()函数可以对已经定义的数组进行排序，使得数组单元按照数组值从低到高重新索引。语法格式如下。

```
bool sort(array $array [, int $sort_flags ])
```

说明： sort()函数如果排序成功返回 TRUE，失败则返回 FALSE。两个参数中$array 是需要排序的数组；$sort_flags 的值可以影响排序的行为，$sort_flags 可以取以下 4 个值。

SORT_REGULAR：正常比较单元（不改变类型），这是默认值。

SORT_NUMERIC：单元被作为数字来比较。

SORT_STRING：单元被作为字符串来比较。

SORT_LOCALE_STRING：根据当前的区域设置把单元当作字符串比较。

sort()函数不仅对数组进行排序，同时删除了原来的键名，并重新分配自动索引的键名，在这里说明下面代码的含义和作用。

```
<?php
$array1=array("a"=>6, "n"=>4, 4=>8, "c"=>2);
```

```
$array2=array(2=>"c",4=>"a",1=>"b");
if(sort($array1))
      print_r($array1);          //输出：Array ([0] => 2 [1] => 4 [2] => 6 [3] => 8 )
else
      echo "排序\$array1 失败";    //不输出
if(sort($array2))
      print_r($array2);          //输出：Array ([0] => a [1] => b [2] => c )
?>
```

（2）asort()函数

asort()函数也可以对数组的值进行升序排序，语法格式和 sort()类似，但使用 asort()函数排序后的数组还保持键名和值之间的关联，在这里说明下面代码的含义和作用。

```
<?php
$fruits=array("d"=>"lemon","a"=>"orange","b"=>"banana","c"=>"apple");
asort($fruits);
print_r($fruits);
//输出：Array ( [c] => apple [b] => banana [d] => lemon [a] => orange )
?>
```

（3）ksort()函数

ksort()函数用于对数组的键名进行排序，排序后键名和值之间的关联不改变，在这里说明下面代码的含义和作用。

```
<?php
$fruits=array("d"=>"lemon","a"=>"orange","b"=>"banana","c"=>"apple");
ksort($fruits);
print_r($fruits);
//输出：Array ( [a] => orange [b] => banana [c] => apple [d] => lemon )
?>
```

2．降序排序

前面介绍的 sort()、asort()、ksort()这 3 个函数都是对数组按升序排序。而它们都对应有一个降序排序的函数，可以使数组按降序排序，分别是 rsort()、arsort()、krsort()函数。

降序排序的函数与升序排序的函数用法相同，rsort()函数按数组中的值降序排序，并将数组键名修改为一维数字键名；arsort()函数将数组中的值按降序排序，不改变键名和值之间的关联；krsort()函数将数组中的键名按降序排序。

3．对多维数组排序

array_multisort()函数可以一次对多个数组排序，或根据多维数组的一维或多维对多维数组进行排序。语法格式如下。

```
bool array_multisort(array $ar1 [, mixed $arg [, mixed $... [, array $... ]]])
```

该函数的参数结构比较特别，且非常灵活。第一个参数必须是一个数组。接下来的每个参数可以是数组或者是下面列出的排序标志。

排序顺序标志如下。

SORT_ASC：默认值，按照上升顺序排序。

SORT_DESC：按照下降顺序排序。

排序类型标志如下。

SORT_REGULAR：默认值，按照通常方法比较。

SORT_NUMERIC：按照数值比较。

SORT_STRING：按照字符串比较。

使用 array_multisort()函数排序时字符串键名保持不变，但数字键名会被重新索引。当函

数的参数是一个数组列表时，函数首先对数组列表中的第一个数组进行升序排序，下一个数组中值的顺序按照对应的第一个数组的值的顺序排列，以此类推。在这里说明下面代码的含义和作用。

```
<?php
$ar1 = array(3,5,2,4,1);
$ar2 = array(6,7,8,9,10);
array_multisort($ar1, $ar2);        //对$ar1、$ar2 排序
print_r($ar1);            //输出: Array ( [0] => 1 [1] => 2 [2] => 3 [3] => 4 [4] => 5 )
echo "<br>";
print_r($ar2);            //输出: Array ( [0] => 10 [1] => 8 [2] => 6 [3] => 9 [4] => 7 )
?>
```

4．对数组重新排序

（1）shuffle()函数

使用 shuffle()函数可以将数组按照随机的顺序排列，并删除原有的键名，建立自动索引。在这里说明下面代码的含义和作用。

```
<?php
$arr=range(1,10);                   //产生有序数组
foreach($arr as $value)
      echo $value. " ";             //输出有序数组，结果为 1 2 3 4 5 6 7 8 9 10
shuffle($arr);                      //打乱数组顺序
foreach($arr as $value)
      echo $value. "<br>";          //输出新的数组顺序，每次运行，结果都不一样
?>
```

（2）array_reverse()函数

array_reverse()函数的作用是将一个数组单元按相反顺序排序，语法格式如下。

```
array array_reverse(array $array [ , bool $preserve_keys ])
```

如果$preserve_keys 值为 TRUE 则保留原来的键名，为 FALSE 则为数组重新建立索引，默认为 FALSE。在这里说明下面代码的含义和作用。

```
<?php
$array=array("x"=>1,2,3,4);
$ar1=array_reverse($array);
$ar2=array_reverse($array,TRUE);
print_r($ar1);              //输出: Array ( [0] => 4 [1] => 3 [2] => 2 [x] => 1 )
print_r($ar2);              //输出: Array ( [2] => 4 [1] => 3 [0] => 2 [x] => 1 )
?>
```

5．自然排序

natsort()函数实现了一个和人们通常对字母、数字、字符串进行排序的方法一样的排序算法，并保持原有键/值的关联，这被称为“自然排序”。natsort()函数对大小写敏感，它与 sort()函数的排序方法不同。在这里说明下面代码的含义和作用。

```
<?php
$array1 = $array2 = array("img12", "img10", "img2", "img1");
sort($array1);                                       //使用 sort 函数排序
print_r($array1);
//输出: Array ( [0] => img1 [1] => img10 [2] => img12 [3] => img2 )
natsort($array2);                                    //自然排序
print_r($array2);
//输出: Array ( [3] => img1 [2] => img2 [1] => img10 [0] => img12 )
?>
```

【例 3-2】 在页面上生成 5 个文本框，用户输入学生成绩。提交表单后，输出原始录入成

绩、由高到低排列的成绩、分数小于 60 分的成绩以及平均成绩。本实例页面预览后，在文本框中依次输入成绩：82、93、48、76、69，单击“提交”按钮，显示出成绩的统计结果，页面预览的结果如图 3-2 所示。

例 3-2

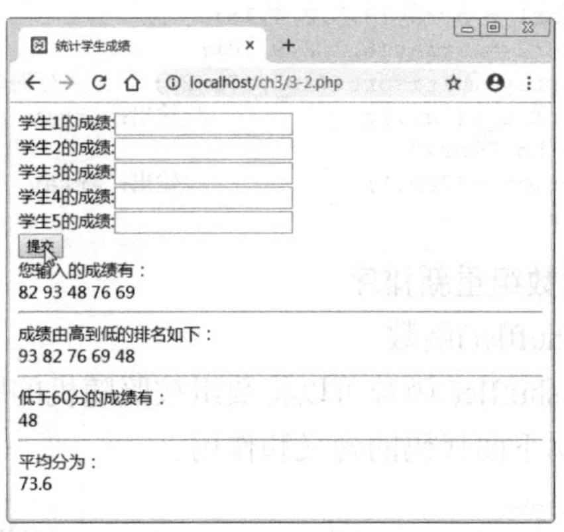

图 3-2　统计学生成绩

操作步骤如下。

① 在 Web 项目 ch3 中新建一个 PHP 文件，命名为 3-2.php，在代码编辑区输入以下代码。

```
<!DOCTYPE html>
<html>
    <head>
        <meta charset="UTF-8" />
        <title>统计学生成绩</title>
    </head>
    <body>
        <?php
        echo "<form method=post>";
        //新建表单
        for ($i = 1; $i < 6; $i++)          //循环生成文本框
        {
            //文本框的名字是数组名
            echo "学生" . $i . "的成绩:<input type=text name='stu[]' ><br>";
        }
        echo "<input type=submit name=bt value='提交'>";
        //提交按钮
        echo "</form>";
        if (isset($_POST['bt']))            //检查提交按钮是否按下
        {
            $sum = 0;
            //总成绩初始化为 0
            $k = 0;
            //分数小于 60 的人的总数初始化为 0
            $stu = $_POST['stu'];
            //取得所有文本框的值并赋予数组$stu
            $num = count($stu);
            //计算数组$stu 元素个数
            echo "您输入的成绩有：<br>";
            foreach ($stu as $score)//使用 foreach 循环遍历数组$stu
            {
                echo $score . " ";
                //输出接收的值
                $sum = $sum + $score;
                //计算总成绩
                if ($score < 60)//判断分数小于 60 的情况
                {
```

```
                    $sco[$k] = $score;
                    //将分数小于 60 的值赋给数组$sco
                    $k++;
                    //分数小于 60 的人的总数加 1
                }
            }
            rsort($stu);
            //将成绩数组降序排列
            echo "<br><hr>成绩由高到低的排名如下：<br>";
            foreach ($stu as $value)
                echo $value . " ";
            //输出降序排列的成绩
            echo "<br><hr>低于 60 分的成绩有：<br>";
            for ($k = 0; $k < count($sco); $k++)//使用 for 循环输出$sco 数组
                echo $sco[$k] . " ";
            $average = $sum / $num;
            //计算平均成绩
            echo "<br><hr>平均分为：<br>$average";
            //输出平均成绩
        }
        ?>
    </body>
</html>
```

② 执行“文件”→“全部保存”命令，保存页面，在浏览器中预览网页如图 3-2 所示。

【说明】

1）页面中的 5 个文本框是通过循环的方式自动生成，为了使文本框中的数据成为数组的各个单元，要求文本框具有相同的数组名字 stu[]。

2）使用 foreach 循环遍历数组$stu 之前，切记将总成绩$sum、分数小于 60 的人的总数$k 初始化为 0。

3.1.5 数组的编辑

PHP 添加或修改数组元素，是通过指定键名给数组元素来实现的。如果键名尚不存在，则将该元素添加到数组中。如果数组中已包含该键名，则修改该键名对应元素的值。如果要删除某个数组元素，对其使用 unset(数组单元)函数即可。如果不是对某个数组元素而是对数组名使用 unset()函数，则将删除整个数组。

【例 3-3】 创建一个数组$student，包含 4 个元素，对数组元素进行添加、修改和删除操作，页面预览的结果如图 3-3 所示。

操作步骤如下。

① 在 Web 项目 ch3 中新建一个 PHP 文件，命名为 3-3.php，在代码编辑区输入以下代码。

```
<!DOCTYPE html>
<html>
    <head>
        <meta charset="UTF-8">
        <title>编辑数组</title>
    </head>
    <body>
        <?php
        //创建数组$student，包含 4 个元素
        $student=[
        "studentNo"=>"26013",
        "name"=>"Peter",
        "age"=>12,
        "email"=>"pr@163.com"
        ];
```

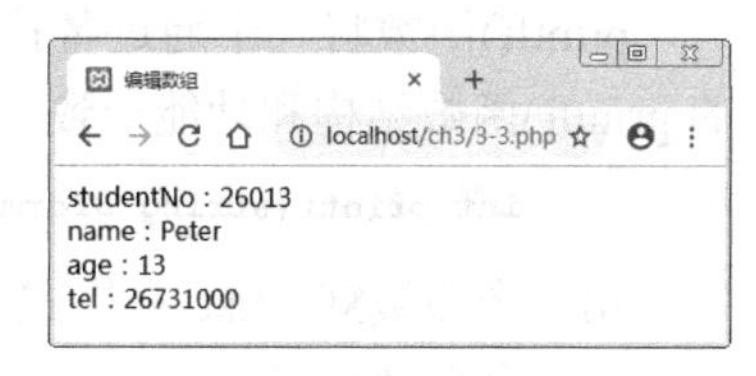

图 3-3 编辑数组

```
            //添加一个数组元素
            $student["tel"]="26731000";
            //修改数组元素的值
            $student["age"]=13;
            //删除数组元素
            unset($student["email"]);
            //输出每个数组元素的值
            echo "studentNo: ".$student["studentNo"]."<br/>";
            echo "name: ".$student["name"]."<br/>";
            echo "age: ".$student["age"]."<br/>";
            echo "tel: ".$student["tel"]."<br/>";
            ?>
        </body>
</html>
```

② 执行“文件”→“全部保存”命令，保存页面，在浏览器中预览网页如图 3-3 所示。

3.2 字符串操作

字符串是 PHP 程序相当重要的一部分操作内容，程序传递给用户的可视化信息，绝大多数都是靠字符串来实现的。本节将详细讲解 PHP 中的字符串以及字符串的连接、分割、比较、查找和替换等操作。

3.2.1 字符串的显示

字符串的显示可以使用 echo()和 print()函数，这在之前已经介绍过。echo()函数和 print()函数并不是完全一样，两者还存在一些区别：print()具有返回值，返回 1，而 echo()则没有，所以 echo()比 print()要快一些，也正是因为这个原因，print()能应用于复合语句中，而 echo()则不能。在这里说明下面代码的含义和作用。

```
$result=print "ok";
echo $result;                         //输出 1
```

另外，echo 可以一次输出多个字符串，而 print 则不可以。在这里说明下面代码的含义和作用。

```
echo "I", "love", "PHP";                        //输出"IlovePHP"
print "I", "love", "PHP";                       //将提示错误
```

3.2.2 字符串的格式化

在程序运行的过程中，字符串往往并不是以用户所需要的形式出现的，此时，就需要对该字符串进行格式化处理。

printf()函数将一个通过替换值建立的字符串输出到格式字符串中，这个命令和 C 语言中的 printf()函数结构和功能一致。语法格式如下。

```
int printf(string $format [ , mixed $args])
```

第一个参数$format 是格式字符串，$args 是要替换进来的值，格式字符串里的字符“%”指出了一个替换标记。

格式字符串中的每一个替换标记都由一个百分号组成，后面可能跟有一个填充字符、一个对齐方式字符、字段宽度和一个类型说明符。字符串的类型说明符为“s”。 在这里说明下面代码的含义和作用。

```
<?php
//显示字符串
$str="hello";
printf("%s\n",$str);                    //输出"hello"并回车
printf("%10s\n",$str);                  //在字符串左边加空格后输出
printf("%010s\n",$str);                 //在字符串前补 0，将字符串补成 10 位
//显示数字
$num=10;
printf("%d",$num);                      //输出 10
?>
```

3.2.3　常用的字符串操作函数

1．计算字符串的长度

在操作字符串时经常需要计算字符串的长度，这时可以使用 strlen()函数。语法格式如下。

```
int strlen(string $string)
```

该函数返回字符串的长度，一个英文字母长度为一个字符，一个汉字长度为两个字符，字符串中的空格也算一个字符。在这里说明下面代码的含义和作用。

```
<?php
$str1="hello";
echo strlen($str1);               //输出 5
$str2="中华民族";
echo strlen($str2);               //输出 8
?>
```

2．改变字符串大小写

使用 strtolower()函数可以将字符串全部转化为小写，使用 strtoupper()函数将字符串全部转化为大写。在这里说明下面代码的含义和作用。

```
<?php
echo strtolower("HelLO,WoRlD");         //输出"hello,world"
echo strtoupper("hEllo,wOrLd");         //输出"HELLO,WORLD"
?>
```

另外，还有一个 ucfirst()函数可以将字符串的第一个字符改成大写，ucwords()函数可以将字符串中每个单词的第一个字母改成大写。在这里说明下面代码的含义和作用。

```
<?php
echo ucfirst("hello world");            //输出"Hello world"
echo ucwords("how are you");            //输出"How Are You"
?>
```

3．字符串裁剪

实际应用中，字符串经常被读取，以及用于其他函数的操作。当一个字符串的首和尾有多余的空白字符，如空格、制表符等，参与运算时就可能产生错误的结果，这时可以使用 trim、rtrim、ltrim 函数来解决。它们的语法格式如下。

```
string trim(string $str [, string $charlist ])
string rtrim(string $str [, string $charlist ])
string ltrim(string $str [, string $charlist ])
```

可选参数$charlist 是一个字符串，指定要删除的字符。ltrim()、rtrim()、trim()函数分别用于删除字符串$str 中最左边、最右边和两边的与$charlist 相同的字符，并返回剩余的字符串。在这里说明下面代码的含义和作用。

```
<?php
```

```
$str1="  hello   ";
echo trim($str1);                          //输出"hello"
$str2= "aaahelloa";
echo ltrim($str2, "a");                    //输出"helloa"
?>
```

4．字符串的查找

PHP 中用于查找、匹配或定位的函数非常多，这里只介绍比较常用的 strstr()函数和 stristr()函数，这两者的功能、返回值都一样，只是 stristr()函数不区分大小写。

strstr()函数的语法格式如下。

```
string strstr(string $haystack, string $needle)
```

说明： strstr()函数用于查找字符串指针$needle 在字符串$haystack 中出现的位置，并返回$haystack 字符串中从$needle 开始到$haystack 字符串结束处的字符串。如果没有返回值，即没有发现$needle，则返回 FALSE。strstr()函数还有一个同名函数 strchr()。

在这里说明下面代码的含义和作用。

```
<?php
echo strstr("hello world","or");           //输出"orld"
$str ="I love PHP";
$needle ="PHP";
if(strstr($str,$needle))
        echo "包含 PHP";                    //输出"包含 PHP"
else
        echo "不包含 PHP";
?>
```

3.2.4 字符串的替换

1．str_replace()函数

字符串替换操作中最常用的就是 str_replace()函数，语法格式如下。

```
mixed str_replace ( mixed $search , mixed $replace , mixed $subject [, int &$count ] )
```

说明： str_replace()函数使用新的字符串$replace 替换字符串$subject 中的$search 字符串。$count 是可选参数，表示要执行的替换操作的次数，$count 是 PHP 5 中增加的。在这里说明下面代码的含义和作用。

```
<?php
$str="I love you";
$replace="mike";
$end=str_replace("you",$replace,$str);
echo $end;                                 //输出"I love mike"
?>
```

str_replace()函数对大小写敏感，还可以实现多对一、多对多的替换，但无法实现一对多的替换，在这里说明下面代码的含义和作用。

```
<?php
$str="What Is Your Name";
$array=array("a","o","A","O","e");
echo str_replace($array, "",$str);              //多对一的替换，输出"Wht Is Yur Nm"
$array1=array("a","b","c");
$array2=array("d","e","f");
echo str_replace($array1,$array2, "abcdef");    //多对多的替换，输出"defdef"
?>
```

2．substr_replace()函数

语法格式如下。

```
mixed substr_replace(mixed $string, string $replacement, int $start[, int $length])
```

说明：

在原字符串 string 从 start 开始的位置开始替换为 replacement。开始替换的位置应该小于原字符串的长度，可选参数 length 为要替换的长度。如果不给定则从$start 位置开始一直到字符串结束；如果$length 为 0，则替换字符串会插入到原字符串中；如果$length 是正值，则表示要用替换字符串替换掉的字符串长度；如果$length 是负值，表示从字符串末尾开始到$length 个字符为止停止替换。

在这里说明下面代码的含义和作用。

```
<?php
echo substr_replace("abcdefg","OK",3);          //输出"abcOK"
echo substr_replace("abcdefg","OK",3,3);        //输出"abcOKg"
echo substr_replace("abcdefg","OK",-2,2);       //输出"abcdeOK"
echo substr_replace("abcdefg","OK",3,-2);       //输出"abcOKfg"
echo substr_replace("abcdefg","OK",2,0);        //输出"abOKcdefg"
?>
```

3.2.5　字符串的比较

在现实生活中，用户经常按照姓氏笔画的多少或者拼音顺序来给多人排序，26 个英文字母和 10 个阿拉伯数字也能按照从小到大或者从大到小的规则进行排序。在程序设计中，由字母和数字组成的字符串，同样可以按照指定的规则来排列顺序。

经常使用的字符串比较函数有：strcmp()、strcasecmp()、strncmp()和 strncasecmp()。语法格式如下。

```
int strcmp(string $str1 , string $str2)
int strcasecmp(string $str1 , string $str2)
int strncmp(string $str1 , string $str2 , int $len)
int strncasecmp(string $str1 , string $str2 , int $len)
```

这 4 个函数都用于比较字符串的大小，如果$str1 比$str2 大，则它们都返回大于 0 的整数；如果$str1 比$str2 小，则返回小于 0 的整数；如果两者相等，则返回 0。

不同的是，strcmp()函数用于区分大小写的字符串比较；strcasecmp()函数用于不区分大小写的比较；strncmp()函数用于比较字符串的一部分，从字符串的开头开始比较，$len 是要比较的长度；strncasecmp()函数的作用和 strncmp()函数一样，只是 strncasecmp()函数不区分大小写。在这里说明下面代码的含义和作用。

```
<?php
echo strcmp("aBcd","abde");                 //输出-1，比较了"B"和"b"，"B"<"b"
echo strcasecmp("abcd","aBde");             //输出-1，比较了"c"和"d"，"c"<"d"
echo strncmp("abcd","aBcd",3);              //输出 1，比较了"abc"和"aBc"
echo strncasecmp("abcdd","aBcde",3);        //输出 0，比较了"abc"和"aBc"
?>
```

3.2.6　字符串与 HTML

在有些情况下，脚本本身希望用户提交带有 HTML 编码的数据，而且需要把这些数据存储，供以后使用。带有 HTML 代码的数据，可以直接保存到文件中，但是大部分情况下，是

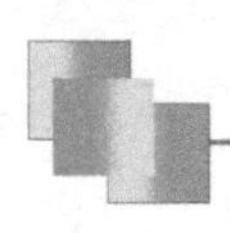

把用户提交的数据保存到数据库中，由于数据库编码等原因，直接向数据库中存储带有HTML代码的数据，会产生错误。这时可以使用htmlspecialchars()函数，把HTML代码进行转化，再存储。

使用htmlspecialchars()函数转换过的HTML代码，可以直接保存到数据库中，在使用时可以直接向浏览器输出，这时在浏览器中看到的内容，是HTML的实体形式，也可以使用htmlspecialchars_decode()函数，把从数据库中取出的代码进行解码，再输出到浏览器中，这时看到的是按HTML格式显示的内容。

1．将字符转换为HTML实体形式

HTML代码都是由HTML标记组成的，如果要在页面上输出这些标记的实体形式，如“<table></table>”，就需要使用一些特殊的函数将一些特殊的字符（如“<”、“>”等）转换为HTML的字符串格式。函数htmlspecialchars()可以将字符转化为HTML的实体形式，该函数转换的特殊字符及转换后的字符，见表3-1。

表3-1 可以转化为HTML实体形式的特殊字符

原 字 符	字 符 名 称	转换后的字符
&	AND记号	&
"	双引号	"
'	单引号	'
<	小于号	<
>	大于号	>

htmlspecialchars()函数的语法格式如下。

```
string htmlspecialchars(string $string [, int $quote_style [, string $charset [, bool $double_encode ]]])
```

参数$string是要转换的字符串，$quote_style、$charset和$double_encode都是可选参数。$quote_style指定如何转换单引号和双引号字符，取值可以是ENT_COMPAT（默认值，只转换双引号）、ENT_NOQUOTES（都不转换）和ENT_QUOTES（都转换）。$charset是字符集，默认为ISO-8859-1。参数$double_encode是PHP 5.2.3新增加的，如果为FALSE则不转换成HTML实体，默认为TRUE。在这里说明下面代码的含义和作用。

```
<?php
$new="<a href='test'>test</a>";
echo htmlspecialchars($new);                    //页面中输出"<a href='test'>test</a>"
echo htmlspecialchars($new,ENT_NOQUOTES);       //页面中输出"<a href='test'>test</a>"
?>
```

2．将HTML实体形式转换为特殊字符

使用htmlspecialchars_decode()函数可以将HTML的实体形式转换为HTML格式，这和htmlspecialchars()函数的作用刚好相反。html_entity_decode()函数可以把所有HTML实体形式转换为HTML格式，和htmlentities()函数的作用相反。在这里说明下面代码的含义和作用。

```
<?php
$html= htmlspecialchars_decode("&lt;a href='test'&gt;test&lt;/a&gt;");      //输出test超链接
echo $html;
?>
```

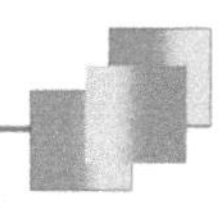

3．换行符的转换

在 HTML 文件中使用“\n”，显示 HTML 代码时不能显示换行的效果，这时可以使用 nl2br()函数，这个函数可以用 HTML 中的“
”标记代替字符串中的换行符“\n”。 在这里说明下面代码的含义和作用。

```
<?php
$str="hello\nworld";
echo $str;                                    //直接输出不会有换行符
echo nl2br($str);                             //“hello”后面换行
?>
```

3.2.7　其他字符串函数

1．字符串与数组

（1）字符串转化为数组

使用 explode()函数可以用指定的字符串分割另一个字符串，并返回一个数组。

语法格式如下。

```
array explode(string $separator , string $string [, int $limit ])
```

说明：此函数返回由字符串组成的数组，每个元素都是$string 的一个子串，它们被字符串$separator 作为边界点分割出来。在这里说明下面代码的含义和作用。

```
<?php
$str="使用 空格 分割 字符串";
$array=explode(" ", $str);
print_r($array);
//输出 Array ( [0] => 使用 [1] => 空格 [2] => 分割 [3] => 字符串 )
?>
```

如果设置了$limit 参数，则返回的数组包含最多$limit 个元素，而最后那个元素将包含$string 的剩余部分。

（2）数组转化为字符串

使用 implode()函数可以将数组中的字符串连接成一个字符串，语法格式如下。

```
string implode(string $glue , array $pieces)
```

$pieces 是保存要连接的字符串的数组，$glue 是用于连接字符串的连接符。在这里说明下面代码的含义和作用。

```
<?php
$array=array("hello","how","are","you");
$str=implode(",",$array);                     //使用逗号作为连接符
echo $str;                                    //输出"hello,how,are,you"
?>
```

implode()函数还有一个别名，即 join()函数。

2．字符串加密函数

PHP 提供了 crypt()函数完成加密功能，语法格式如下。

```
string crypt(string $str [, string $salt ])
```

在默认状态下使用 crypt()并不是最安全的，如果要获得更高的安全性，可以使用 md5()函数，这个函数使用 MD5 散列算法，将一个字符串转换成一个长 32 位的唯一字符串，这个过程是不可逆的。在这里说明下面代码的含义和作用。

```
<?php
```

```
$str="闪电侠";
echo md5($str);                                   //输出"8539f5e4a29c5567821436efbd183b64"
if(md5($str)=== "8539f5e4a29c5567821436efbd183b64")
{
    echo "密码正确";                               //输出"密码正确"
}
?>
```

【例 3-4】 使用字符串函数处理留言数据。制作一个简易的留言本，留言本上有 Email 地址和用户的留言，提交用户输入的 Email 地址和留言后，要求 Email 地址中@符号前不能有点“.”或逗号“,”。将 Email 地址中@符号前的内容作为用户的用户名，并将留言中英文字符串每个单词的第一个字母改成大写。本实例页面预览后，在 Email 文本框中输入“angel@163.com”，留言文本域中输入“php 编程的乐园!”。单击“提交”按钮，显示出函数处理后的留言数据，页面预览的结果如图 3-4 所示。

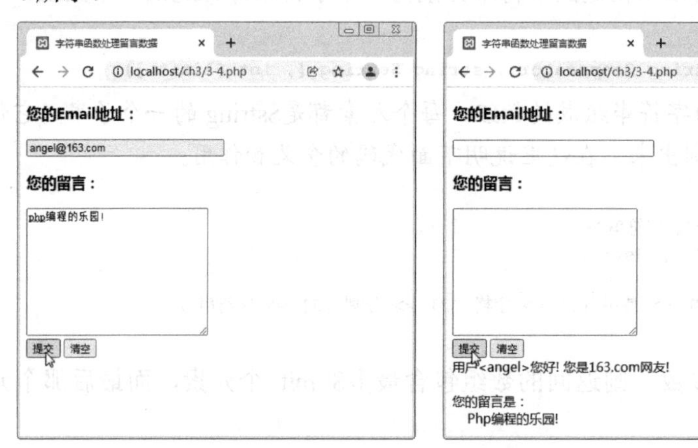

图 3-4　使用字符串函数处理留言数据

操作步骤如下。

① 在 Web 项目 ch3 中新建一个 PHP 文件，命名为 3-4.php，在代码编辑区输入以下代码。

```
<!DOCTYPE html>
<html>
    <head>
        <meta charset="UTF-8" />
        <title>字符串函数处理留言数据</title>
    </head>
    <body>
        <!--以下是留言本表单-->
        <form name="f1" method="post" action="">
            <h3>您的 Email 地址：</h3>
            <input type="text" name="Email" size=31>
            <h3>您的留言：</h3>
            <textarea name="note" rows=10 cols=30></textarea>
            <br>
            <input type="submit" name="bt1" value="提交">
            <input type="reset" name="bt2" value="清空">
        </form>
        <?php
        if (isset($_POST['bt1'])) {
            $Email = $_POST['Email'];
            //接收 Email 地址
            $note = $_POST['note'];
```

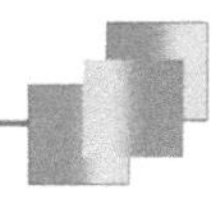

```
            //接收留言
            if (!$Email || !$note)//判断是否取得值
                echo "<script>alert('Email 地址和留言请填写完整! ')</script>";
            else {
                $array = explode("@", $Email);
                //分割 Email 地址
                if (count($array) != 2)//如果有两个@符号则报错
                    echo "<script>alert('Email 地址格式错误! ')</script>";
                else {
                    $username = $array[0];
                    //取得@符号前的内容
                    $netname = $array[1];
                    //取得@符号后的内容
                    //如果 username 中含有“.”或“,”则报错
                    if (strstr($username, ".") or strstr($username, ","))
                        echo "<script>alert('Email 地址格式错误! ')</script>";
                    else {
                        $str1 = htmlspecialchars("<");
                        //输出符号“<”
                        $str2 = htmlspecialchars(">");
                        //输出符号“>”
                        $newnote = ucwords($note);
                        //将英文字符串中每个单词的第一个字母改成大写
                        echo "用户".$str1.$username.$str2."您好! ";
                        echo "您是".$netname."网友!<br>";
                        echo "<br>您的留言是: <br>   ".$newnote."<br>";
                    }
                }
            }
        }
        ?>
    </body>
</html>
```

② 执行“文件”→“全部保存”命令，保存页面，在浏览器中预览网页如图 3-4 所示。

【说明】代码中的 if(count($array)!=2)条件判断的含义如下。

如果用指定的“@”分割用户提交的 Email 地址得到的字符串个数不等于 2，表明提交的 Email 地址中不包含“@”，或者包含两个或两个以上的“@”。因为只有包含一个“@”时，用“@”分割 Email 地址得到的字符串个数才等于 2，其余情况均不等于 2。

3.3　日期和时间

作为高级语言的基础功能，PHP 也给用户提供了大量的与日期和时间相关的函数。利用这些函数，可以方便地获得当前的日期和时间，也可以生成一个指定时刻的时间戳，还可以用各种各样的格式来输出这些日期、时间。

3.3.1　时间戳的基本概念

在了解日期和时间类型的数据时需要了解 UNIX 时间戳的意义。在当前大多数的 UNIX 系统中，保存当前日期和时间的方法是：保存格林尼治标准时间从 1970 年 1 月 1 日零点起到当前时刻的秒数，以 32 为整列表示。1970 年 1 月 1 日零点也称为 UNIX 纪元。在 Windows 系统下也可以使用 UNIX 时间戳，简称为时间戳，但如果时间是在 1970 年以前或 2038 年以后，处理的时候可能会出现问题。

PHP 在处理有些数据，特别是对数据库中时间类型的数据进行格式化时，经常需要先将

时间类型的数据转化为 UNIX 时间戳再进行处理。另外，不同的数据库系统对时间类型的数据不能兼容转换，这时就需要将时间转化为 UNIX 时间戳，再对时间戳进行操作，这样就实现了不同数据库系统的跨平台性。

3.3.2 时间转化为时间戳

如果要将用字符串表达的日期和时间转化为时间戳的形式，可以使用 strtotime()函数。语法格式如下。

```
int strtotime(string $time [, int $now ])
```

在这里说明下面代码的含义和作用。

```
<?php
echo strtotime('2011-12-25');                    //输出1324742400
echo strtotime('2011-12-25 12:20:30');           //输出1324786830
echo strtotime("08 August 2008");                //输出1218124800
?>
```

注意：如果给定的年份是两位数字的格式，则年份值 0～69 表示 2000～2069，70～100 表示 1970～2000。

另一个取得日期的 UNIX 时间戳的函数是 mktime()函数，语法格式如下。

```
int mktime([int $hour [, int $minute [, int $second [, int $month [, int $day [, int $year]]]]]])
```

说明：$hour 表示小时数，$minute 表示分钟数，$second 表示秒数，$month 表示月份，$day 表示天数，$year 表示年份，$year 的合法范围是 1901～2038，不过此限制自 PHP 5.1.0 起已被克服了。如果所有的参数都为空，则默认为当前时间。

在这里说明下面代码的含义和作用。

```
<?php
$timenum1=mktime(0,0,0,8,28,2008);          //2008年8月28日
$timenum2=mktime(6,50,0,7,1,97);            //1997年7月1日6时50分
?>
```

3.3.3 获取日期和时间

1. date()函数

PHP 中最常用的日期和时间函数就是 date()函数，该函数的作用是将时间戳按照给定的格式转化为具体的日期和时间字符串，语法格式如下。

```
string date(string $format [, int $timestamp ])
```

说明：$format 指定了转化后的日期和时间的格式，$timestamp 是需要转化的时间戳，如果省略则使用本地当前时间，即默认值为 time()函数的值。time()函数返回当前时间的时间戳，例如：

```
echo time();                    //输出当前时间的时间戳
```

date 函数的$format 参数的取值见表 3-2。

表 3-2 date()函数支持的格式代码

字 符	说 明	返回值例子
d	月份中的第几天，有前导零的两位数字	01～31

（续）

字　符	说　　明	返回值例子
D	星期中的第几天，用 3 个字母表示	Mon 到 Sun
j	月份中的第几天，没有前导零	1～31
l	星期几，完整的文本格式	Sunday～Saturday
S	每月天数后面的英文后缀，用两个字符表示	st、nd、rd 或 th，可以和 j 一起用
w	星期中的第几天，数字表示	0（星期天）～6（星期六）
z	年份中的第几天	0～366
F	月份，完整的文本格式，如 January 或 March	January～December
m	数字表示的月份，有前导零	01～12
M	3 个字母缩写表示的月份	Jan～Dec
n	数字表示的月份，没有前导零	1～12
t	给定月份所应有的天数	28～31
L	是否为闰年	如果是闰年为 1，否则为 0
Y	4 位数字完整表示的年份	例如：1999 或 2003
y	两位数字表示的年份	例如：99 或 03
a	小写的上午和下午值	am 或 pm
A	大写的上午和下午值	AM 或 PM
g	小时，12 小时格式，没有前导零	1～12
G	小时，24 小时格式，没有前导零	0～23
h	小时，12 小时格式，有前导零	01～12
H	小时，24 小时格式，有前导零	00～23
i	有前导零的分钟数	00～59
s	秒数，有前导零	00～59
U	从 UNIX 纪元开始至今的秒数	time()函数

在这里说明下面代码的含义和作用。

```
<?php
echo date('jS-F-Y');                              //输出 5th-March-2009
echo date('Y-m-d');                               //输出 2009-03-05
echo date('l M ',strtotime('2008-08-08'));        //输出 Friday Aug
echo date("l",mktime(0,0,0,7,1,2000));            //输出 Saturday
echo date('U');                                   //输出当前时间的时间戳
?>
```

2．getdate()函数

使用 getdate()函数也可以获取日期和时间信息，语法格式如下。

```
array getdate([ int $timestamp ])
```

说明：$timestamp 是要转化的时间戳，如果不给出则使用当前时间。函数根据$timestamp 返回一个包含日期和时间信息的数组，数组的键名和值见表 3-3。

表 3-3　getdate()函数返回的数组中的键名和值

键　名	说　　明	值 的 例 子
seconds	秒的数字表示	0～59
minutes	分钟的数字表示	0～59
hours	小时的数字表示	0～23
mday	月份中第几天的数字表示	1～31

（续）

键 名	说 明	值 的 例 子
wday	星期中第几天的数字表示	0（表示星期天）～6（表示星期六）
mon	月份的数字表示	1～12
year	4位数字表示的完整年份	例如：1999或2003
yday	一年中第几天的数字表示	0～365
weekday	星期几的完整文本表示	Sunday～Saturday
month	月份的完整文本表示	January～December
0	自UNIX 纪元开始至今的秒数	系统相关，典型值从-2147483648～2147483647

在这里说明下面代码的含义和作用。

```
<?php
$array1=getdate();
$array2=getdate(strtotime('2011-11-11'));
print_r($array1);
/*输出
Array ( [seconds] => 0 [minutes] => 59 [hours] => 22 [mday] => 28
[wday] => 3 [mon] => 12 [year] => 2011 [yday] => 361
[weekday] => Wednesday [month] => December [0] => 1325084340 )
*/
print_r($array2);
/*输出
Array ( [seconds] => 0 [minutes] => 0 [hours] => 0 [mday] => 11
[wday] => 5 [mon] => 11 [year] => 2011 [yday] => 314
[weekday] => Friday [month] => November [0] => 1320940800 )
*/
?>
```

3.3.4 其他常用的日期和时间函数

1．日期和时间的计算

由于时间戳是32位整型数据，所以通过对时间戳进行加减法运算可计算两个时间的差值。在这里说明下面代码的含义和作用。

```
<?php
$oldtime=mktime(0,0,0,9,24,2008);
$newtime=mktime(0,0,0,10,12,2008);
$days=($newtime-$oldtime)/(24*3600);          //计算两个时间相差的天数
echo $days;                                   //输出18
?>
```

2．检查日期

checkdate()函数可以用于检查一个日期数据是否有效，语法格式如下。

```
bool checkdate( int $month , int $day , int $year)
```

在这里说明下面代码的含义和作用。

```
<?php
var_dump(checkdate(12,31,2000));              //输出bool(TRUE)
var_dump(checkdate(2,29,2001));               //输出bool(FALSE)
?>
```

3．设置时区

系统默认的是格林尼治标准时间，所以显示当前时间时可能与本地时间会有差别。PHP提供了可以修改时区的函数date_default_timezone_set()，语法格式如下。

```
bool date_default_timezone_set (string $timezone_identifier)
```

参数$timezone_identifier 为要指定的时区，中国大陆可用的值是 Asia/Chongqing、Asia/Shanghai、Asia/Urumqi（依次为重庆、上海、乌鲁木齐）。北京时间可以使用 PRC。

在这里说明下面代码的含义和作用。

```
<?php
date_default_timezone_set('PRC');        //时区为北京时间
echo date("h:i:s");                      //输出当前时间
?>
```

【例 3-5】 日期和时间函数的基本用法，页面预览的结果如图 3-5 所示。

操作步骤如下。

① 在 Web 项目 ch3 中新建一个 PHP 文件，命名为 3-5.php，在代码编辑区输入以下代码。

日期和时间函数
localhost/ch3/3-5.php
当前时间为2022年03月08日 11:01:33,学习中，请勿打扰....
当前时间为2022年03月08日 11:01:33,学习中，请勿打扰....
当前时间为2022-03-08 11:01:33,学习中，请勿打扰....
当前日期为2022-03-08,学习中，请勿打扰....
今年是2022年
本月是03月
今天是08日
本月有31天
今天是星期2
今天是Tuesday
1646708493

图 3-5　日期和时间函数的基本用法

```
<!DOCTYPE html>
<html>
    <head>
        <meta charset="UTF-8" />
        <title>日期和时间函数</title>
    </head>
    <body>
        <?php
        //设置默认时区为北京时间
        date_default_timezone_set('PRC');
        $t = date("Y 年 m 月 d 日 H:i:s", time());
        //time()是当前日期和时间的时间戳
        echo "当前时间为{$t},学习中，请勿打扰....<br/>";
        //也可以写成省略 time()的写法，当省略 time()时，默认是当前的日期和时间的时间戳
        $t = date("Y 年 m 月 d 日 H:i:s");
        echo "当前时间为{$t},学习中，请勿打扰....<br/>";
        //也可以把日期写成分隔线的形式
        $t = date("Y-m-d H:i:s");
        echo "当前时间为{$t},学习中，请勿打扰....<br/>";
        //如果只需要显示日期
        $d = date("Y-m-d");
        echo "当前日期为{$d},学习中，请勿打扰....<br/>";
        $y = date("Y");
        //如果只获取年份
        echo "今年是{$y}年<br/>";
        $m = date("m");
        //如果只获取月份
        echo "本月是{$m}月<br/>";
        $d = date("d");
        //如果只获取天，有前导 0
        echo "今天是{$d}日<br/>";
        $num = date("t");
        //本月天数
        echo "本月有{$num}天<br/>";
        $week = date("w");
        //今天是星期几，星期日为 0，后面以此类推
        echo "今天是星期{$week}<br/>";
        $week = date("l");
        //星期几，完整的文本格式，如 Sunday、Saturday
        echo "今天是{$week}<br/>";
        //打印当前时间的时间戳(记录 Unix 纪元和指定时间之间的秒数)
        echo time();
        //输出当前时间距离 Unix 纪元（1970-01-01 00:00:00 GMT）的秒数
        ?>
    </body>
</html>
```

② 执行“文件”→“全部保存”命令，保存页面，在浏览器中预览网页如图 3-5 所示。

3.4 综合案例——网页中输出指定年月的月历

综合前面所学的数组和函数的知识，编写以下程序：在网页中输出指定年月的月历，并且突出显示当天的日期。

【例 3-6】 在网页中输出指定年月的月历，本实例页面预览后，显示的是指定年月的月历，并且当天显示的是红色，页面预览的结果如图 3-6 所示。

操作步骤如下。

① 在 Web 项目 ch3 中新建一个 PHP 文件，命名为 3-6.php，在代码编辑区输入以下代码。

图 3-6 制作月历

例 3-6

```
<!DOCTYPE html>
<html>
    <head>
        <meta charset="UTF-8" />
        <title>制作月历</title>
        <style>
        body {
            text-align: center;
        }
        .box {
            margin: 0 auto;
            width: 880px;
        }
        .title {
            background: #ccc;
        }
        table {
            height: 200px;
            width: 200px;
            font-size: 12px;
            text-align: center;
            float: left;
            margin: 10px;
            font-family: arial;
        }
        .tdBack {
            background: #f00;
        }
        </style>
    </head>
    <body>
        <?php
        function calendar($year, $month)// 定义指定年、月的月历生成函数
        {
            // 获取该年该月份第一天的星期数值
            $w = date('w', strtotime("$year-$month-1"));
            $html = '<div class="box">';
            //月份的表格
            $html.= '<table>';
            $html.= '<tr class="title"><th colspan="7">'.$year.'年'.$month.'月</th></tr>';
            $html.= '<tr><td>日</td><td>一</td><td>二</td><td>三</td><td>四</td><td>五
</td><td>六</td></tr>';
            // 获取当前月份$month 共有多少天
            $max = date('t', strtotime("$year-$month"));
            $html.= '<tr>';
            for ($d = 1; $d <= $max; $d++) {
                if ($w != 0 && $d == 1) {
                    $html.= "<td colspan=$w> </td>";
                    //合并列的列数等于该日的星期几的$w 值，例如假设星期三是本月第 1 天(星期三的
```

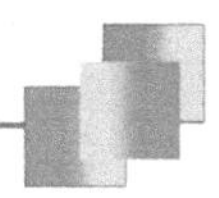

```
                    //$w=3），则前面合并 3 列
                }
                if ($year == date("Y") && $month == date("m") && $d == date("j"))
                {//date("Y")、date("m")和 date("j")分别是系统当天的年、月、日
                    $html.= "<td class='tdBack'>$d</td>";
                    //当天日期背景红色
                } else {
                    $html.= "<td>$d</td>";
                    //非当天日期正常背景输出
                }
                if ($w == 6 && $d != $max) {
                        // 如果输出到星期六并且不是该月的最后一天，则换行
                        $html.='</tr><tr>';
                        //换行
                } elseif ($d == $max) {// 如果是该月的最后一天，闭合<tr>标签
                       $html.='</tr>';
                }
                $w = ($w + 1 > 6) ? 0 : $w + 1;
                //$w + 1 > 6 表示本周 7 天的数据输出完毕，则让$w=0（即星期日，开始新的一行输出
                //新的一周），如果$w+1<=6,则表示本周数据尚未输出完毕，并使用$w+1 指向本周下一天
            }
            $html .= '</table>';
            $html .= '</div>';
            return $html;
            //函数的返回值是一段生成月历的 html 代码
        }
        echo calendar(2022,3);
        ?>
    </body>
</html>
```

② 执行“文件”→“全部保存”命令，保存页面，在浏览器中预览网页如图 3-6 所示。

3.5　习题

1．什么是数组？什么是数组的键？

2．简述创建 PHP 数组的方法有哪几种。

3．怎样对数组升序或降序排列？怎样重新排列数组？

4．使用 foreach 循环遍历数组的方法求出 10 个整数 6、8、7、4、3、1、2、9、0、5 中的最大值及最小值。

5．函数 echo()和 print()用于显示字符串时有什么区别？

6．制作一个简易的留言板，要求验证用户提交的留言内容至少包含 3 个以上字符，同时将内容中的所有小写字母都转换为大写字母。

7．制作一个 PHP 网页，当页面打开时自动显示出当前系统的年月日及星期信息。判断该年份是否是闰年，以及当前月份所处的季节，页面预览的结果如图 3-7 所示。

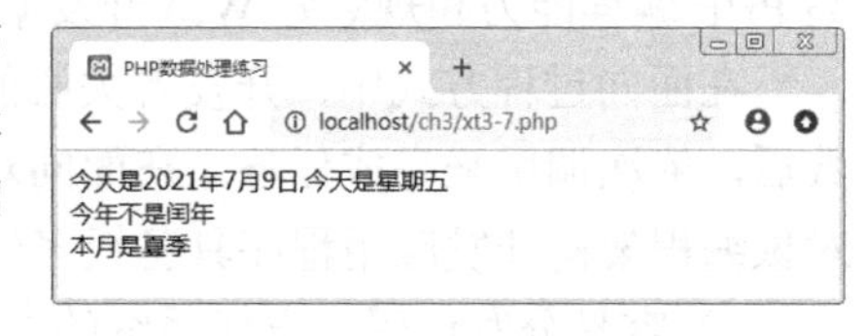

图 3-7　题 7 图

提示：

1）可以使用 str_replace()函数将英文星期转化为中文星期。

2）使用 switch 语句判断当前月份所在的季节。

第4章　面向对象程序设计

在前面的章节中，要解决某个问题都是通过分析解决问题需要的步骤，然后用函数把这些步骤一一实现，在使用的时候依次调用这些函数就可以了，这种解决问题的方式称之为面向过程编程。

而面向对象思想，就是把所有事物都看作一个独立的对象，每个对象都有自己的方法，通过调用对象的方法来解决问题。

4.1　面向对象概述

面向对象编程专注于软件对象的操作，是问题求解的一个途径，也是软件组织和构建的一种重要方法。面向对象编程被大量地应用于生活的各个领域，例如编译器构建、操作系统的开发、数学软件、数据结构、网络和通信以及 Web 互联网的开发等。

4.1.1　面向对象编程简介

面向对象编程（Object Oriented Programming）起源于 20 世纪 60 年代，直到 20 世纪 90 年代才成为应用软件开发的主流，如今从应用软件过渡到网站开发，面向对象思想仍然具备极大的应用价值。

面向对象一直是软件开发领域内比较热门的话题。首先，面向对象符合人类看待事物的一般规律。其次，采用面向对象方法可以使系统各部分各司其职、各尽所能，为编程人员敞开了一扇大门，使其编程的代码更简洁、更易于维护，并且具有更强的可重用性。

从 PHP 5 到 PHP 7 是一次全面革新，PHP 7 已经完全支持面向对象，PHP 7 的架构中已经对整个对象模式重新设计，而且增加了大量的特性和修正基本“对象”的行为。

4.1.2　面向对象编程的优点

面向对象是 PHP 的一个特点，如何使用面向对象的思想来进行 PHP 的高级编程，对于提高 PHP 编程能力和规划好 Web 开发架构都非常有意义。

在面向过程方式中，开发者关心的是完成任务所经历的每一个步骤，将这些步骤定义成函数后，依次调用来完成任务。在面向对象方式中，开发者更关心任务中涉及的对象。使用面向对象编程架构开发应用程序具备很多优点，其主要优点如下。

1）容易分发代码，方便系统的二次开发。

2）促进代码的整洁以及重用。

3）促进程序的可扩展性、代码弹性和适应性。

4）适合团队开发。

5）面向对象编程有很多设计模式可利用，可以直接再次利用和开发。

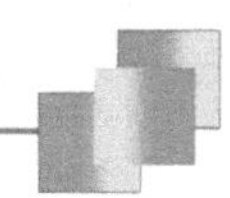

4.2　类和对象

面向对象思想力图使程序对事物的描述与该事物在现实中的形态保持一致。为了做到这一点，面向对象思想提出了两个概念，即类和对象。

类是对某一类事物的抽象描述，即描述多个对象的共同特征，它是对象的模板。对象用于表示现实中该事物的个体，它是类的实例。

简单来说，类表示一个客观世界的某类群体，而对象表示某类群体中一个具体的东西。类是对象的模板，类中包含该类群体的一些基本特征；对象是以类为模板创建的具体事物，也就是类的具体实例。

对象是根据类创建的，一个类可以对应多个对象，类和对象的关系如图 4-1 所示。

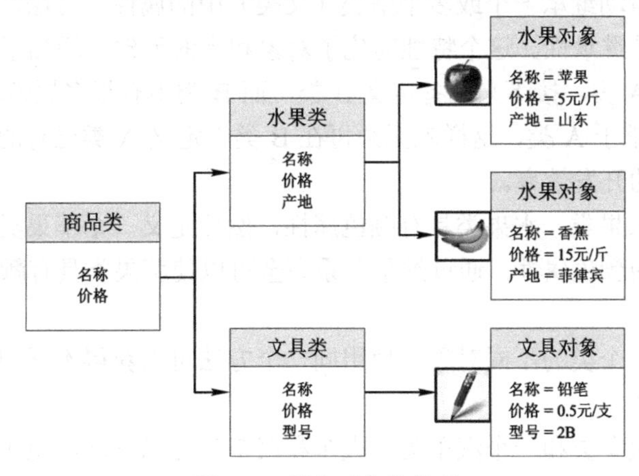

图 4-1　类和对象的关系

4.2.1　类

正所谓：“物以类聚，人以群分”。世间万物都具有其自身的属性和方法，通过这些属性和方法可以将不同物质区分开来。例如，人具有性别、体重和肤色等属性，还可以进行吃饭、睡觉、学习等活动，这些活动可以说是人具有的功能。可以把人看作程序中的一个类，那么人的性别可以比作类中的属性，吃饭可以比作类中的方法。

也就是说，类是属性和方法的集合，是面向对象编程方式的核心和基础，通过类可以将零散的、用于实现某项功能的代码进行有效管理。

4.2.2　对象

类只是具备某项功能的抽象模型，实际应用中还需要对类进行实例化，这样就引入了对象的概念。对象是类进行实例化后的产物，是一个实体。仍然以人为例，“黄种人是人”这句话没有错误，但反过来说“人是黄种人”这句话一定是错误的。因为除了有黄种人，还有黑种人、白种人等。那么“黄种人”就是“人”这个类的一个实例对象。可以这样理解对象和类的关系：对象实际上就是“有血有肉的、能摸得到看得到的”一个类。

4.2.3　面向对象的三大特征

面向对象编程的三个重要特征是：继承、封装和多态，它们迎合了编程中注重代码重用

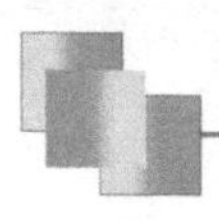

性、灵活性和可扩展性的需要，奠定了面向对象在编程中的地位。

1．封装性

封装性就是将一个类的使用和实现分开，只保留有限的接口（方法）与外部联系。对于使用该类的开发人员，只要知道这个类该如何使用即可，而不用去关心这个类是如何实现的。这样做可以让开发人员更好地把精力集中起来专注别的事情，同时也避免了程序之间的相互依赖而带来的不便。

例如，使用计算机时，并不需要将计算机拆开了解每个部件的具体用处，用户只需按下主机箱上的Power按钮就可以启动计算机。但对于计算机内部的构造，用户可以不必了解，这就是封装的具体表现。

2．继承性

派生类（子类）自动继承一个或多个基类（父类）中的属性与方法，并可以重写或添加新的属性或方法，这就是继承性。这个特性简化了对象和类的创建，增加了代码的可重用性。

假如已经定义了A类，接下来准备定义B类，而B类中有很多属性和方法与A类相同，那么就可以使B类继承于A类，这样就无须再在B类中定义A类已有的属性和方法，从而在很大程度上提高程序的开发效率。

例如，定义一个水果类，水果类具有颜色属性，然后定义一个苹果类，在定义苹果类时完全可以不定义苹果类的颜色属性，通过继承关系完全可以使苹果类具有颜色属性。

3．多态性

多态性指的是同一个类的不同对象，使用同一个方法可以获得不同的结果。多态性增强了软件的灵活性和重用性。

例如，定义一个火车类和一个汽车类，火车和汽车都可以移动，说明两者在这方面可以进行相同的操作，然而，火车和汽车移动的行为是截然不同的，因为火车必须在铁轨上行驶，而汽车在公路上行驶，这就是类多态性的形象比喻。

4.3 类的声明

面向对象思想最核心的就是对象，为了在程序中创建对象，需要先定义一个类。

4.3.1 类的定义

类是面向对象程序设计的核心，它是一种数据类型。类由变量和函数组成，在类里面，变量称为成员属性，函数称为成员方法。和很多面向对象的编程语言一样，PHP也是通过class关键字加类名来定义类的。类的定义如下。

```
权限修饰符 class 类名
{
    // 成员属性
    // 成员方法
}
```

语法说明如下。

1）类是由class关键字、类名和成员组成的。

2）权限修饰符是可选项，可以使用public、protected、private或者省略这三者。

3）class是创建类的关键字。

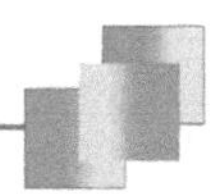

4）类名是所要创建类的名称，写在 class 关键字之后，在类名后面必须跟上一对大括号。

5）类的成员包括成员属性和成员方法。

6）成员属性是描述对象的特征，例如人的姓名、年龄等。

7）成员方法用于描述对象的行为，例如说话、走路等。

说明：在创建类时，在 class 关键字前除可以加权限修饰符外，还可以加其他关键字如 static、abstract 等，有关创建类使用的权限修饰符和其他关键字将在后面的内容中进行讲解。至于类名的定义，与变量名和函数名的命名规则类似，并且类名应该有一定的意义。

例如，创建一个 Student 类，代码如下。

```
class Student{              //定义学生类
    //…
}
```

说明：虽然 Student 类仅有一个类的骨架，什么功能都没有实现，但这并不影响它的存在。

4.3.2　成员属性

在类中直接声明的变量称为成员属性（也可以称为成员变量），可以在类中声明多个变量，即对象中有多个成员属性，每个变量都存储对象不同的属性信息。

成员属性的类型可以是 PHP 中的标量类型和复合类型，但是如果使用资源和空类型是没有意义的。

成员属性的声明必须有关键字来修饰，例如，public、protected、private 等，这是一些具有特定意义的关键字。在声明成员属性时没有必要赋初始值。

下面再次创建 Student 类并在类中声明一些成员属性，其代码如下。

```
class Student{              //定义学生类
    //定义类的成员属性
    public $no;             //学号
    public $name;           //姓名
    public $sex;            //性别
    public $age;            //年龄
}
```

通过使用“->”符号连接对象和属性名来访问属性变量。在方法内部通过“$this->”来访问同一对象的属性。

4.3.3　成员方法

在类中声明的函数称为成员方法。一个类中可以声明多个函数，即对象中可以有多个成员方法。成员方法的声明和函数的声明是相同的，唯一特殊之处是成员方法可以用关键字来对它进行修饰，控制成员方法的权限。声明成员方法的代码如下。

```
class Student{                                      //定义类
    function set_data($no,$name,$sex,$age){         //方法 1，设定学生的信息方法
        //方法体
    }
    function get_data(){                            //方法 2，输出学生信息的方法
        //方法体
    }
}
```

与访问属性一样，用户可以使用“->”连接对象和方法名来调用方法，值得注意的是，调用方法时必须带有圆括号（参数可选）。

在类中成员属性和成员方法的声明都是可选的，可以同时存在，也可以单独存在。具体应该根据实际的需求而定。

4.4 类的实例化

在声明一个类后，类只存在文件中，程序不能直接调用。在创建一个对象后，程序才能使用这个类对象，创建一个类对象的过程称为类的实例化。

4.4.1 创建对象

面向对象程序的最终操作者是对象，而对象是类实例化的产物。所以学习面向对象只停留在类的声明上是不够的，必须学会将类实例化成对象。类的实例化格式如下。

```
$变量名=new 类名称([参数]);            //类的实例化
```

语法说明如下。

1）$变量名：类实例化返回的对象名称，用于引用类中的方法。

2）new：关键字，表明要创建一个新的对象。

3）类名称：表示新对象的类型。

4）参数：指定类的构造方法用于初始化对象的值。如果类中没有定义构造函数，PHP 会自动创建一个不带参数的默认构造函数。

例如，对上面创建的 Student 类进行实例化，其代码如下。

```
class Student{                                              //定义类
     //定义类的成员属性
     public $no;           //学号
     public $name;         //姓名
     public $sex;          //性别
     public $age;          //年龄
     function set_data($no,$name,$sex,$age){               //方法 1，设定学生的信息方法
          //方法体
     }
     function get_data(){                                   //方法 2，输出学生信息的方法
          //方法体
     }
}
$student1=new Student();                                    //类的实例化
$student2=new Student();                                    //类的实例化
$student3=new Student();                                    //类的实例化
```

一个类可以实例化多个对象，每个对象都是独立的。上面的 Student 类实例化了 3 个对象，就相当于在内存中开辟了 3 个空间存放对象。同一个类声明的多个对象之间没有任何联系，只能说明它们是同一个类型。就像是 3 个学生，都有自己的姓名、身高、体重，都可以进行吃饭、睡觉、学习等活动。

例 4-1

【例 4-1】 创建与访问对象。程序中定义一个 Student 类，包含 4 个属性和两个方法，使用 new 关键字创建 Student 类的 3 个对象，然后调用 Student 类的方法实现设定学生的信息和输出学生信息，页面预览的结果如图 4-2 所示。

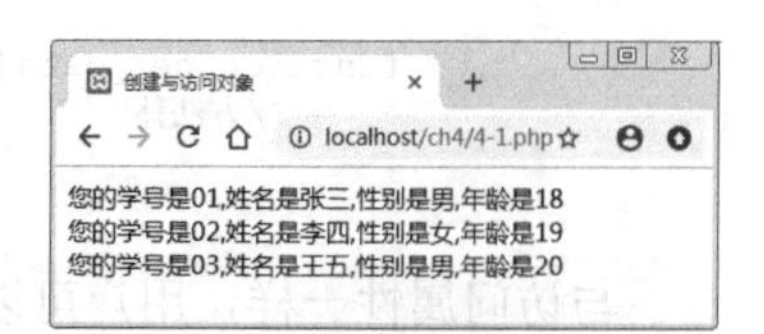

图 4-2 创建与访问对象

操作步骤如下。

① 在 HBuilder 中建立 Web 项目 ch4，其对应的文件夹为 C:\xampp\htdocs\ch4，本章的所有案例均存放于该文件夹中。

② 在 Web 项目 ch4 中新建一个 PHP 文件，命名为 4-1.php，在代码编辑区输入以下代码。

```
<!DOCTYPE html>
<html>
    <head>
        <meta charset="UTF-8" />
        <title>创建与访问对象</title>
    </head>
    <body>
        <?php
        class Student {                          //定义类
            //定义类的成员属性
            public $no;                          //学号
            public $name;                        //姓名
            public $sex;                         //性别
            public $age;                         //年龄
            function set_data($no, $name, $sex, $age) {//方法 1，设定学生的信息方法
                $this -> no = $no;
                $this -> name = $name;
                $this -> sex = $sex;
                $this -> age = $age;
            }
            function get_data() {                //方法 2，输出学生信息的方法
                echo "您的学号是".$this->no.",姓名是".$this->name.",性别是".$this-
>sex.",年龄是".$this->age."<br>";
            }
        }
        $student1 = new Student();               //类的实例化
        $student2 = new Student();               //类的实例化
        $student3 = new Student();               //类的实例化
        $student1 -> set_data("01", "张三", "男", 18);
        $student1 -> get_data();
        $student2 -> set_data("02", "李四", "女", 19);
        $student2 -> get_data();
        $student3 -> set_data("03", "王五", "男", 20);
        $student3 -> get_data();
        ?>
    </body>
</html>
```

③ 执行“文件”→“全部保存”命令，保存页面，在浏览器中预览网页如图 4-2 所示。

【说明】上面的代码中使用了一个特殊的变量$this，在类的定义中可以使用变量$this 代表自身的对象，在类内部的成员方法中使用。

4.4.2 构造方法和析构方法

1. 构造方法

构造方法是对象创建完成后第一个被对象自动调用的方法。它存在于每个声明的类中，是一个特殊的成员方法，如果在类中没有直接声明构造方法，那么类中会默认生成一个没有任何参数且内容为空的构造方法。构造方法多数是执行一些初始化的任务。

构造方法的语法格式如下。

```
function __construct([mixed args [,…]]){
        //方法体
}
```

在 PHP 中，一个类只能声明一个构造方法。在构造方法中可以使用默认参数，实现其他面向对象的编程语言中构造方法重载的功能。如果在构造方法中没有传入参数，那么将使用默认参数为成员变量进行初始化。

例 4-2

【例 4-2】 使用构造方法初始化 Student 类的实例，然后调用 Student 类的方法实现输出学生信息，页面预览的结果如图 4-3 所示。

操作步骤如下。

① 在 Web 项目 ch4 中新建一个 PHP 文件，命名为 4-2.php，在代码编辑区输入以下代码。

```
<!DOCTYPE html>
<html>
    <head>
        <meta charset="UTF-8" />
        <title>构造方法</title>
    </head>
    <body>
        <?php
        class Student {                         //定义类
            //定义类的成员属性
            public $no;                         //学号
            public $name;                       //姓名
            public $sex;                        //性别
            public $age;                        //年龄
            function __construct($no, $name, $sex, $age){          //构造方法
                $this -> no = $no;
                $this -> name = $name;
                $this -> sex = $sex;
                $this -> age = $age;
            }
            function get_data() {                    //输出学生信息的方法
                echo "您的学号是".$this->no.",姓名是".$this->name.",性别是".$this->sex.",年龄是".$this->age."<br>";
            }
        }
        $student1 = new Student("01", "张三", "男", 18); //类的实例化
        $student2 = new Student("02", "李四", "女", 19); //类的实例化
        $student3 = new Student("03", "李四", "女", 19); //类的实例化
        $student1 -> get_data();
        $student2 -> get_data();
        $student3 -> get_data();
        ?>
    </body>
</html>
```

图 4-3 构造方法

② 执行“文件”→“全部保存”命令，保存页面，在浏览器中预览网页如图 4-3 所示。

2. 析构方法

析构方法的作用和构造方法正好相反，是对象被销毁之前最后一个被对象自动调用的方法。析构方法实现在销毁一个对象之前执行一些特定的操作，如关闭文件、释放内存等。

析构方法的声明格式与构造方法类似，都是以两个下划线开头的“__destruct”，析构函数没有任何参数，其语法格式如下。

```
function __destruct(){
        //方法体，通常是完成一些在对象销毁前的清理任务
}
```

在 PHP 中，有一种“垃圾回收”机制，可以自动清除不再使用的对象，释放内存。而析

构方法就是在这个垃圾回收程序执行之前被调用的方法，在 PHP 中它属于类中的可选内容。

4.5　类常量和静态成员

通过前面的学习了解到，类在实例化对象时，该对象的成员只被当前对象所有。如果希望在类中定义的成员被所有实例共享，可以使用类常量或静态成员来实现。

4.5.1　类常量

使用 const 关键字可以定义类常量，其语法格式如下。

```
const 类常量名 = '常量值';
```

类常量的命名规则与普通常量一致，在开发习惯上通常以大写字母表示类常量名。

访问类常量时，需要通过“类名::常量名称”的方式进行访问。其中“::”称为范围解析符，简称双冒号。

在类外访问类常量，直接使用类名。

在类内访问类常量，可以用 self 关键字代替类名，如“self::SCHOOL”，减少修改类名后还需要修改类中代码的麻烦。

【例 4-3】 类常量的应用，页面预览的结果如图 4-4 所示。

操作步骤如下。

① 在 Web 项目 ch4 中新建一个 PHP 文件，命名为 4-3.php，在代码编辑区输入以下代码。

```
<!DOCTYPE html>
<html>
    <head>
        <meta charset="UTF-8" />
        <title>类常量的应用</title>
    </head>
    <body>
        <?php
        class School {
            const SCHOOL = '黄河水院';                    //定义类常量
            public function show() {
                echo "我毕业于".self::SCHOOL;            //在类内访问类常量，可以用 self 关键字
            }
        }
        $aSchool = new School();
        echo School::SCHOOL."是我的母校<br>";            //在类外访问类常量，直接使用类名
        $aSchool -> show();
        ?>
    </body>
</html>
```

图 4-4　类常量的应用

② 执行“文件”→“全部保存”命令，保存页面，在浏览器中预览网页如图 4-4 所示。

4.5.2　静态成员

在项目开发中，有些功能可能会被频繁地调用。例如，闰年的判断，商品的添加、删除、修改等操作执行成功或失败，提示相关信息并跳转到指定页面；需要显示时间时，把时间戳进行格式化输出；显示中文字符串时，按照要求截取指定长度的字符串等。

这些功能实际上就是一个个函数，但是过多的函数容易导致重名，并且不易于管理。因此

可以声明一个工具类，让这些功能成为工具类的成员方法。不过一般的成员方法需要通过对象来调用，而这些功能实际上与对象本身并没有太大关联，那么如何不进行实例化而调用这些方法呢？PHP 提供了静态成员方法来解决这类问题。

1. 声明静态成员

在 PHP 中，类的静态成员同样分为属性和方法。与一般成员的声明语法类似，唯一的区别是需要使用 static 关键字将其声明为静态成员。

（1）声明静态属性

static 关键字声明的静态属性属于类本身而不是某个对象，语法格式如下。

```
static public 属性名;
```

（2）声明静态方法

static 关键字声明的静态方法属于类本身而不是某个对象，经常用于操作静态属性，语法格式如下。

```
static public function 方法名(){
...
}
```

2. 访问静态成员

静态成员可以通过类名直接访问，不需要实例化对象。

（1）类内访问静态成员

类内访问静态成员有两种方法。

方法一的语法格式如下。

```
类名::静态成员
```

方法二的语法格式如下。

```
self::静态成员
```

（2）类外访问静态成员

类外访问静态成员只有一种方法，语法格式如下。

```
类名::静态成员
```

说明：

1）通常类外使用类名访问静态成员，在类内使用 self 访问静态成员。

2）self 表示当前类，即使该类类名被修改，仍然可以使用，这样可以避免若修改了类名，同时也要修改类内对类名的引用。

3）静态方法中不能使用$this，因为 $this 表示当前对象（而静态方法属于类）。静态方法属于类，因此静态方法经常用于操作静态属性。

4）除了使用上述方式访问静态成员，实际上实例化的对象也能够访问静态成员。但是在实际开发中并不提倡这种用法，一般而言，对象（需要实例化）用来调用非静态方法，类（不需要实例化）用来调用静态方法。

【例 4-4】 访问静态成员，页面预览的结果如图 4-5 所示。

操作步骤如下。

① 在 Web 项目 ch4 中新建一个 PHP 文件，命名为 4-4.php，在代码编辑区输入以下代码。

```
<!DOCTYPE html>
```

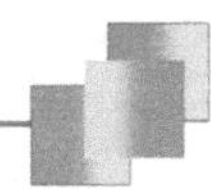

```
<html>
    <head>
        <meta charset="UTF-8">
        <title>类的静态属性与静态方法</title>
    </head>
    <body>
        <?php
        class Dog {
            static public $history = "1 万年";                    //静态属性
            static public function say()                          //静态方法
            {
                echo self::$history."前，由狼驯化而来。";          //类内访问静态属性
            }
        }
        echo "狗类出现于".Dog::$history."前。<br/>";              //类外访问静态属性
        Dog::say();                                               //类外访问静态方法
        ?>
    </body>
</html>
```

狗类出现于1万年前。
1万年前，由狼驯化而来。

图 4-5　访问静态成员

② 执行“文件”→“全部保存”命令，保存页面，在浏览器中预览网页如图 4-5 所示。

4.5.3　特殊的访问方法

1. $this

在例 4-1 和例 4-2 中，使用了一个特殊的对象引用方法“$this”。

$this 存在于类的每个成员方法中，它是一个特殊的对象引用方法。成员方法属于哪个对象，$this 引用就代表哪个对象，其作用就是专门完成对象内部成员之间的访问。

2. 范围解析符“::”

相比$this 引用只能在类的内部使用，范围解析操作符“::”才是真正的强大。范围解析符“::”可以在没有声明任何实例的情况下访问类中的成员。例如，在子类的重载方法中调用父类中被覆盖的方法。范围解析符“::”的语法格式如下。

```
关键字::变量名/常量名/方法名
```

这里的关键字分为 3 种情况。

1）parent 关键字：可以调用父类中的成员变量、成员方法和常量。

2）self 关键字：可以调用当前类中的静态成员和常量。

3）类名：可以调用本类中的变量、常量和方法。

【例 4-5】 使用范围解析符“::”访问类中成员，页面预览的结果如图 4-6 所示。

操作步骤如下。

① 在 Web 项目 ch4 中新建一个 PHP 文件，命名为 4-5.php，在代码编辑区输入以下代码。

```
<!DOCTYPE html>
<html>
    <head>
        <meta charset="UTF-8" />
        <title>范围解析符“::”访问类中成员</title>
    </head>
    <body>
        <?php
        class Person {
            const NAME = "人类";                          //定义类常量
            public function __construct() {              //定义构造方法
                echo "父类: ".Person::NAME;               //类名引用
            }
```

父类：人类
子类：张三

图 4-6　范围解析符“::”访问类中成员

```
            }
            class Student extends Person {                    //继承
                const NAME = "张三";                          //定义类常量
                public function __construct() {               //定义构造方法
                    echo parent::__construct() . "<br>";//应用父类构造方法
                    echo "子类: ".self::NAME;                  //使用 self 关键字调用当前类中的类常量
                }
            }
            new Student();                                    //实例化对象
        ?>
        </body>
    </html>
```

② 执行“文件”→“全部保存”命令，保存页面，在浏览器中预览网页如图 4-6 所示。

4.6 面向对象的封装性

封装是面向对象的核心思想，将对象的属性和行为封装起来，不需要让外界知道具体实现细节，这就是封装思想。例如，用户使用计算机只需手指敲键盘就可以了，无须知道计算机内部是如何工作的。

在项目中，类的封装是为了隐藏程序内部的细节，仅对外开放接口，防止类的成员被外界随意访问，导致设置或修改不合理的情况发生，一般在声明类成员时做一定的限制，使类的设置更加安全可靠。

在 PHP 中，类的封装是通过访问控制修饰符实现的，共有 3 种，分别为 public（公有修饰符）、protected（保护成员修饰符）和 private（私有修饰符）。如果类的成员没有指定访问控制修饰符，则默认为 public。

1. public（公共成员）

顾名思义，就是可以公开的、没有必要隐藏的数据信息。可以在程序的任何地点（类内、类外）被其他的类和对象调用。子类可以继承和使用父类中所有的公共成员。

在本章的前半部分，所有的变量都被声明为 public，而所有的方法在默认的状态下也是 public，对变量和方法的调用显得十分混乱。为了解决这个问题，就需要使用第二个关键字 private。

2. private（私有成员）

被 private 关键字修饰的变量和方法，只能在所属类的内部被调用和修改，不可以在类外被访问，即使是子类中也不可以。

3. protected（保护成员）

private 关键字可以将数据完全隐藏起来，除了在本类外，其他地方都不可以调用，子类也不可以。但对于有些变量希望子类能够调用，但对另外的类来说，还要做到封装。这时，就可以使用 protected。被 protected 修饰的类成员，可以在本类和子类中被调用，其他地方则不可以被调用。

对于使用 protected 或 private 封装的属性，外部程序不能直接访问，可以在类中使用 public 定义方法，外部程序通过调用该方法实现对该属性的访问。

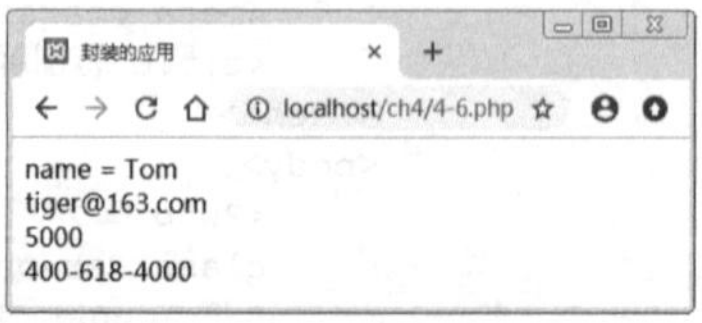

【例 4-6】 封装的应用，页面预览的结果如图 4-7 所示。

图 4-7 封装的应用

操作步骤如下。

① 在 Web 项目 ch4 中新建一个 PHP 文件，命名为 4-6.php，在代码编辑区输入以下代码。

```
<!DOCTYPE html>
<html>
    <head>
        <meta charset="UTF-8" />
        <title>封装的应用</title>
    </head>
    <body>
        <?php
        class User {
            public $name = 'Tom';                    // 姓名
            protected $tel = '400-618-4000';         // 电话
            protected $email = 'tiger@163.com';      // 邮箱
            private $funds = 5000;                   // 存款
            // 在 User 类中添加如下的方法可以实现在类外访问保护成员属性
            public function getemail() {
                return $this -> email;   //在类内使用$this 访问保护成员属性 email 并返回
            }
            // 在 User 类中添加如下的方法可以实现在类外访问私有成员属性
            public function getfunds() {
                return $this -> funds;   //在类内使用$this 访问私有成员属性 funds 并返回
            }
        }
        class subUser extends User {
            public function display() {
                return $this -> tel;     //保护成员属性 tel 可以在子类中使用
            }
        }
        foreach (new User as $k => $v) {  //在没有特殊方法处理的情况下，在 User 类外只有 public
                                          //成员属性 name 可以使用，输出结果：name = Tom
            echo $k.' ='.$v;
        }
        echo "<br>";
        //在 User 类外访问保护成员和私有成员
        $user = new User();
        //要想在 User 类外访问保护成员，可通过在 User 类内调用 public 声明成员方法 getemail()，在
        //类内的方法中使用$this 访问保护成员属性 Email 并返回
        echo $user -> getemail();// 输出结果：tiger@163.com5000
        echo "<br>";
        //要想在 User 类外访问私有成员，可通过在 User 类内调用 public 声明成员方法 getfunds()，在
        //类内的方法中使用$this 访问私有成员属性 funds 并返回
        echo $user -> getFunds();// 输出结果：5000
        echo "<br>";
        //在 User 类的子类中访问保护成员
        $user1 = new subUser();
        echo $user1 -> display();// 输出结果：400-618-4000
        echo "<br>";
        ?>
    </body>
</html>
```

② 执行“文件”→“全部保存”命令，保存页面，在浏览器中预览网页如图 4-7 所示。

【说明】虽然 PHP 中没有对修饰变量的关键字做强制性的规定和要求，但从面向对象的特征和设计方面考虑，一般使用 private 或 protected 关键字来修饰变量，以防止变量在类外被直接修改和调用。

4.7 面向对象的继承性

继承性主要描述的是类与类之间的关系。例如，猫和狗都属于动物，程序中便可以描述为猫和狗继承自动物。同理，波斯猫和巴厘猫继承自猫，而沙皮狗和斑点狗继承自狗。这些动物之间会形成一个继承体系，如图 4-8 所示。

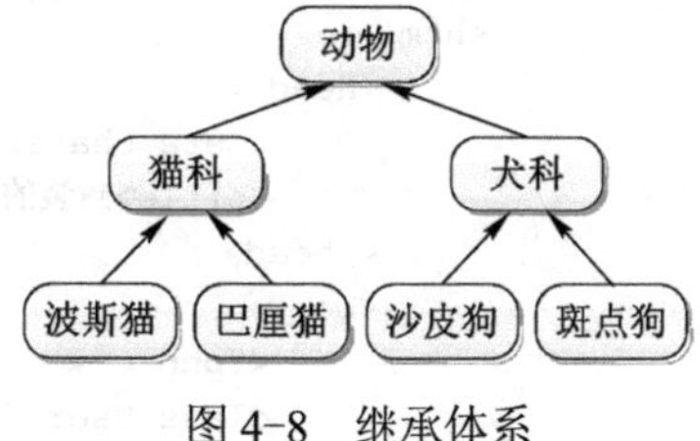

图 4-8 继承体系

通过继承，可在无须重新编写原有类的情况下，对原有类的功能进行扩展。继承不仅增强了代码的复用性，提高了程序开发效率，而且为程序的修改、补充提供了便利。

4.7.1 类的继承——extends 关键字

类的继承是类与类之间一种关系的体现。子类不仅有自己的属性和方法，还拥有父类的所有属性和方法，而且子类还可以加入新的特性或者修改已有的特性。

类的继承通过关键字 extends 实现，其语法格式如下。

```
class 子类的名称 extends 父类名称
{
    类成员;
}
```

【例 4-7】 使用 extends 关键字实现类的继承，页面预览的结果如图 4-9 所示。

图 4-9 使用 extends 关键字实现类的继承

操作步骤如下。

① 在 Web 项目 ch4 中新建一个 PHP 文件，命名为 4-7.php，在代码编辑区输入以下代码。

例 4-7

```
<!DOCTYPE html>
<html>
    <head>
        <meta charset="UTF-8">
        <title>使用 extends 关键字实现类的继承</title>
    </head>
    <body>
        <?php
        class Animal                          //定义 Animal 类
        {
            public $weight;                   //属性
            public $age;                      //属性
            function __construct($w, $a)      //构造函数
            {
                $this -> weight = $w;
                $this -> age = $a;
            }
            public function Display()         //方法
            {
              echo "Animal 重量为: " . $this -> weight . ", 年龄为: " . $this -> age;
            }
        }
        class Dog extends Animal              //Dog 类从 Animal 类继承
        {
            public function SayHello()        //方法成员
            {
                echo "Dog Say Hello!";
            }
```

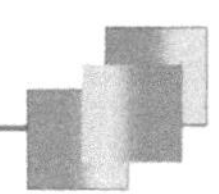

```
        }
        $aDog = new Dog(10, 5);                    //调用构造函数生成类的对象
        $aDog -> Display();                        //调用对象的方法
        echo "<br/>";
        $aDog -> SayHello();                       //调用对象的方法
        ?>
    </body>
</html>
```

② 执行“文件”→“全部保存”命令，保存页面，在浏览器中预览网页如图 4-9 所示。

4.7.2　类的继承——parent::关键字

通过 parent::关键字也可以在子类中调用父类中的成员方法，其语法格式如下。

```
parent:: 父类的成员方法(参数);
```

【例 4-8】 使用 parent::关键字实现类的继承，页面预览的结果如图 4-10 所示。

操作步骤如下。

① 在 Web 项目 ch4 中新建一个 PHP 文件，命名为 4-8.php，在代码编辑区输入以下代码。

图 4-10　使用 parent::关键字实现类的继承

```
<!DOCTYPE html>
<html>
    <head>
        <meta charset="UTF-8" />
        <title>使用 parent::关键字实现类的继承</title>
    </head>
    <body>
        <?php
        class Fruit {                                    //定义水果类
            public $apple = "苹果";                      //属性
            public $banana = "香蕉";                     //属性
            public $orange = "橘子";                     //属性
            public function say() {                      //定义 say 方法
                echo ", ".$this->apple.", ";             //利用 this 关键字输出本类中的属性
                echo $this -> banana.", ";               //利用 this 关键字输出本类中的属性
                echo $this -> orange;                    //利用 this 关键字输出本类中的属性
            }
        }
        class FruitType extends Fruit {                  //类之间继承
            public $grape = "葡萄";                      //子类属性
            public function show() {                     //定义 show 方法
                parent::say();                           //利用关键字 parent 调用父类中的 say 方法
            }
        }
        $fruit = new FruitType();                        //实例化对象
        echo $fruit -> grape;                            //调用子类属性
        $fruit -> show();                                //调用子类 show 方法
        ?>
    </body>
</html>
```

② 执行“文件”→“全部保存”命令，保存页面，浏览器中预览网页如图 4-10 所示。

4.7.3　方法的重写

可以通过方法的重写（也叫方法覆盖，override）来实现覆盖父类方法，也就是使用子类中的方法将从父类中继承的方法进行替换。方法重写的关键就是在子类中创建与父类中相同的方法，包括方法名称、参数和返回值类型。

如果在子类中需要使用父类中原有的方法，可使用 parent::父类函数或父类名::父类函数调用父类中的方法。例如，“parent::introduce();”或“父类名::introduce();”，而对于父类中的属性，在子类中只能使用“$this->”形式进行访问。

【例 4-9】 通过方法的重写实现覆盖父类方法，页面预览的结果如图 4-11 所示。

操作步骤如下。

① 在 Web 项目 ch4 中新建一个 PHP 文件，命名为 4-9.php，在代码编辑区输入以下代码。

图 4-11　方法的重写

```
<!DOCTYPE html>
<html>
     <head>
          <meta charset="UTF-8" />
          <title>方法的重写</title>
     </head>
     <body>
          <?php
          class Info_student {                              //声明 Info_student 类
               //定义类的属性
               public $no;
               public $name;
               public $sex;
               public $age;
               function set_data($arr) {                   //方法 1，设定学生的信息方法
                    $this -> no = $arr["no"];
                    $this -> name = $arr["name"];
                    $this -> sex = $arr["sex"];
                    $this -> age = $arr["age"];
               }
               function get_data() {                       //方法 2，输出学生信息的方法
                    echo "<br /><b>信息工程学院学生信息</b><br><br>";
                    echo "学号: $this->no<br>";
                    echo "姓名: $this->name<br>";
                    echo "性别: $this->sex<br>";
                    echo "年龄: $this->age<br>";
               }
          }
          // 继承 Info_student 类，来创建一个 web_student 类
          class web_student extends Info_student {
               public $department;                         //定义一个新的属性---专业方向
               //重写父类的方法，在设置学员原有信息的方法中增加专业方向属性
               function set_data($arr) {
                    parent::set_data($arr);                //调用父类中的 set_data()方法获取学员原有信息
                    $this -> department = $arr["department"];//为子类的同名方法加入新的内容
               }
               //重写父类的方法，输出增加专业方向后的学生信息
               function get_data() {
                    parent::get_data();          //调用父类中的 get_data()方法输出学员原有信息
                    echo "专业方向: $this->department<br />";//连接输出新增加的专业信息
               }
          }
          $s = new web_student;                                       //实例化一个对象
          $arr = array("no" => "2019010101", "name" => "王老五", "sex" => "男", "age" => "19",
"department" => "Web 前端设计");
          $s -> set_data($arr);
          $s -> get_data();
          ?>
     </body>
</html>
```

② 执行“文件”→“全部保存”命令，保存页面，浏览器中预览网页如图 4-11 所示。

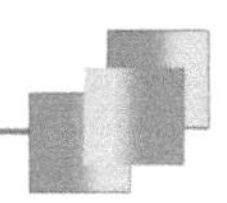

4.7.4 final 关键字

虽然继承可以实现代码重写，但有时可能需要在继承的过程中保证某些类或方法不被重写，此时就需要使用 final 关键字。

final 关键字有“无法改变”或者“最终”的含义，因此被 final 修饰的类和成员方法不能被修改。注意：final 不能修饰属性。

在这里说明下面代码的含义和作用。

```
class Person{
     final public function show() {
     // final 修饰方法，final 方法不能被子类重写，只能在子类实例化为对象后调用
     }
     }
     final class Student extends Person{
//final 修饰类，final 类不能被继承，只能被实例化
}
```

从上面的代码可以看出，当 final 修饰类时，final 类不能被继承，只能被实例化。当 final 修饰方法时，final 方法不能被子类重写，只能在子类实例化为对象后调用，即不能修改，只能使用。

4.8 抽象类和接口

在项目开发中，通常类的基础属性和方法都是由项目负责人进行编写的。其他人在编写相关类的时候，都需要通过继承这些类来获取基础属性和方法。虽然可以通过会议规定开发流程，但是如果能够从代码上实现硬性控制更为方便。

在 PHP 中可以通过 abstract 关键字声明抽象类，来实现上述需求。有时候希望一个类必须具有某些公共方法，此时就可以使用接口技术。

4.8.1 抽象类

抽象类是一种特殊的类，只用于定义某种行为，但其具体的实现需要子类来完成。即抽象类（父类）定制蓝图，继承类（子类）实现蓝图。

例如，定义一个运动类，对于跑步这个行为，有恢复跑、基础跑、长距离跑、渐速跑等多种跑步的方式。此时，可以使用 PHP 提供的抽象类和抽象方法来实现。

抽象类包含有抽象方法，抽象方法只是声明了方法名、调用方式和参数，但并不定义具体的功能实现。抽象类只能用作父类，不能被实例化，它只能用于继承。子类在继承一个抽象类的时候，必须实现父类中的所有抽象方法，而且这些方法的访问控制必须和父类中一致或者更宽松些。例如，某个抽象方法是受保护的，那么子类中实现的方法就应该是受保护的或者公有的，而不能是私有的。

抽象类在定义时添加 abstract 关键字进行修饰，具体语法格式如下。

```
abstract class 类名                              //定义抽象类
{
     abstract public function 方法名();          //定义抽象方法
}
```

抽象类中的方法不一定都是抽象方法，但一个类中只要有一个方法被定义为抽象方法，则该类就必须定义为抽象类。抽象类中至少要包含一个抽象方法，抽象方法中不能包括具体的功

能实现。如果抽象类中某个抽象方法被声明为 protected，那么子类中实现的方法就应该声明为 protected 或者 public，而不能定义为 private。

【例 4-10】 抽象类的应用，页面预览的结果如图 4-12 所示。

操作步骤如下。

① 在 Web 项目 ch4 中新建一个 PHP 文件，命名为 4-10.php，在代码编辑区输入以下代码。

```
<!DOCTYPE html>
<html>
    <head>
        <meta charset="UTF-8">
        <title>抽象类</title>
    </head>
    <body>
        <?php
        abstract class cate {                                //定义抽象类
            abstract function decocts();                     //定义抽象方法煎
            abstract function stir_frys();                   //定义抽象方法炒
            abstract function cooks();                       //定义抽象方法烹
            abstract function frys();                        //定义抽象方法炸
        }
        class menu_Cate {                                    //定义菜谱
            public function decocts($a, $b) {                //定义煎方法
                echo "您点的菜是: ".$a."<br>";               //输出菜名
                echo "价格是: ".$b."<br>";                   //输出价格
            }
            public function stir_frys($a, $b) {              //定义炒方法
                echo "您点的菜是: ".$a."<br>";               //输出菜名
                echo "价格是: ".$b."<br>";                   //输出价格
            }
            public function cooks($a, $b) {                  //定义烹方法
                echo "您点的菜是: ".$a."<br>";               //输出菜名
                echo "价格是: ".$b."<br>";                   //输出价格
            }
            public function frys($a, $b) {                   //定义炸方法
                echo "您点的菜是: ".$a."<br>";               //输出菜名
                echo "价格是: ".$b."<br>";                   //输出价格
            }
        }
        $jl = new menu_Cate();                               //实例化菜谱
        $jl -> decocts("猪肉炖粉条", "39元");                //调用煎方法
        ?>
    </body>
</html>
```

图 4-12 抽象类的应用

② 执行"文件"→"全部保存"命令，保存页面，浏览器中预览网页如图 4-12 所示。

4.8.2 接口

继承特性简化了对象、类的创建，增加了代码的重用性。但 PHP 只支持单继承。如果想实现多重继承，就要使用接口。

如果抽象类中的所有方法都是抽象方法，此时可以使用一种特殊的抽象类，即接口来实现。接口用于指定某个类必须实现的功能，通过 interface 关键字来定义。就像定义一个标准的类一样，但其中定义所有的方法都是空的。

接口中定义的所有方法都必须是 public，这是接口的特性。要实现一个接口，可以使用 implements（实现）操作符。类中必须实现接口中定义的所有方法，否则会报一个 fatal（致命的）错误。

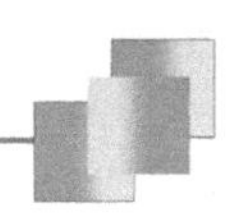

1. 接口的声明

接口类通过 interface 关键字来声明，接口中声明的方法必须是抽象方法，接口中不能声明变量，只能使用 const 关键字声明为常量的成员属性，并且接口中所有成员都必须具备 public 的访问权限。接口声明的语法格式如下。

```
interface 接口名称{                        //使用 interface 关键字声明接口
    //常量成员                              //接口中成员只能是常量
    //抽象方法;                             //成员方法必须是抽象方法
}
```

接口和抽象类都不能进行实例化的操作，也需要通过子类来实现。但是接口可以直接使用接口名称在接口外去获取常量成员的值。

下面声明一个 One 接口，其代码如下。

```
interface One{                            //声明接口
    const CONSTANT='CONSTANT value';      //声明常量成员属性
    function FunOne();                    //声明抽象方法
}
```

接口之间也可以实现继承，同样需要使用 extends 关键字。

下面声明一个 Two 接口，通过 extends 关键字继承 One，其代码如下。

```
interface Two extends One{                //声明接口,并实现接口之间的继承
    function FunTwo();                    //声明抽象方法
}
```

2. 接口的应用

因为接口不能进行实例化的操作，所以要使用接口中的成员，就必须借助子类。在子类中继承接口使用 implements 关键字。一个子类可以实现多个接口，可以使用逗号分隔多个接口名称。子类实现接口的语法格式如下。

```
class 类名 implements 接口名称{
    实现接口中的抽象方法
}
```

【例 4-11】 接口的应用，首先声明两个接口 Person 和 Popedom。然后在子类 Member 中继承接口并声明在接口中定义的方法。最后实例化子类，调用子类中方法输出数据。页面预览的结果如图 4-13 所示。

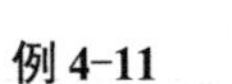

操作步骤如下。

① 在 Web 项目 ch4 中新建一个 PHP 文件，命名为 4-11.php，在代码编辑区输入以下代码。

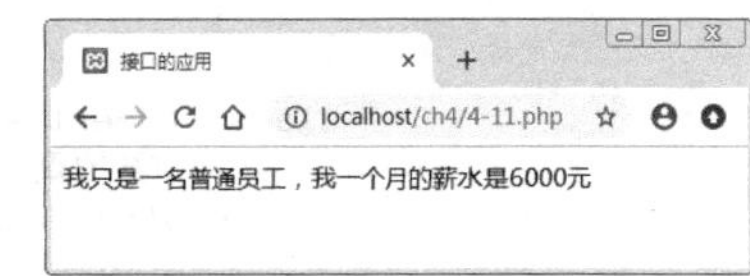

图 4-13　接口的应用

```
<!DOCTYPE html>
<html>
    <head>
        <meta charset="UTF-8" />
        <title>接口的应用</title>
    </head>
    <body>
        <?php
        interface Person {                          //定义 Person 接口
            public function say();                  //定义接口方法
        }
        interface Popedom {                         //定义 Popedom 接口
            public function money();                //定义接口方法
        }
        class Member implements Person,Popedom {
```

```
			//类Member实现接口Person和Propedom接口
			public function say() {				//定义say方法
				echo "我只是一名普通员工，";		//输出信息
			}
			public function money() {			//定义方法money
				echo "我一个月的薪水是6000元";		//输出信息
			}
		}
		$man = new Member();					//实例化对象
		$man -> say();							//调用say方法
		$man -> money();						//调用money方法
		?>
	</body>
</html>
```

② 执行“文件”→“全部保存”命令，保存页面，浏览器中预览网页如图4-13所示。

4.9 面向对象的多态性

多态指的是同一操作作用于不同的对象，不同的类将进行不同的解释，产生不同的执行结果。例如，当听到“Cut”这个单词时，理发师的表现是剪发，演员的行为表现是停止表演，不同的对象，所表现的行为是不一样的。

4.9.1 通过继承实现多态

继承性已经在前面讲解过，这里直接给出一个实例，展示通过继承实现多态的方法。

【例4-12】 通过继承实现多态，页面预览的结果如图4-14所示。

操作步骤如下。

① 在Web项目ch4中新建一个PHP文件，命名为4-12.php，在代码编辑区输入以下代码。

图4-14 通过继承实现多态

```
<!DOCTYPE html>
<html>
	<head>
		<meta charset="UTF-8" />
		<title>通过继承实现多态</title>
	</head>
	<body>
		<?php
		class Person {
			public function introduce() {
				echo "我是一个人";
			}
		}
		class Student extends Person {
			//方法的重写，同一introduce()操作作用于不同的对象，会产生不同的执行结果。
			public function introduce(){
				parent::introduce();				//也可以写为Person::introduce();
				echo "，我还是一个学生<br>";		//为子类的同名方法加入新的内容
			}
		}
		class Teacher extends Person {
			//方法的重写，同一introduce()操作作用于不同的对象，会产生不同的执行结果。
			public function introduce(){
				echo "我是老师<br>";
			}
		}
		$s1 = new Student();
		$s1 -> introduce();						//输出结果：我是一个人，我还是一个学生
```

```
            $t1 = new Teacher();
            $t1 -> introduce();            //输出结果：我是老师
            ?>
        </body>
    </html>
```

② 执行“文件”→“全部保存”命令，保存页面，浏览器中预览网页如图 4-14 所示。

4.9.2　通过抽象实现多态

下面通过实例讲解如何通过抽象实现多态。

【例 4-13】 通过抽象实现多态，页面预览的结果如图 4-15 所示。

操作步骤如下。

① 在 Web 项目 ch4 中新建一个 PHP 文件，命名为 4-13.php，在代码编辑区输入以下代码。

```
<!DOCTYPE html>
<html>
    <head>
        <meta charset="UTF-8">
        <title>通过抽象实现多态</title>
    </head>
    <body>
        <?php
        //定义抽象类
        abstract class Animal {
            abstract function Hello();
        }
        //定义 Dog 类继承 Animal 类
        class Dog extends Animal {
            public function Hello() {
                echo "Dog Say Hello!<br>";
            }
        }
        //定义 Cat 类继承 Animal 类
        class Cat extends Animal {
            public function Hello() {
                echo "Cat Say Hello!<br>";
            }
        }
        //定义类 GreetAnimal，它的 SayHello 方法根据不同的对象类别执行对应子类方法代码
        class GreetAnimal {
            public function SayHello($Obj) {
                $Obj -> Hello();
            }
        }
        //实例化 GreetAnimal 类，相同的方法，传入不同的对象参数，取得不同的结果
        $aAnimal = new GreetAnimal();            //创建 Animal 类的实例
        $aAnimal -> SayHello(new Dog());         //依据 Dog 执行 SayHello
        $aAnimal -> SayHello(new Cat());         //依据 Cat 执行 SayHello
        ?>
    </body>
</html>
```

图 4-15　通过抽象实现多态

② 执行“文件”→“全部保存”命令，保存页面，浏览器中预览网页如图 4-15 所示。

4.9.3　通过接口实现多态

下面通过实例讲解如何通过接口实现多态。

【例 4-14】 通过接口实现多态，页面预览的结果如图 4-16 所示。

操作步骤如下。

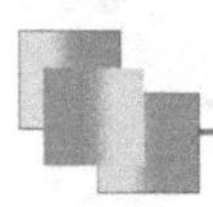

① 在 Web 项目 ch4 中新建一个 PHP 文件，命名为 4-14.php，输入以下代码。

```
<!DOCTYPE html>
<html>
	<head>
		<meta charset="UTF-8" />
		<title>通过接口实现多态</title>
	</head>
	<body>
		<?php
		//定义接口
		interface Greet {
			public function Hello();        //定义方法
		}
		//定义 Dog 类实现接口
		class Dog implements Greet {
			public function Hello() {
				echo "Dog Say Hello!<br>";
			}
		}
		//定义 Cat 类实现接口
		class Cat implements Greet {
			public function Hello() {
				echo "Cat Say Hello!<br>";
			}
		}
		//定义 Animal 类，方法 SayHello 根据不同的对象将执行对应不同的接口实现代码
		class Animal {
			public function SayHello($obj) {
				$obj -> Hello();
			}
		}
		//实例化 Animal 类，相同的方法，传入不同的对象参数，取得不同的结果
		$aAnimal = new Animal();                  //创建 Animal 类的实例
		$aAnimal -> SayHello(new Dog());          //依据 Dog 对象执行 SayHello 方法
		$aAnimal -> SayHello(new Cat());          //依据 Cat 对象执行 SayHello 方法
		?>
	</body>
</html>
```

图 4-16　通过接口实现多态

② 执行“文件”→“全部保存”命令，保存页面，浏览器中预览网页如图 4-16 所示。

4.10　综合案例——学生管理类

例 4-15

【例 4-15】 设计一个学生管理类，用于获取学生信息。在页面上输入学号和姓名、选择性别，单击“显示”按钮，执行结果如图 4-17 所示。

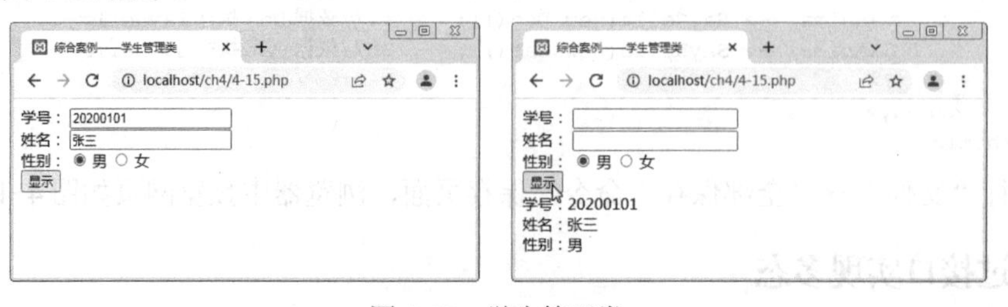

图 4-17　学生管理类

操作步骤如下。

① 在 Web 项目 ch4 中新建一个 PHP 文件，命名为 4-15.php，输入以下代码。

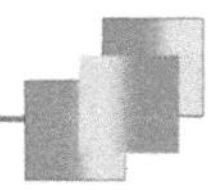

```
<!DOCTYPE html>
<html>
     <head>
          <meta charset="UTF-8" />
          <title>综合案例——学生管理类</title>
     </head>
     <body>
          <form method="post">
               学号：
               <input type="text" name="number">
               <br/>
               姓名：
               <input type="text" name="name">
               <br/>
               性别：
               <input type="radio" name="sex" value="男" checked="checked">
               男
               <input type="radio" name="sex" value="女">
               女
               <br/>
               <input type="submit" name="ok" value="显示">
          </form>
          <?php
          class student {
               private $number;
               private $name;
               private $sex;
               function show($XH, $XM, $XB) {
                    $this -> number = $XH;
                    $this -> name = $XM;
                    $this -> sex = $XB;
                    echo "学号：".$this -> number."<br>";
                    echo "姓名：".$this -> name."<br>";
                    echo "性别：".$this -> sex."<br>";
               }
          }
          if (isset($_POST['ok'])) {
               $XH = $_POST['number'];
               $XM = $_POST['name'];
               $XB = $_POST['sex'];
               $stu = new student();
               $stu -> show($XH, $XM, $XB);
          }
          ?>
     </body>
</html>
```

② 执行“文件”→“全部保存”命令，保存页面，浏览器中预览网页如图 4-17 所示。

4.11　习题

1．面向对象编程的 3 个重要特性是什么？

2．在面向对象开发中，通常会看到在类的成员函数前面有此类限制，如 public、protected、private，请问三者有何区别？PHP 中类成员属性和方法默认的权限修饰符是什么？

3．哪种成员变量可以在同一个类的实例之间共享？

4．请写出 PHP 的构造函数和析构函数。

5．使用静态成员方法编写以下应用程序。给定一个年份和一个月份，页面预览的结果如图 4-18 所示。

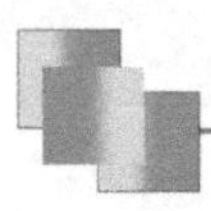

6．使用面向对象编程技术创建学生档案，页面预览的结果如图 4-19 所示。

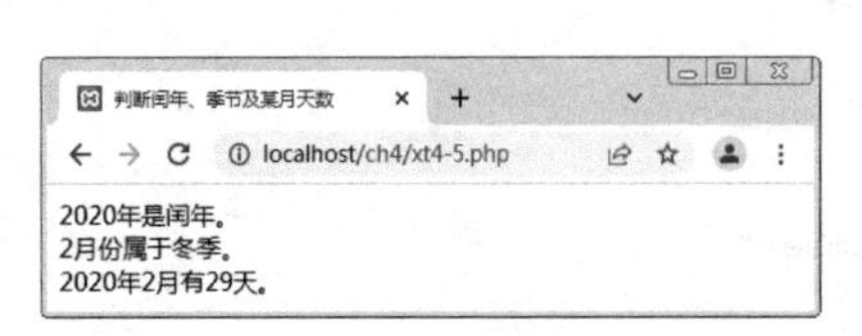

图 4-18　题 5 图

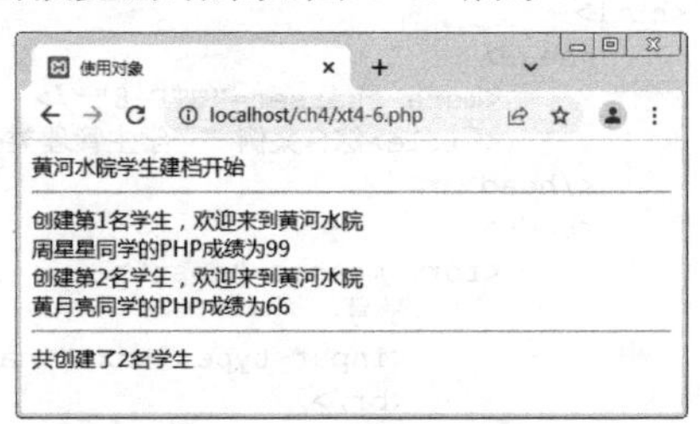

图 4-19　题 6 图

第5章 文件处理

Web 应用程序中的输入/输出流一般都发生在浏览器、服务器和数据库之间。但是，在许多情况下也会涉及文件的处理。当对从远程网页获得的信息进行本地处理时，在没有数据库的情况下存储数据时以及为其他程序共享保存的信息时，都要用到目录与文件的操作。

5.1 目录操作

目录可以进行打开、读取、关闭、删除等常用操作。

5.1.1 创建和删除目录

使用 mkdir()函数可以根据提供的目录名或目录的全路径，创建新的目录，如果创建成功则返回 TRUE，否则返回 FALSE。在这里说明下面代码的含义和作用。

```
<?php
if(mkdir("./test"))                          //在当前目录中创建 test 目录
    echo "创建成功";
?>
```

使用 rmdir()函数可以删除一个空目录，但是必须具有相应的权限。如果目录不为空，必须先删除目录中的文件才能删除目录。在这里说明下面代码的含义和作用。

```
<?php
mkdir("example");                            //在当前目录中创建 example 目录
if(rmdir("example"))                         //删除 example 目录
    echo "删除成功";
?>
```

注意：“./” 表示当前目录，“..” 表示上一级目录。如果目录前什么都不写，也表示引用当前目录。使用$_SERVER['DOCUMENT_ROOT']可以引用网站的根目录。

5.1.2 获取和更改当前工作目录

当前工作目录是指正在运行的文件所处的目录。使用 getcwd()函数可以取得当前的工作目录，该函数没有参数。成功则返回当前的工作目录，失败则返回 FALSE。在这里说明下面代码的含义和作用。

```
<?php
echo getcwd();                               //输出'C:\xampp\htdocs\test'
?>
```

使用 chdir()函数可以设置当前的工作目录，该函数的参数是新的当前目录，在这里说明下面代码的含义和作用。

```
<?php
echo getcwd()."<br>";                        //当前工作目录为'C:\xampp\htdocs\test'
mkdir("../another");                         //在默认网站根目录中建立 another 目录
chdir('../another');                         //设置 another 目录为当前工作目录
echo getcwd();                               //输出'C:\xampp\htdocs\another'
?>
```

5.1.3　打开和关闭目录句柄

文件和目录的访问都是通过句柄实现的，使用 opendir()函数可以打开一个目录句柄，该函数的参数是打开的目录路径，打开成功则返回 TRUE，失败返回 FALSE，打开句柄后其他函数就可以调用该句柄。为了节省服务器资源，使用完一个已经打开的目录句柄后，应该使用 colsedir()函数关闭这个句柄。在这里说明下面代码的含义和作用。

```
<?php
$dir="../another";                          //目录位置为 C:\xampp\htdocs\another
$dir_handle=opendir($dir);                  //打开 another 目录句柄
if($dir_handle)                             //如为 TRUE 则打开成功
    echo "打开目录句柄成功！";
else
    echo "打开失败！";
closedir($dir_handle);                      //关闭目录句柄
?>
```

5.1.4　读取目录内容

PHP 提供了 readdir()函数读取目录内容，该函数参数是一个已经打开的目录句柄。该函数在每次调用时返回目录中下一个文件的文件名，在列出了所有的文件名后，函数返回 FALSE。因此，该函数结合 while 循环可以实现对目录的遍历。

例如，假设根目录 C:\xampp\htdocs 的 another 目录下已经创建了一个目录 phpfile，其中保存了 file1.php、file2.php、file3.php 这 3 个文件。当前目录是 another，要遍历 phpfile 目录可以使用如下代码。在这里说明下面代码的含义和作用。

```
<?php
$dir="phpfile";                             //或写为$dir="../another/phpfile";
$dir_handle=opendir($dir);                  //打开目录句柄
if($dir_handle)
{
    //通过 readdir()函数返回值是否为 FALSE 来判断是否到最后一个文件
    while(FALSE!==($file=readdir($dir_handle)))
    {
        echo $file ."<br>";                 //输出文件名
    }
    closedir($dir_handle);                  //关闭目录句柄
}
else
    echo "打开目录失败！";
/*最后输出结果为：
.
..
file1.php
file2.php
file3.php
*/
?>
```

注意：由于 PHP 是弱类型语言，所以将整型值 0 和布尔值 FALSE 视为等价，如果使用比较运算符“==”或“!=”，当遇到目录中有一个文件的文件名为“0”时，则遍历目录的循环将停止。所以在设置判断条件时要使用“===”和“!==”运算符进行强类型检查。

5.1.5　获取指定路径的目录和文件

scandir()函数列出指定路径中的目录和文件，语法格式如下。

```
array scandir(string $directory [, int $sorting_order [, resource $context ]])
```

说明：$directory 为指定路径。参数$sorting_order 默认是按字母升序排列，如果设为 1 表示按字母的降序排列。$context 是可选参数，是一个资源变量，可以用 stream_context_create()函数生成，这个变量保存着与具体的操作对象有关的一些数据。函数运行成功则返回一个包含指定路径下的所有目录和文件名的数组，失败则返回 FALSE。在这里说明下面代码的含义和作用。

```
<?php
$dir="phpfile";                        //当前目录是 another
$f1=scandir($dir);
$f2=scandir($dir,1);
if($f1==FALSE)
{
    echo "读取失败";
}
else
{
    print_r($f1);
    //输出：Array ( [0] => . [1] => .. [2] => file1.php [3] => file2.php [4] => file3.php )
}
print_r($f2);
    //输出：Array ( [0] => file3.php [1] => file2.php [2] => file1.php [3] => .. [4] => . )
?>
```

【例 5-1】 打开 Apache 服务器的根目录，并且浏览目录下的文件和文件夹，页面预览的结果如图 5-1 所示。

操作步骤如下。

① 在 HBuilder 中建立 Web 项目 ch5，其对应的文件夹为 C:\xampp\htdocs\ch5，本章的所有案例均存放于该文件夹中。

② 在 Web 项目 ch5 中新建一个 PHP 文件，命名为 5-1.php，在代码编辑区输入以下代码。

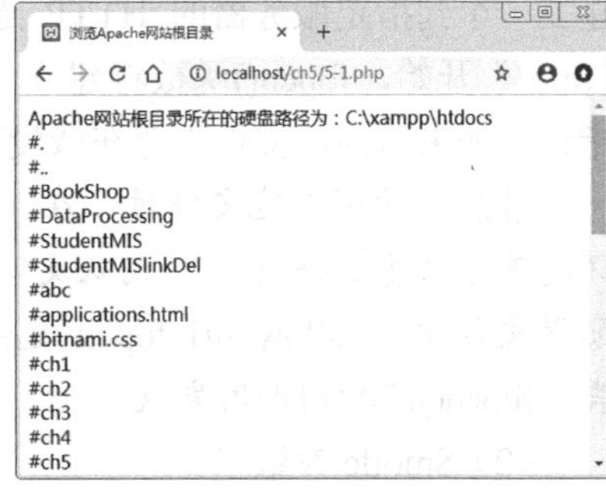

图 5-1　浏览 Apache 网站根目录

```
<!DOCTYPE html>
<html>
    <head>
        <meta charset="UTF-8" />
        <title>浏览 Apache 网站根目录</title>
    </head>
    <body>
        <?php
        $path = "../";                 //定义相对路径
        echo "Apache 网站根目录所在的硬盘路径为：".rea-
lpath($path)."<br>";
        //输出 Apache 网站根目录的绝对路径
        if (is_dir($path)) {           //判断当前路径是否为目录
            $path = scandir($path); //将目录信息保存在数组中
            for ($a = 0; $a < count($path); $a++) {     //循环输出结果
                echo "#".$path[$a]."<br>";
            }
        }
        ?>
    </body>
</html>
```

③ 执行“文件”→“全部保存”命令，保存页面，在浏览器中预览网页如图 5-1 所示。

5.2　文件操作

文件的操作与对目录的操作有类似之处，操作文件的一般方法有打开、读取、写入、关闭等。如果要将数据写入一个文件，一般先要打开该文件，如果文件不存在则先创建它，然后将数据写入文件，最后还需要关闭这个文件。如果要读取一个文件中的数据，同样需要先打开该文件，如果文件不存在则自动退出，如果文件存在则读取该文件的数据，读完数据后关闭文件。

5.2.1 打开与关闭文件

1. 打开文件

打开文件使用的是 fopen()函数，语法格式如下。

```
resource fopen(string $filename , string $mode [, bool $use_include_path [, resource $context ]])
```

（1）$filename 参数

fopen()函数将$filename 参数指定的名字资源绑定到一个流上。

如果$filename 的值是一个由目录和文件名组成的字符串，则 PHP 认为指定的是一个本地文件，将尝试在该文件上打开一个流。如果文件存在，函数将返回一个句柄；如果文件不存在或没有该文件的访问权限，则返回 FALSE。

如果$filename 是“scheme://...”的格式，则被当作一个 URL，PHP 将搜索协议处理器（也被称为封装协议）来处理此模式。例如，如果文件名是以“http://”开始，则 fopen()函数将建立一个到指定服务器的 HTTP 连接，并返回一个指向 HTTP 响应的指针；如果文件名是以“ftp://”开始，fopen()函数将建立一个连接到指定服务器的被动模式，并返回一个文件开始的指针。如果访问的文件不存在或没有访问权限，函数返回 FALSE。

注意：访问本地文件时，在 UNIX 环境下，目录中的间隔符为正斜线“/”。在 Windows 环境下可以是正斜线“/”或双反斜线“\\”。另外，要访问 URL 形式的文件，首先要确定 PHP 配置文件中的 allow_url_fopen 选项处于打开状态，如果处于关闭状态，PHP 将发出一个警告，fopen()函数则调用失败。

（2）$mode 参数

$mode 参数指定了 fopen()函数访问文件的模式，取值见表 5-1。

表 5-1 fopen()函数的访问文件模式

$mode	说明
'r'	只读方式打开文件，从文件头开始读
'r+'	读写方式打开文件，从文件头开始读写
'w'	写入方式打开文件，将文件指针指向文件头。如果文件已经存在则删除已有内容，如果文件不存在则尝试创建它
'w+'	读写方式打开文件，将文件指针指向文件头。如果文件已经存在则删除已有内容，如果文件不存在则尝试创建它
'a'	写入方式打开文件，将文件指针指向文件末尾，如果文件已有内容将从文件末尾开始写。如果文件不存在则尝试创建它
'a+'	读写方式打开文件，将文件指针指向文件末尾。如果文件已有内容将从文件末尾开始读写。如果文件不存在则尝试创建它
'x'	创建并以写入方式打开文件，将文件指针指向文件头。如果文件已存在，则 fopen()调用失败并返回 FALSE，并生成一条 E_WARNING 级别的错误信息。如果文件不存在则尝试创建它。此选项被 PH 及以后的版本所支持，仅能用于本地文件
'x+'	创建并以读写方式打开文件，将文件指针指向文件头。如果文件已存在，则 fopen()调用失败并返回 FALSE，并生成一条 E_WARNING 级别的错误信息。如果文件不存在则尝试创建它。此选项被 PHP4.3.2 及以后的版本所支持，仅能用于本地文件
'b'	二进制模式，用于连接在其他模式后面。如果文件系统能够区分二进制文件和文本文件（Windows 区分，而 UNIX 不区分），则需要使用到这个选项，推荐一直使用这个选项以便获得最大程度的可移植性

（3）$use_include_path 参数

如果需要在 include_path（PHP 的 include 路径，在 PHP 的配置文件设置）中搜寻文件，可以将可选参数$use_include_path 的值设为 1 或 TRUE，默认为 FALSE。

（4）$context 参数

可选的$context 参数只有文件被远程打开时（如通过 HTTP 打开）才使用，它是一个资源变量，其中保存着与 fopen()函数具体的操作对象有关的一些数据。如果 fopen()打开的是一个 HTTP 地址，那么这个变量记录着 HTTP 请求的请求类型、HTTP 版本及其他头信息；如果打开的是 FTP 地址，记录的可能是 FTP 的被动/主动模式。

在这里说明下面代码的含义和作用。

```
<?php
//假设当前目录是 C:\xampp\htdocs\test，目录中包含文件 1.txt
$handle=fopen("1.txt","r+");                          //以读写方式打开文件
if($handle)
     echo "打开成功";
else
     echo "打开文件失败";
$URL_handle=fopen("http://www.php.net", "r");          //以只读方式打开 URL 文件
?>
```

2．关闭文件

文件处理完毕后，需要使用 fclose()函数关闭文件，语法格式如下。

```
bool fclose(resource $handle)
```

参数$handle 为要打开的文件指针，文件指针必须有效，如果关闭成功则返回 TRUE，否则返回 FALSE。在这里说明下面代码的含义和作用。

```
<?php
//假设当前目录是 C:\xampp\htdocs\test，目录中包含文件 1.txt
$handle=fopen("1.txt","w");                       //以只写方式打开文件
if(fclose($handle))                               //判断是否成功关闭文件
     echo "关闭文件成功";
else
     echo "关闭失败";
?>
```

5.2.2　写入文件

文件在写入前需要打开文件，如果文件不存在则先要创建它。在 PHP 中没有专门用于创建文件的函数，一般可以使用 fopen()函数来创建，文件模式可以是“w”“w+”“a”“a+”。

下面的代码将在 C:\xampp\htdocs\test 目录下新建一个名为 welcome.txt 的文件（test 目录已存在）：

```
<?php
$handle=fopen("C:/xampp/htdocs/test/welcome.txt", "w");
?>
```

1．fwrite()函数

文件打开后，向文件中写入内容可以使用 fwrite()函数，语法格式如下。

```
int fwrite(resource $handle , string $string [, int $length ])
```

说明：参数$handle 是写入的文件句柄，$string 是将要写入文件中的字符串数据，$length 是可选参数，如果指定了$length，则当写入了$string 中的前$length 个字节的数据后停止写入。

在这里说明下面代码的含义和作用。

```
<?php
$handle=fopen("C:/xampp/htdocs/test/welcome.txt", "w+");  //打开文件，不存在则先创建
$num=fwrite($handle,"我喜欢学习 PHP",10);
if($num)
{
     echo "写入文件成功<br>";
     echo "写入的字节数为".$num."个";
     //成功写入的 10 个字节，由于 1 个汉字占 2 个字节，所以写入内容是"我喜欢学习"
     fclose($handle);                                        //关闭文件
}
else
     echo "文件写入失败";
?>
```

2．file_put_contents()函数

PHP 还引入了 file_put_contents()函数。这个函数的功能与依次调用 fopen()、fwrite()及 fclose()函数的功能一样，语法格式如下。

```
int file_put_contents(string $filename , string $data [, int $flags [, resource $context ]])
```

说明：$filename 是要写入数据的文件名。$data 是要写入的字符串，$data 也可以是数组，但不能为多维数组。在使用 FTP 或 HTTP 向远程文件写入数据时，可以使用可选参数 $flags 和 $context，这里不具体介绍。写入成功后函数返回写入的字节数，否则返回 FALSE。

在这里说明下面代码的含义和作用。

```
<?php
$str= "这是文件 1 中写入的字符串";
$array=array("将数组","内容写入","文件 2 中");
//使用$_SERVER['DOCUMENT_ROOT']引用网站的根目录 C:\xampp\htdocs
file_put_contents($_SERVER['DOCUMENT_ROOT']."/test/1.txt",$str);   //将$str 写入 1.txt 文件
file_put_contents($_SERVER['DOCUMENT_ROOT']."/test/2.txt",$array);   //将$array 写入 2.txt 文件
?>
```

5.2.3 读取文件

1．读取任意长度

fread()函数可以用于读取文件的内容，语法格式如下。

```
string fread(int $handle, int $length)
```

说明：参数$handle 是已经打开的文件指针，$length 是指定读取的最大字节数，$length 的最大取值为 8192。如果读完$length 个字节数之前遇到文件结尾标志（EOF），则返回所读取的字符，并停止读取操作。如果读取成功则返回所读取的字符串，如果出错返回 FALSE。

在这里说明下面代码的含义和作用。

```
<?php
$handle=fopen("C:/xampp/htdocs/test/1.txt", "r");     //打开一个上面生成的文件 1.txt
$content="";                                          //将字符串$content 初始化为空
while(!feof($handle))                                 //判断是否到文件末尾
{
     $data=fread($handle,8192);                       //读取文件内容
     $content.=$data;                                 //将读取到的数据赋给字符串
}
echo $content;                                        //输出内容"这是文件 1 中写入的字符串"
fclose($handle);                                      //关闭文件
?>
```

2. 读取整个文件

（1）file()函数

file()函数用于将整个文件读取到一个数组中，语法格式如下。

```
array file(string $filename [, int $use_include_path [, resource $context ]])
```

说明：本函数的作用是将文件作为一个数组返回，数组中的每个单元都是文件中相应的一行，包括换行符在内，如果失败则返回 FALSE。参数 $filename 是读取的文件名，参数 $use_include_path 和$context 的意义与之前介绍的相同。

在这里说明下面代码的含义和作用。

```
<?php
$line=file("C:/xampp/htdocs/test/1.txt");          //将文件 1.txt 中的内容读取到数组$line 中
foreach($line as $content)                          //浏览$line 数组
{
     echo $content. "<br>";                         //输出内容
}
?>
```

（2）readfile()函数

readfile()函数用于输出一个文件的内容到浏览器中，语法格式如下。

```
int readfile(string $filename [, bool $use_include_path [, resource $context ]])
```

例如，读取当前工作目录 C:\xampp\htdocs\ch5 下的 qpg.txt 文件中的内容到浏览器中，如图 5-2 所示。

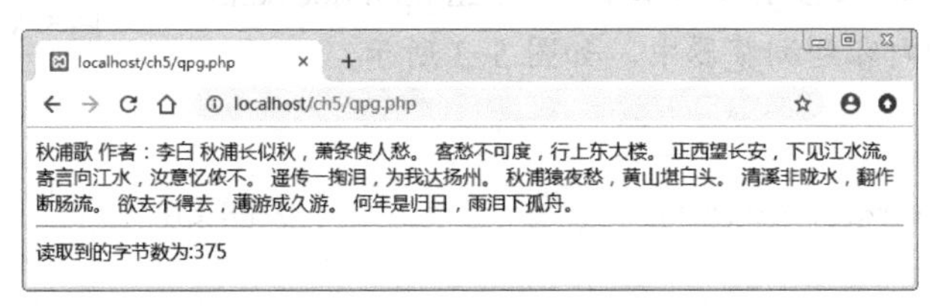

图 5-2　读取文件中的内容到浏览器中

代码如下。

```
<?php
$filename="qpg.txt";
$num=readfile($filename);                            //输出文件的所有内容
echo "<hr>读取到的字节数为:".$num;                    //输出读取到的字节数
?>
```

（3）fpassthru()函数

fpassthru()函数可以将给定的文件指针从当前的位置读取到 EOF，并把结果写到输出缓冲区。要使用这个函数，必须先使用 fopen()函数打开文件，然后将文件指针作为参数传递给 fpassthru()函数，fpassthru()函数把文件指针所指向的文件内容发送到标准输出。如果操作成功返回读取到的字节数，否则返回 FALSE。在这里说明下面代码的含义和作用。

```
<?php
$filename="qpg.txt";
$handle=fopen($filename, "r");
$num=fpassthru($handle);                             //把文件内容发送到标准输出
echo "<hr>读取到的字节数为:".$num;
fclose($handle);
?>
```

程序运行后，页面预览的结果与图 5-2 完全相同。

（4）file_get_contents()函数

file_get_contents()函数可以将整个或部分文件内容读取到一个字符串中，功能与依次调用 fopen()、fread()及 fclose()函数的功能一样，语法格式如下。

```
string file_get_contents(string $filename [, int $offset [, int $maxlen ]])
```

说明：$filename 是要读取的文件名，可选参数$offset 可以指定从文件头开始的偏移量，函数可以返回从$offset 所指定的位置开始长度为$maxlen 的内容。如果失败，函数将返回 FALSE。例如：

```
<?php
$filecontent=file_get_contents("qpg.txt");              //获取文件内容
echo $filecontent;                                      //输出文件内容
?>
```

3．读取一行数据

（1）fgets()函数

fgets()函数可以从文件中读出一行文本，语法格式如下。

```
string fgets(int $handle [, int $length ])
```

说明：$handle 是已经打开的文件句柄，可选参数$length 指定了返回的最大字节数，考虑到行结束符，最多可以返回 length-1 个字节的字符串。如果没有指定$length，默认为 1024 个字节。例如，逐行读取当前工作目录 C:\xampp\htdocs\ch5 下的 qpg.txt 文件中的内容到浏览器中，如图 5-3 所示。

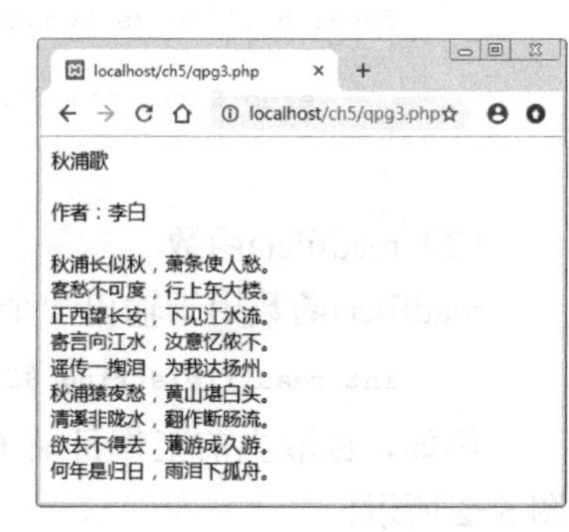

图 5-3　逐行读取文件内容

代码如下。

```
<?php
$handle=fopen("qpg.txt","r");                         //打开文件
if($handle)
{
     while(!feof($handle))                            //判断是否到文件末尾
     {
          $buffer=fgets($handle);                     //逐行读取文件内容
          echo $buffer."<br>";
     }
     fclose($handle);                                 //关闭文件
}
?>
```

（2）fgetss()函数

fgetss()函数的作用与 fgets()函数基本相同，也是从文件指针处读取一行数据，不过 fgetss()函数会尝试从读取的文本中去掉任何 HTML 和 PHP 标记。语法格式如下。

```
string fgetss(resource $handle [, int $length [, string $allowable_tags ]])
```

例如，假设当前工作目录 C:\xampp\htdocs\ch5 下的 china.txt 第一行内容为“<b>China</b>”，显示内容时不显示“China”的加粗效果，可以使用以下代码。

```
<?php
$handle=fopen("china.txt","r");
$one=fgetss($handle);                                 //获取第一行数据，并去除 HTML 标记
echo $one;                                            //输出第一行内容
fclose($handle);
?>
```

4．读取一个字符

fgetc()函数可以从文件指针处读取一个字符，语法格式如下。

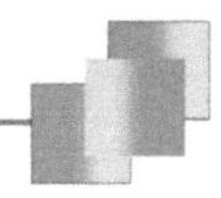

```
string fgetc(resource $handle)
```

该函数返回$handle 指针指向的文件中的一个字符，遇到 EOF 则返回 FALSE。在这里说明下面代码的含义和作用。

```
<?php
$handle=fopen("qpg.txt", "r");
while(!feof($handle))                              //判断是否到文件尾
{
     $char=fgetc($handle);                         //获取当前一个字符
     echo ($char== "\n"? '<br>':$char);
}
?>
```

程序运行后，页面预览的结果与图 5-3 完全相同。

5.2.4　上传与下载文件

在 Web 动态网站应用中，文件上传和下载已经成为一个常用功能。其目的是客户可以通过浏览器将文件上传到服务器上指定的目录，或者将服务器上的文件下载到客户端主机上。

1．相关设置

要想顺利地实现上传功能，首先要在 php.ini 中开启文件上传，并对其中的一些参数做出合理的设置。其中，File Uploads 项的 5 个属性值及其含义见表 5-2。

表 5-2　File Uploads 项的 5 个属性值

属性	说　明
file_uploads	如果值是 on，说明服务器支持文件上传；如果为 off，则不支持
upload_tmp_dir	上传文件临时目录。在文件被成功上传之前，文件首先存放到服务器端的临时目录中。如果想要指定位置，那么就在这里设置，否则使用系统默认目录即可
upload_max_filesize	服务器允许上传的文件的最大值，以 MB 为单位。系统默认为 2MB，用户可以自行设置
max_execution_time	PHP 中一个指令所能执行的最大时间，单位是秒
memory_limit	PHP 中一个指令所分配的内存空间，单位是 MB

说明：如果使用集成化的安装包来配置 PHP 的开发环境，那么就不必担心上述介绍的这些配置信息，因为默认已经为用户配置好了。

如果要上传超大的文件，那么就有必要对 upload_max_filesize 属性的最大值进行修改。

2．文件上传

$_FILES 是一个二维数组，上传后的文件信息可以使用以下形式获取。

（1）$FILES['file']['name']

客户端上传的原文件名。其中，file 是 HTML 表单中文件域控件的名称。

（2）$FILES['file']['type']

上传文件的类型，需要浏览器提供该信息的支持，常用的值见表 5-3。

表 5-3　上传文件的类型

文件类型	说　明
text/plain	表示普通文本文件
image/gif	表示 GIF 图片
image/pjpeg	表示 JPEG 图片

（续）

文件类型	说　明
application/msword	表示 word 文件
text/html	表示 html 格式的文件
application/pdf	表示 PDF 格式文件
audio/mpeg	表示 mp3 格式的音频文件
application/x-zip-compressed	表示 ZIP 格式的压缩文件
application/octet-stream	表示二进制流文件，如 EXE 文件、RAR 文件、视频文件等

需要注意的是，当上传的图片是 JPEG 类型并且使用 IE 浏览器浏览时，必须将程序中的 $_FILES['filename']['type'] 值设置为“image/pjpeg”；对于谷歌浏览器，必须将程序中的 $_FILES['filename']['type']值设置为“image/jpeg”。

（3）$FILES['file']['tmp_name']

文件被上传后在服务端储存的临时文件名。

（4）$FILES['file']['size']

已上传文件的大小，单位为字节。

（5）$FILES['file']['error']

错误信息代码。值为 0 表示没有错误发生，文件上传成功。值为 1 表示上传的文件超过了 php.ini 文件中 upload_max_filesize 选项限制的值。值为 2 表示上传文件的大小超过了 HTML 表单中规定的最大值。值为 3 表示文件只有部分被上传。值为 4 表示没有文件被上传。值为 5 表示上传文件大小为 0。

文件上传结束后，默认存储在临时目录中，这时必须将其从临时目录中删除或移动到其他地方。不管是否上传成功，脚本执行完后临时目录里的文件肯定会被删除。所以在删除之前要使用 PHP 的 move_uploaded_file()函数将它移动到其他位置，此时，才完成了上传文件过程。move_uploaded_file()函数语法格式如下。

```
bool move_uploaded_file(string $filename , string $destination)
```

例如：

```
move_uploaded_file($_FILES['myfile']['tmp_name'], "upload/ex.txt")
```

上面一句代码表示将由表单文件域控件“myfile”上传的文件移动到 upload 目录下并将文件命名为 ex.txt。

注意：在将文件移动之前需要检查文件是否是通过 HTTP POST 上传的，这可以用来确保恶意的用户无法欺骗脚本去访问本不能访问的文件，这时需要使用 is_uploaded_file()函数。该函数的参数为文件的临时文件名，若文件是通过 HTTP POST 上传的，则函数返回 TRUE。

例 5-2

【例 5-2】 制作上传图片的 PHP 页面，将由 HTML 表单上传的 JPEG 图片文件移动到网站的上传文件夹 C:\xampp\htdocs\upload 下。本实例页面预览后，用户单击表单中的“选择文件”按钮，如图 5-4 所示。打开“打开”对话框，选择上传的 JPEG 图片，如图 5-5 所示。单击“打开”按钮返回到上传页面，单击表单中的“上传文件”按钮后页面中显示出上传文件的信息，如图 5-6 所示，上传文件夹 upload 中可以看到已经上传的文件，如图 5-7 所示。

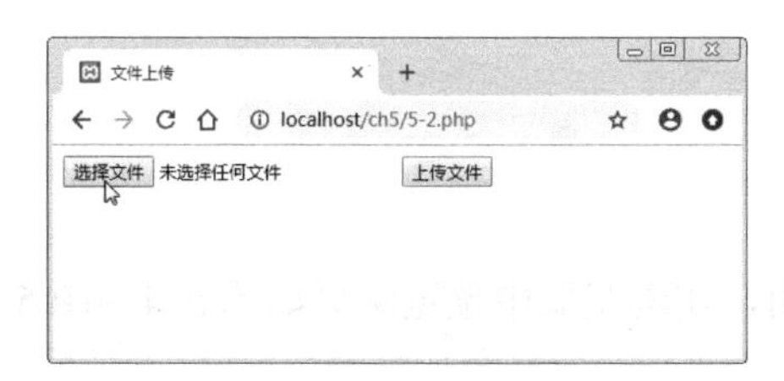

图 5-4　单击表单中的“选择文件”按钮

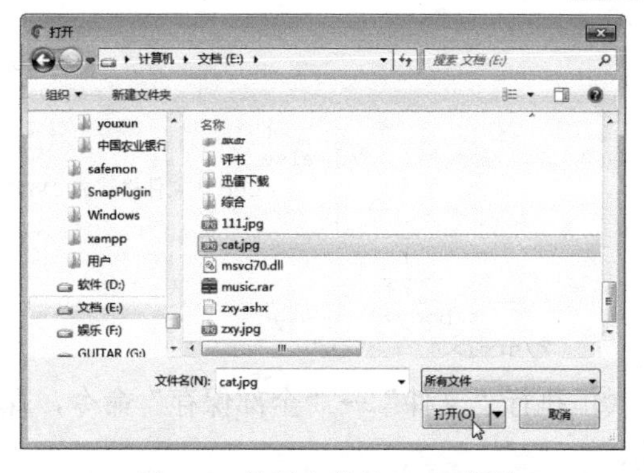

图 5-5　选择上传的 JPEG 图片

图 5-6　上传成功后的文件信息

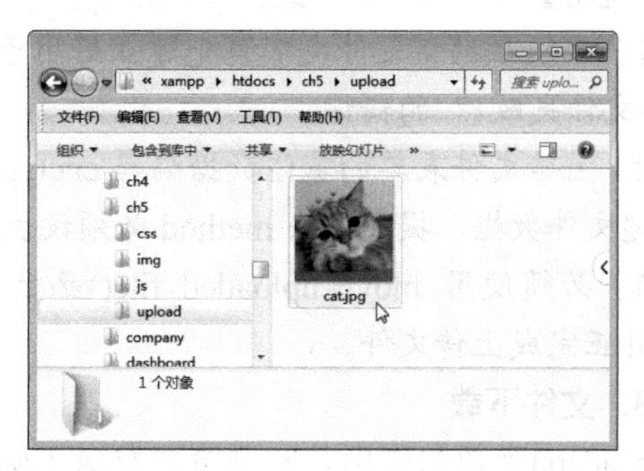

图 5-7　上传文件夹 upload 中已经上传的文件

操作步骤如下。

① 在 Web 项目 ch5 中建立网站的上传文件夹 upload。

② 在 Web 项目 ch5 中新建一个 PHP 文件，命名为 5-2.php，在代码编辑区输入以下代码。

```
<!DOCTYPE html>
<html>
    <head>
        <meta charset="UTF-8" />
        <title>文件上传</title>
    </head>
    <body>
        <!-- 以下是 HTML 表单 -->
        <form enctype="multipart/form-data" action="" method="post">
            <input type="file" name="myFile">
            <input type="submit" name="up" value="上传文件">
        </form>
        <?php
        if (isset($_POST['up'])) {
            if ($_FILES['myFile']['type'] == "image/jpeg")  //判断文件格式是否为 JPEG
            {
                if ($_FILES['myFile']['error'] > 0)         //判断上传是否出错
                    echo "错误：" . $_FILES['myFile']['error'];//输出错误信息
                else {
                    $tmp_filename = $_FILES['myFile']['tmp_name'];//临时文件名
                    $filename = $_FILES['myFile']['name']; //上传的文件名
                    $dir = $_SERVER['DOCUMENT_ROOT'] . "/ch5/upload/";//上传文件名
                    if (is_uploaded_file($tmp_filename))   //判断是否通过 POST 上传
                    {
                        //上传并移动文件
                        if (move_uploaded_file($tmp_filename, "$dir$filename")) {
                          echo "文件".$filename."上传成功!<br>";//输出文件大小
                          echo "文件大小为：".($_FILES['myFile']['size'] / 1024)."KB";
```

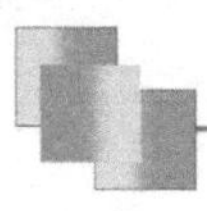


```
                    } else
                        echo "上传文件失败！";
                }
            }
        } else {
            echo "文件格式非 JPEG 图片！";
        }
    }
    ?>
  </body>
</html>
```

③ 执行“文件”→“全部保存”命令，保存页面，在浏览器中预览网页如图 5-4～图 5-7 所示。

【说明】

1）必须在站点文件夹下事先建立好用于存储上传文件的上传文件夹 upload，否则将出现“上传文件失败！”的错误。

2）上传文件表单的窗体数据编码 enctype 属性必须设置为“multipart/form-data”才能完整地传递文件数据，提交方法 method 必须设置为“POST”才能安全地上传文件。

3）必须使用 move_uploaded_file()函数才能将上传的临时文件移动到网站的上传文件夹中，真正完成上传文件。

3．文件下载

header()函数的作用是向浏览器发送正确的 HTTP 报头，报头指定了网页内容的类型、页面的属性等信息。

header()函数结合 readfile()函数可以下载将要浏览的文件。例如，下载 ch5 文件夹下的 qpg.txt 文件。页面在浏览器中预览后，文件下载到本地，如图 5-8 所示。

图 5-8　下载文件

代码如下。

```
<?php
$textname=$_SERVER['DOCUMENT_ROOT']."/ch5/qpg.txt";           //源文件
$newname="poem.txt";                                           //新文件名
header("Content-type: text/plain");                            //设置下载的文件类型
header("Content-Length:".filesize($textname));                 //设置下载文件的大小
header("Content-Disposition: attachment; filename=$newname");  //设置下载文件的文件名
readfile($textname);                                           //读取文件
?>
```

5.2.5　其他常用的文件处理函数

1．计算文件大小

在文件上传程序中使用过的 filesize()函数用于计算文件的大小，以字节为单位。在这里说明下面代码的含义和作用。

```
<?php
$filename="C:/xampp/htdocs/ch5/qpg.txt";
$num=filesize($filename);                 //计算文件大小
echo ($num/1024)."KB";                    //以 KB 为单位输出文件大小
?>
```

PHP 还有一系列获取文件信息的函数，如 fileatime()函数用于取得文件的上次访问时间，fileowner()函数用于取得文件的所有者，filetype()函数用于取得文件的类型等。

2．判断文件是否存在

如果希望在不打开文件的情况下检查文件是否存在，可以使用 file_exists()函数。函数的参

数为指定的文件或目录。

在这里说明下面代码的含义和作用。

```
<?php
$filename = 'C:/xampp/htdocs/ch5/qpg.txt';
if (file_exists($filename))                          //检查 qpg.txt 文件是否存在
{
     echo "文件存在";
}
else
{
     echo "该文件不存在";
}
?>
```

PHP 还有一些用于判断文件或目录的函数，例如，is_dir()函数用于判断给定文件名是否是目录，is_file()函数用于判断给定文件名是否是文件，is_readable()函数用于判断给定文件名是否可读，is_writeable()函数用于判断给定文件是否可写。

3．删除文件

使用 unlink()函数可以删除不需要的文件，如果成功，将返回 TRUE，否则返回 FALSE。

在这里说明下面代码的含义和作用。

```
<?php
$filename = 'C:/xampp/htdocs/ch5/qpg.txt';
unlink($filename);                                   //删除 ch5 目录下的 qpg.txt 文件
?>
```

4．复制文件

在文件操作中经常会遇到要复制一个文件或目录到某个文件夹的情况，在 PHP 中使用 copy()函数来完成此操作，语法格式如下。

```
bool copy(string $source , string $dest)
```

在这里说明下面代码的含义和作用。

```
<?php
$sourcefile="C:/xampp/htdocs/ch5/qpg.txt";         //设置源文件
$targetfile="C:/xampp/htdocs/ch5/qpgcopy.txt";     //设置目标文件
if(copy($sourcefile,$targetfile))
{
     echo "文件复制成功！";
}
?>
```

5．移动、重命名文件

除了 move_uploaded_file()函数，还有 rename()函数也可以移动文件，语法格式如下。

```
bool rename ( string $oldname , string $newname [, resource $context ] )
```

说明：rename()函数主要用于对一个文件进行重命名，$oldname 是文件的旧名，$newname 为新的文件名。当然，如果$oldname 与$newname 的路径不相同，就实现了移动该文件的功能，在这里说明下面代码的含义和作用。

```
<?php
$filename="C:/xampp/htdocs/ch5/qpgcopy.txt";
$newname="C:/xampp/htdocs/ch5/qpgnew.txt";
if(rename($filename,$newname))                       //重命名 qpgcopy.txt 文件
{
     echo "文件重命名成功！";
}
?>
```

6．文件指针操作

PHP 中有很多操作文件指针的函数，如 feof()函数、rewind()、ftell()、fseek()函数等。

（1）feof()函数

feof()函数用于测试文件指针是否处于文件尾部。

（2）rewind()函数

rewind()函数用于重置文件的指针位置，使指针返回到文件头。它的参数只有一个，就是已经打开的指定文件的文件句柄。

（3）ftell()函数

ftell()函数以字节为单位，报告文件中指针的位置，也就是文件流中的偏移量。它的参数也是已经打开的文件句柄。

（4）fseek()函数

fseek()函数用于移动文件指针，语法格式如下。

```
int fseek ( resource $handle , int $offset [, int $whence ] )
```

在这里说明下面代码的含义和作用。

```
<?php
$file="C:/xampp/htdocs/ch5/qpg.txt";                //qpg.txt 文件
$handle=fopen($file, "r");                          //以只读方式打开
echo "当前指针为：".ftell($handle). "<br>";         //显示指针的当前位置，为 0
fseek($handle,100);                                 //将指针移动 100 个字节
echo "当前指针为：".ftell($handle). "<br>";         //显示当前指针值为 100
rewind($handle);                                    //重置指针位置
echo "当前指针为：".ftell($handle). "<br>";         //指针值为 0
?>
```

5.3 综合案例

综合前面所学的目录和文件的操作知识，下面讲解两个综合案例。

5.3.1 网站访问量计数程序

【例 5-3】 编写一个网站访问量计数程序，本实例页面预览后，显示出当前第几位访客的到来；随着来访人数的不断上升，计数器的值也在不断变化，页面预览的结果如图 5-9 所示。

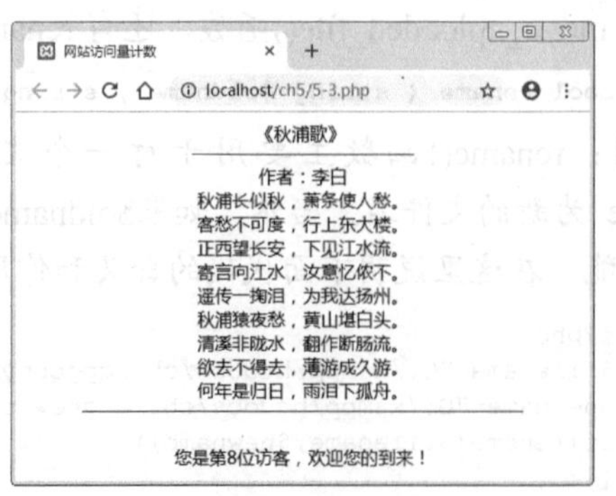

图 5-9　网站访问量计数程序的页面预览结果

操作步骤如下。

① 在 Web 项目 ch5 中新建一个 PHP 文件，命名为 5-3.php，在代码编辑区输入以下代码。

```
<!DOCTYPE html>
<html>
    <head>
        <meta charset="UTF-8" />
        <title>网站访问量计数</title>
    </head>
    <body>
        <center>
            《秋浦歌》
            <br>
            <hr width=200 color=red size=1>
            作者：李白<br>
            秋浦长似秋，萧条使人愁。<br>
            客愁不可度，行上东大楼。<br>
            正西望长安，下见江水流。<br>
            寄言向江水，汝意忆侬不。<br>
            遥传一掬泪，为我达扬州。<br>
            秋浦猿夜愁，黄山堪白头。<br>
            清溪非陇水，翻作断肠流。<br>
            欲去不得去，薄游成久游。<br>
            何年是归日，雨泪下孤舟。<br>
        </center>
        <hr width=400 color=red size=1>
        <br>
        <?php
        $count_num = 0;
        if (file_exists("counter.txt"))         //如果存放计数器文件已经存在，读取其中的内容
        {
            $fp = fopen("counter.txt", "r");    //以只读方式打开 counter.txt 文件，存放计数器的值
            $count_num = fgets($fp, 9);         //读取计数器的前 8 位数字
            $count_num++;                       //浏览次数加 1
            fclose($fp);                        //关闭文件
        }
        $fp = fopen("counter.txt", "w");        //以只写方式打开 counter.txt 文件，写入最新的计数值
        fputs($fp, $count_num);                 //写入最新的值
        fclose($fp);                            //关闭文件
        echo "<center>您是第".$count_num."位访客，欢迎您的到来！</center>";
        ?>
    </body>
</html>
```

② 执行“文件”→“全部保存”命令，保存页面，在浏览器中预览网页如图 5-9 所示。

5.3.2 投票统计程序

【例 5-4】 编写一个投票统计程序，页面预览后，显示出投票的 3 个选项；用户选择某个选项单击“我要投票”按钮后，页面中显示出投票的统计；不断重复这种操作，投票的统计结果也在不断变化。页面预览的结果如图 5-10 所示。

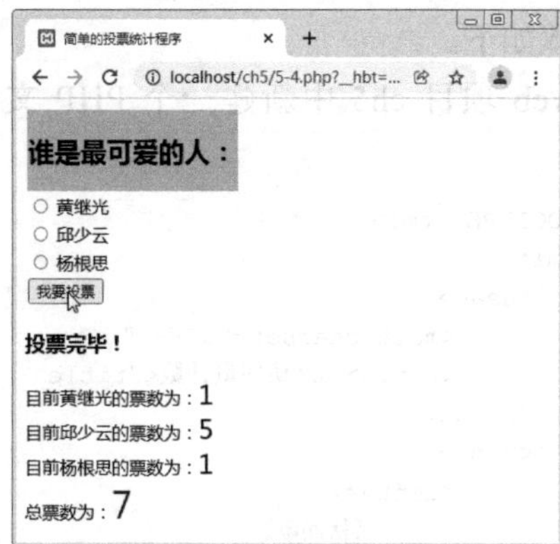

图 5-10　投票统计程序的页面预览结果

操作步骤如下。

① 在 Web 项目 ch5 中新建一个 PHP 文件，命名为 5-4.php，在代码编辑区输入以下代码。

```
<!DOCTYPE html>
<html>
	<head>
		<meta charset="UTF-8" />
		<title>简单的投票统计程序</title>
	</head>
	<body>
		<form enctype="multipart/form-data" action="" method="post">
			<table border="0">
				<tr>
					<td bgcolor="#CCCCCC"><h2>谁是最可爱的人：</h2></td>
				</tr>
				<tr>
					<td><input type="radio" name="vote" value="黄继光">黄继光</td>
				</tr>
				<tr>
					<td><input type="radio" name="vote" value="邱少云">邱少云</td>
				</tr>
				<tr>
					<td><input type="radio" name="vote" value="杨根思">杨根思</td>
				</tr>
				<tr>
					<td><input type="submit" name="bt" value="我要投票"></td>
				</tr>
			</table>
		</form>
		<?php
		$votefile = "vote.txt";
		//用于计数的文本文件$votefile
		if (!file_exists($votefile))//判断文件是否存在
		{
			$handle = fopen($votefile, "w+");
			//不存在则创建该文件
			fwrite($handle, "0|0|0");
			//将文件内容初始化
			fclose($handle);
		}
```

```
            if (isset($_POST['bt'])) {
                if (isset($_POST['vote']))//判断用户是否投票
                {
                    $vote = $_POST['vote'];
                    //接收投票值
                    $handle = fopen($votefile, "r+");
                    //允许读写文件
                    $votestr = fread($handle, filesize($votefile));
                    //读取文件内容到字符串$votestr
                    fclose($handle);
                    $votearray = explode("|", $votestr);
                    //将$votestr 根据“|”分割
                    echo "<h3>投票完毕！</h3>";
                    if ($vote == '黄继光')
                        $votearray[0]++;
                    //如果选择黄继光，则数组第 1 个值加 1
                    echo "目前黄继光的票数为：<font size=5 color=blue>".$votearray[0].
"</font><br>";
                    if ($vote == '邱少云')
                        $votearray[1]++;
                    //如果选择邱少云，则数组第 2 个值加 1
                    echo "目前邱少云的票数为：<font size=5 color=blue>".$votearray[1].
"</font><br>";
                    if ($vote == '杨根思')
                        $votearray[2]++;
                    //如果选择杨根思，则数组第 3 个值加 1
                    echo "目前杨根思的票数为：<font size=5 color=blue>".$votearray[2].
"</font><br>";
                    //计算总票数
                    $sum = $votearray[0] + $votearray[1] + $votearray[2];
                    echo "总票数为：<font size=6 color=red>".$sum."</font><br>";
                    $votestr2 = implode("|", $votearray);
                    //将投票后的新数组用“|”连接成字符串$votestr2
                    $handle = fopen($votefile, "w+");
                    fwrite($handle, $votestr2);
                    //将新字符串写入文件$votefile
                    fclose($handle);
                } else {
                    echo "<script>alert('未选择投票选项！')</script>";
                }
            }
            ?>
        </body>
    </html>
```

② 执行“文件”→“全部保存”命令，保存页面，浏览器中预览网页如图 5-10 所示。

5.4　习题

1．目录和文件有哪些常用操作？
2．PHP 程序访问目录和文件时，怎样引用当前目录、上级目录和网站根目录？
3．使用 fopen()函数访问文件模式中的“w+”和“a+”有什么区别？
4．编写一个函数，遍历一个文件夹下的所有文件和子文件夹。
5．如何计算文件和磁盘的大小？

6．使用 fgets()函数逐行读取一个文本文件的内容并显示在浏览器中，页面预览的结果如图 5-11 所示。

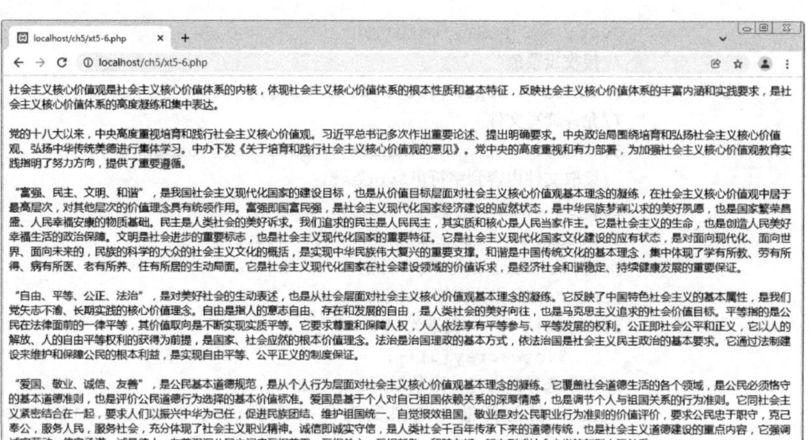

图 5-11　题 6 图

第 6 章　状态管理与会话控制

一个 Web 应用系统不仅需要管理大量的页面，而且需要维护系统的相关信息，如登录信息、购物车信息等，同时还需要在页面之间传递数据，这时就需要采用一定的网页状态维护技术来解决这类问题。

6.1　状态管理概述

由于 HTTP 是无状态的，浏览器每次向服务器请求并获得网页的一个往返行程后，网页信息都将丢失，在页面每次访问请求的过程中都无法获知上次请求的页面中的信息。因此，需要采用一定的网页状态管理技术来解决这一固有局限问题。

状态管理是在一个网页或者不同网页的多个访问请求中，维护网页状态和信息的过程。PHP 实现状态维护的方法有 form 表单、查询字符串、Cookie 和 Session。

form 表单可以将一个页面上的信息提交（POST 或 GET 提交）并传送给其 action 属性所设置的页面。本章讲解查询字符串、Cookie 和 Session 的使用。

6.2　页面间传递参数与页面跳转

由于 PHP 页面之间存在业务逻辑需要，在跳转页面的同时需要传递对应的参数。本节将详细讲解如何实现页面间传递参数与页面跳转。

6.2.1　在页面间传递参数

使用查询字符串（QueryString）可以很方便地将信息从一个网页传送到另一个网页，它通过在跳转页面的 URL 地址的后面附加数据来传送信息。语法格式如下。

```
URL?属性 1=值 1&属性 2=值 2...
```

查询字符串紧接在 URL 地址之后，以问号“?”开始，包含一个或多个属性/值对。如果有多个属性/值对，它们中间用&符号连接。

下面是一个典型的查询字符串示例。

```
http://localhost/newsSystem/index.php?account=cat&news=1
```

在上面的 URL 路径中，问号“?”后的内容就是查询字符串。它包含两个属性/值对：一个名为“account”，值为“cat”；另一个名为“news”，值为“1”。

在请求 URL 的页面上，可以使用 PHP 的预定义变量$_GET 读取查询字符串传递的信息，读取格式如下。

```
$_GET["属性"]
```

例如，对于上面所述的查询字符串示例，用户在 index.php 页面中使用$_GET["account"]和

$_GET["news"]就可以分别读取 account 属性和 news 属性传递过来的值，得到数据“cat”和“1”。

6.2.2 URL 编解码

如果 URL 参数中含有中文参数，为了防止在传递过程中出现乱码，需要对 URL 进行编码。所谓的编码就是将字符串中除“-”、“_”和“.”之外的所有非字母或数字字符都替换为一个以百分号“%”开头的十六进制数的字符串，空格被替换为加号“+”。

在 PHP 中对 URL 编码使用 urlencode()函数，语法格式如下。

```
string urlencode(string $str)
```

说明：$str 为要编码的字符串，该函数返回一个编码后的字符串。例如：

```
<?php
$url="http://www.php.net";
echo urlencode($url);                                    //输出"http%3A%2F%2Fwww.php.net"
?>
```

URL 编码后需要使用 urldecode()函数进行解码，语法格式如下。

```
string urldecode(string $str)
```

该函数将对字符串$str 中所有以百分号“%”开头的十六进制数的字符串进行解码，并返回解码后的字符串。例如：

```
<?php
$urlenstr="http%3A%2F%2Fwww.php.net";                    //上例刚刚编码的字符
$new_url=urldecode($urlenstr);                           //对$urlenstr 进行解码
echo $new_url;                                           //输出"http://www.php.net"
?>
```

6.2.3 页面跳转

查询字符串通过页面跳转来传递参数。常用的页面跳转方法有 3 种：使用 HTML 标签、使用客户端脚本和使用 PHP 提供的 header()函数。

1．使用 HTML 标签

（1）提交表单跳转

最常用的跳转页面的方法是提交表单，将<form>标记的 action 属性设置为要跳转到的页面，提交表单后就跳转到该页面。例如：

```
<form method="post" action="index.php">
<input type="text" name="text">
<input type="submit" name="bt" value="提交">
</form>
```

执行以上代码，单击“提交”按钮即可跳转到 index.php 页面。

（2）超链接跳转

使用 HTML 的超链接标签<a>也能够实现跳转页面的功能，例如：

```
<?php
echo "<a href='index.php?id=1&name=cat'>单击超链接</>";
?>
```

程序运行后单击页面中的超链接，页面将跳转至 index.php 页面，可以在 index.php 中获取 URL 的参数值。

（3）按钮事件跳转

用按钮也可以进行页面跳转，只需要在按钮控件的 onclick 方法中设置执行的代码即可，例如：

```
<?php
echo '<input type="button" name="bt" value="页面跳转" onclick="location=\'index.php\'">';
?>
```

执行以上代码，单击页面中的“页面跳转”按钮即跳转到 index.php 页面。

（4）页面刷新跳转

使用 HTML 实现页面跳转的另外一种方法是使用<meta>标记，实例代码如下。

```
<meta http-equiv="refresh" content="5;url=index.php">
```

执行以上代码，5s 之后页面将从当前页面跳转到 index.php 页面。content 属性中的数字 5 表示 5s 之后跳转，设置为 0 则表示立即跳转，url 选项可以指定要跳转到的页面。

2．使用客户端脚本

在 PHP 中还可以使用客户端脚本实现页面的跳转。语法格式如下。

```
window.location="URL 地址?查询字符串";
```

例如，在 PHP 中使用 JavaScript 跳转到 index.php 页面的代码如下。

```
<?php
    echo "<script>if(confirm('确认跳转页面?')) ";
    echo "window.location='index.php'</script>";
    //上面一句也可写成 echo "location.href='index.php'; </script>";
?>
```

3．使用 PHP 提供的 header()函数

header()函数的作用是向浏览器发送正确的 HTTP 报头，报头指定了网页内容的类型、页面的属性等信息，实现网页重定向。语法格式如下。

```
<?php
    header('Location:URL 地址?查询字符串');
?>
```

如果 header()函数的参数为“Location: xxx”，页面就会自动跳转到“xxx”指向的 URL 地址。例如：

```
<?php
$var1="sa";
$var2="sa";
if($var1==$var2)
{
   header("Location: http://www.baidu.com");
}
else
   echo "页面不能跳转";
?>
```

【例 6-1】 制作登录页面，模拟登录功能。本例主要讲解 URL 参数的传递，单击学生信息或成绩查询页面中的“请先登录”链接，页面跳转到用户登录页面并向该页面传递页面参数；页面转至登录页面后，分析是从哪里传来的登录要求（默认的是首页 Index.php），从不同的页面进入登录页面时通过 URL 参数传递了文件名称，登录页面获取该值，并将其作为登录成功后返回页面的 URL 地址，从而实现了从哪个页面来就返回到哪个页面的效果。页面预览的结果如图 6-1～图 6-8 所示。

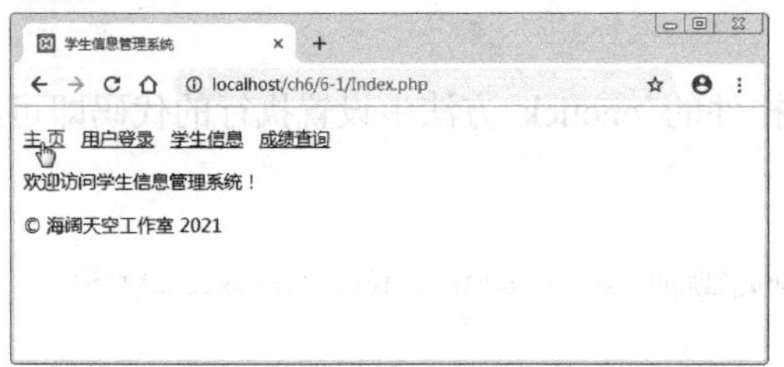

图 6-1 打开首页

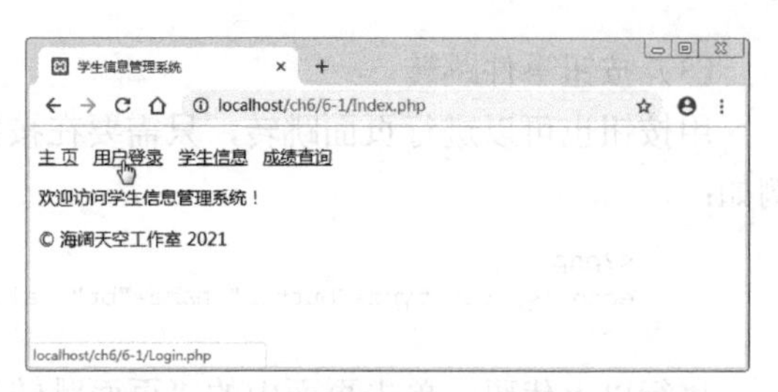

图 6-2 在首页中单击“用户登录”链接

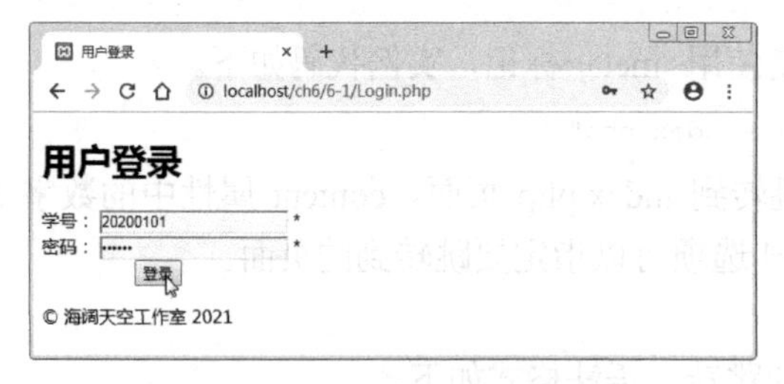

图 6-3 从首页跳转到登录页

图 6-4 登录成功后仍转向首页

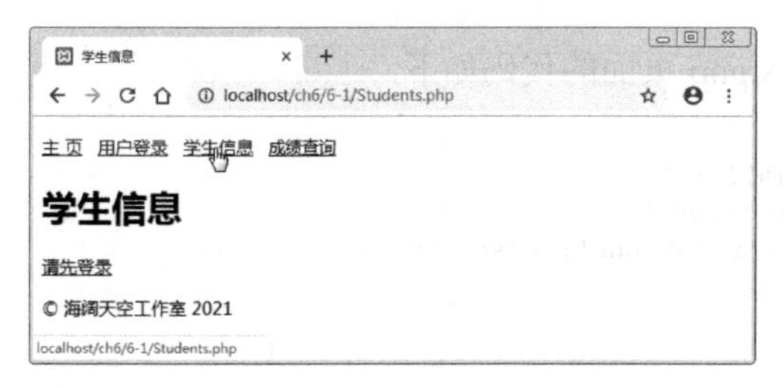

图 6-5 打开学生信息页

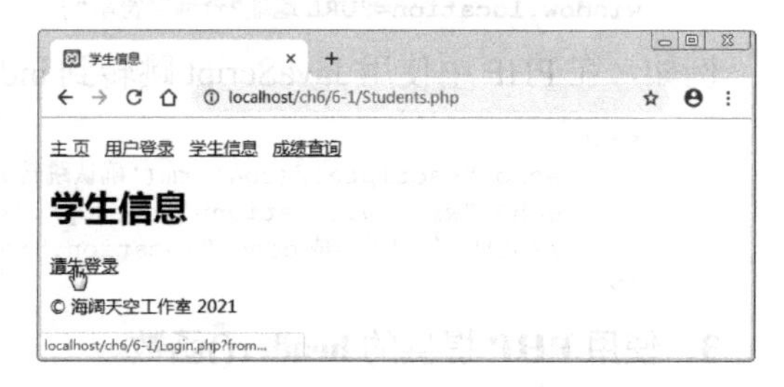

图 6-6 在学生信息页中单击“清洗登录”链接

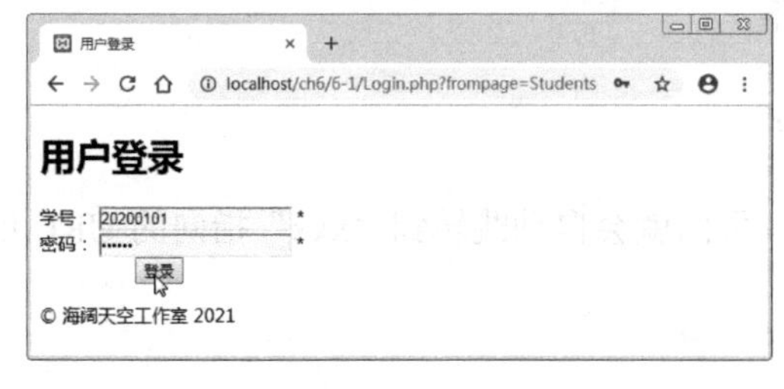

图 6-7 从学生信息页跳转到登录页

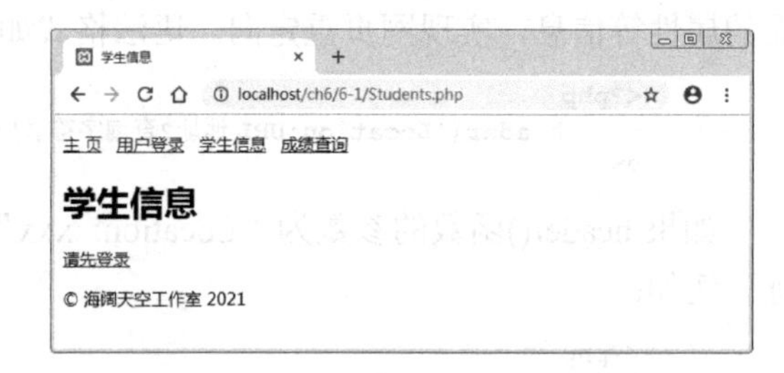

图 6-8 登录成功后仍转向学生信息页

操作步骤如下。

① 在 HBuilder 中建立 Web 项目 ch6，其对应的文件夹为 C:\xampp\htdocs\ch6，本章的所有案例均存放于该文件夹中。

② 在 Web 项目 ch6 中新建一个文件夹 6-1，然后在该文件夹中建立本例的 4 个文件，分别是首页 Index.php、登录页 Login.php、学生信息页 Students.php 和成绩查询页 Results.php。

首页 Index.php 的代码如下。

```
<!DOCTYPE html>
<html>
	<head>
		<meta charset="UTF-8">
		<title>学生信息管理系统</title>
	</head>
	<body>
		<p>
```

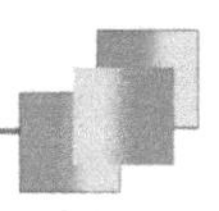

```
            <a href="Index.php">主　　页</a>  
            <a href="Login.php">用户登录</a>  
            <a href="Students.php">学生信息</a>  
            <a href="Results.php">成绩查询</a>
        </p>
        <p>
            <?php
            echo "欢迎访问学生信息管理系统！";
            ?>
        </p>
        <p>
            © 海阔天空工作室 2021
        </p>
    </body>
</html>
```

登录页 Login.php 的代码如下。

```
<?php
//用户单击“登录”按钮返回页面，判断登录是否成功
if (isset($_POST["btnSubmit"])) {
    //登录成功
    if (!empty($_POST["stuNo"]) && $_POST["pwd"] == "123456") {
    //实际的账号验证信息应该和数据库中的信息对比，这里只是模拟
        //默认返回的页面为主页
        $backUrl = "Index.php";
        //若页面接收到了“frompage”参数传值，登录成功后跳转到“frompage”参数传递的网页文件地址
        if (isset($_GET["frompage"])) {
            $backUrl = $_GET["frompage"].'.php';
        }
        //页面跳转
        echo "<script>window.location='{$backUrl}'</script>";
    }
    //登录失败，弹出提示框
    else {
        echo "<script>window.alert('用户名或密码错误！')</script>";
    }
}
?>
<!DOCTYPE html>
<html>
    <head>
        <meta charset="UTF-8">
        <title>用户登录</title>
    </head>
    <body>
        <?php
        //$actionUrl 变量为登录 form 表单的 action 的 URL 地址（该地址包括站点文件夹的路径），首先
        //设置为登录页面自身
        $actionUrl = $_SERVER['PHP_SELF'];
        //如果页面接收到了 URL 的“frompage”参数传值，form 表单的 action 的 URL 地址继续传递该参数
        if (isset($_GET["frompage"])) {
            $actionUrl = $actionUrl.'?frompage='.$_GET["frompage"];
        }
        ?>
        <h1>用户登录</h1>
        <form action="" method="post">
            <div id="login">
                <div>
                    学号：
                    <input type="text" name="stuNo"/>
                    <span class="error">*</span>
                </div>
                <div>
                    密码：
                    <input type="password" name="pwd"/>
```

```
                        <span class="error">*</span>
                    </div>
                    <div style="margin-left:85px;">
                        <input type="submit" name="btnSubmit" value="登录"/>
                    </div>
                </div>
            </form>
            <p>
                © 海阔天空工作室 2021
            </p>
        </body>
    </html>
```

学生信息页 Students.php 的代码如下。

```
    <!DOCTYPE html>
    <html>
        <head>
            <meta charset="UTF-8">
            <title>学生信息</title>
        </head>
        <body>
            <p>
                <a href="Index.php">主    页</a>  
                <a href="Login.php">用户登录</a>  
                <a href="Students.php">学生信息</a>  
                <a href="Results.php">成绩查询</a>
            </p>
            <h1>学生信息</h1>
            <a href="Login.php?frompage=Students">
                请先登录
            </a>
            <p>
                © 海阔天空工作室 2021
            </p>
        </body>
    </html>
```

成绩查询页 Results.php 的代码如下。

```
    <!DOCTYPE html>
    <html>
        <head>
            <meta charset="UTF-8">
            <title>成绩查询</title>
        </head>
        <body>
            <p>
                <a href="Index.php">主    页</a>  
                <a href="Login.php">用户登录</a>  
                <a href="Students.php">学生信息</a>  
                <a href="Results.php">成绩查询</a>
            </p>
            <h1>成绩查询</h1>
            <a href="Login.php?frompage=Results">
                请先登录
            </a>
            <p>
                © 海阔天空工作室 2021
            </p>
        </body>
    </html>
</html>
```

③ 执行“文件”→“全部保存”命令，保存页面，在浏览器中预览网页如图 6-1～图 6-8 所示。

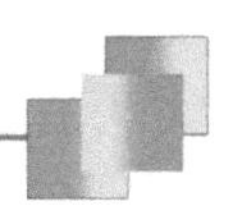

【说明】打开登录页面，输入学号（任意内容）和密码“123456”，单击“登录”按钮，页面将进行跳转。假设是从学生信息页面转向的登录页面，登录成功后跳转到学生信息页面；假设是从成绩查询页面转向的登录页面，登录成功后跳转到成绩查询页面；如果不是从上面两个页面转向的登录页面，而是直接从登录页面运行，则登录成功后直接转向默认的主页 index.php。

6.3　会话控制

当两个或多个用户同时在浏览器端通过 HTTP 向服务器端发送请求时，如何判断请求是否是来自同一个用户？答案是 HTTP 是无状态的协议，因此其无法判断这两个请求是来自同一个用户，此时需要使用会话技术跟踪和记录用户在该网站所进行的活动。

会话技术是一种维护同一个浏览器与服务器之间多次请求数据状态的技术，它可以很容易地实现对用户登录的支持，记录该用户的行为，并根据授权级别和个人喜好显示相应的内容。例如，生活中从拨通电话到挂断电话之间一连串你问我答的过程就是一个会话。Web 应用中的会话过程类似于打电话，它指的是一个客户端（浏览器）与 Web 服务器之间连续发生的一系列请求和响应过程。

PHP 中的 Cookie 和 Session 是目前最常用的两种会话技术。

- Cookie 指的是一种在浏览器端存储数据并以此来跟踪和识别用户的机制。
- Session 指的是将信息存放在服务器端的会话技术。

6.3.1　Cookie

本节首先简单介绍 Cookie 是什么以及 Cookie 能做什么。希望读者通过本节的学习对 Cookie 有一个明确的认识。

1．Cookie 简介

Cookie 是一种在远程浏览器端存储数据并以此来跟踪和识别用户的机制。简单地说，Cookie 是 Web 服务器暂时存储在用户硬盘上的一个文本文件，并随后被 Web 浏览器读取。当用户再次访问 Web 网站时，网站通过读取 Cookies 文件记录这位访客的特定信息（如上次访问的位置、花费的时间、用户名和密码等），从而迅速做出响应，如在页面中不需要输入用户的 ID 和密码即可直接登录网站等。

每个 Cookie 文件都是一个简单而又普通的文本文件，而不是程序。Cookie 中的内容大多都经过了加密处理，因此，表面看来只是一些字母和数字组合，而只有服务器的 CGI 处理程序才知道它们真正的含义。

2．Cookie 的应用

Web 服务器可以应用 Cookie 包含信息的任意性来筛选并经常性维护这些信息，以判断在 HTTP 传输中的状态。Cookie 常用于以下 3 个方面。

（1）记录访客的某些信息

开发者可以利用 Cookie 记录用户访问网页的次数，或者记录访客曾经输入过的信息，另外，某些网站可以使用 Cookie 自动记录访客上次登录的用户名。

（2）在页面之间传递变量

浏览器并不会保存当前页面上的任何变量信息，当页面被关闭时页面上的任何变量信息将随之消失。如果用户声明一个变量 id=8，要把这个变量传递到另一个页面，可以把变量 id 以 Cookie 的形式保存下来，然后在下一页通过读取该 Cookie 来获取变量的值。

（3）提高浏览的速度

将所查看的Internet 页存储在 Cookie 临时文件夹中，这样可以提高以后浏览的速度。

需要注意的是，一般不要用 Cookie 保存数据集或其他大量数据。并非所有的浏览器都支持 Cookie，并且数据信息是以明文文本的形式保存在客户端计算机中，因此最好不要保存敏感的、未加密的数据，否则会影响网络的安全性。

3．创建 Cookie

在 PHP 中通过 setcookie()函数创建 Cookie。在创建 Cookie 之前必须了解的是，Cookie 是 HTTP 头标的组成部分，而头标必须在页面其他内容之前发送，它必须最先输出，即使在 setcookie()函数前输出一个 HTML 标记或 echo 语句，甚至一个空行都会导致程序出错。语法格式如下。

```
bool setcookie(string name[,string value[,int expire[, string path[,string domain[,
bool secure]]]]])
```

setcookie()函数的参数说明，见表 6-1。

表 6-1　setcookie()函数的参数说明

参　数	说　明
name	Cookie 的变量名
value	Cookie 变量的值，该值保存在客户端，不能用来保存敏感数据
expire	Cookie 的失效时间，expire 是标准的 UNIX 时间标记，可以用 time()函数或 mktime()函数获取，单位为秒
path	Cookie 在服务器端的有效路径
domain	Cookie 有效的域名
secure	指明 Cookie 是否仅通过安全的 HTTPS，值为 0 或 1。如果值为 1，则 Cookie 只能在 HTTPS 连接上有效；如果值为默认值 0，则 Cookie 在 HTTP 和 HTTPS 连接上均有效

需要注意的是，创建 Cookie 时可以指定到期时间，如果没有设置该参数或者设置为零，Cookie 将在用户关掉浏览器时过期并被清空。

下面的代码创建了一个名为“username”的 Cookie，值为“Sam”，并且在一天后过期。

```
setcookie("username", "Sam", time()+60*60*24);
```

4．读取 Cookie

在 PHP 中可以直接通过超级全局数组$_COOKIE[]来读取浏览器端的 Cookie 值，语法格式如下。

```
$_COOKIE["username"];
```

【例 6-2】 使用 Cookie 读取用户上次访问网站的时间，页面预览的结果如图 6-9 所示。

a)　　　　b)

图 6-9　使用 Cookie 读取用户上次访问网站的时间

a) 首次访问网站　b) 在 Cookie 到期前再次访问网站

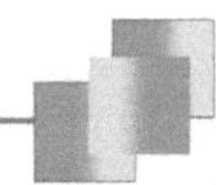

操作步骤如下。

例 6-2

① 在 Web 项目 ch6 中新建一个 PHP 文件，命名为 6-2.php，在代码编辑区输入以下代码。

```
<!DOCTYPE html>
<html>
    <head>
        <meta charset="UTF-8" />
        <title>使用 Cookie 读取用户上次访问网站的时间</title>
    </head>
    <body>
        <?php
        date_default_timezone_set('PRC');
        if (!isset($_COOKIE["visittime"])) {    //检测 Cookie 文件是否存在，如果不存在
            setcookie("visittime", date("y-m-d H:i:s"));       //设置一个 Cookie 变量
            echo "欢迎您第一次访问网站！<br>";       //输出字符串
        } else {                                 //如果 Cookie 存在
            setcookie("visittime", date("y-m-d H:i:s"), time() + 60);//设置Cookie的失效时间
            echo "您上次访问网站的时间为：" . $_COOKIE["visittime"];//上次访问网站的时间
            echo "<br>";//输出回车符
        }
        echo "您本次访问网站的时间为： " . date("y-m-d H:i:s");//输出当前的访问时间
        ?>
    </body>
</html>
```

② 执行“文件”→“全部保存”命令，保存页面，在浏览器中预览网页如图 6-9 所示。

【说明】

1）在上面的代码中，首先使用 isset()函数检测 Cookie 文件是否存在，如果不存在，则使用 setcookie() 函数创建一个 Cookie，并输出相应的字符串。如果 Cookie 文件存在，则使用 setcookie() 函数设置 Cookie 文件失效的时间，并输出用户上次访问网站的时间。最后在页面输出访问本次网站的当前时间。

2）首次运行本例，由于没有检测到 Cookie 文件，运行结果如图 6-9a 所示。如果用户在 Cookie 设置到期时间（本例为 60 秒）前刷新或再次访问该实例，运行结果如图 6-9b 所示。

3）如果未设置 Cookie 的到期时间，则在关闭浏览器时自动删除 Cookie 数据。如果为 Cookie 设置了到期时间，浏览器将会记住 Cookie 数据，即使用户重新启动计算机，只要没到期，再访问网站时也会获得图 6-9b 所示的数据信息。

5. 删除 Cookie

当 Cookie 被创建后，如果没有设置它的失效时间，其 Cookie 文件会在关闭浏览器时被自动删除。那么如何在关闭浏览器之前删除 Cookie 文件呢？用户可以使用 setcookie()函数删除，删除 Cookie 和创建 Cookie 的方式基本类似，删除 Cookie 也使用 setcookie()函数。删除 Cookie 只需要将 setcookie()函数中的第二个参数设置为空值，将第 3 个参数 Cookie 的过期时间设置为小于系统的当前时间即可。

例如，将 Cookie 的过期时间设置为当前时间减 1 秒，代码如下。

```
setcookie("name", "", time()-1);
```

在上面的代码中，time()函数返回以秒表示的当前时间戳，把过期时间减 1 秒就会得到过去的时间，从而删除 Cookie。

说明：把过期时间设置为 0，可以直接删除 Cookie。

6．Cookie 的生命周期

如果 Cookie 不设定时间，就表示它的生命周期为浏览器会话的期间，只要关闭浏览器，Cookie 就会自动消失。这种 Cookie 被称为会话 Cookie，一般不保存在硬盘上，而是保存在内存中。

如果设置了过期时间，那么浏览器会把 Cookie 保存到硬盘中，在过期之前，再次打开浏览器时依然有效，直到它的有效期超时。

虽然 Cookie 可以长期保存在客户端浏览器中，但也不是一成不变的。因为浏览器允许最多存储 300 个 Cookie 文件，而且每个 Cookie 文件支持最大容量为 4KB；每个域名最多支持 20 个 Cookie，如果达到限制时，浏览器会自动地随机删除 Cookies。

【例 6-3】 完善登录页面，若用户成功登录过系统，再次在本机进入登录页面时，页面会自动填入学号信息。例如，在首页中单击“用户登录”链接打开用户登录页面，输入学号“20200101”，密码“123456”，单击“登录”按钮，如图 6-10 所示。登录成功后，页面将跳转到首页，再次访问登录页面，可以看到“学号”文本框中已经自动填入了上次成功登录时输入的学号“20200101”，页面预览的结果如图 6-11 所示。

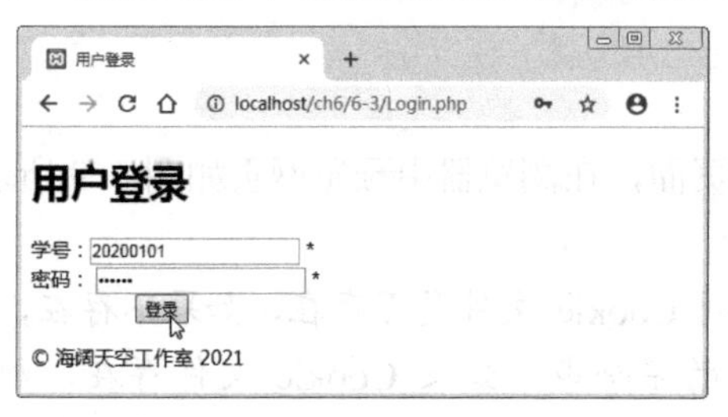

图 6-10 用户成功登录过系统

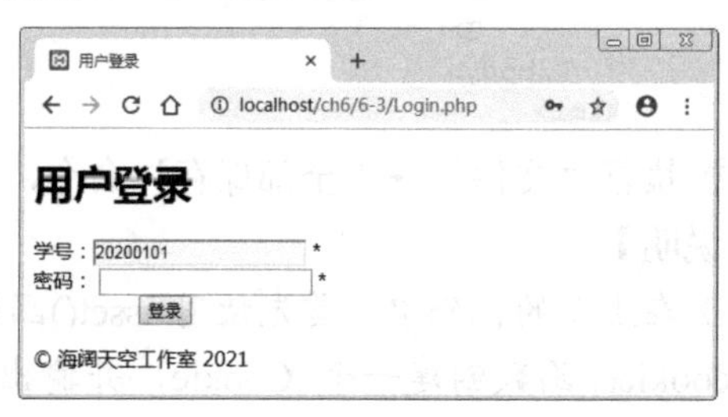

图 6-11 再次登录页面会自动填入学号信息

操作步骤如下。

① 在 Web 项目 ch6 中新建一个文件夹 6-3，然后将文件夹 6-1 中的 4 个文件复制到文件夹 6-3 中，本例需要修改完善的是登录页 Login.php，其余 3 个页面不做修改。打开登录页 Login.php，修改代码如下。

```
<?php
//用户单击“登录”按钮返回页面，判断登录是否成功
if (isset($_POST["btnSubmit"])) {
    //登录成功
    if (!empty($_POST["stuNo"]) && $_POST["pwd"] == "123456") {
    //实际的账号验证信息应该和数据库中的信息对比，这里只是模拟
        //使用 Cookie 保存登录的学号信息,保存 30 天，存放到客户端
        setcookie("stuNo",$_POST["stuNo"], time()+60*60*24*30);
        //默认返回的页面为主页
        $backUrl = "Index.php";
        //若页面接收到了“frompage”参数传值，登录成功后跳转到“frompage”参数传递的网页文件地址
        if (isset($_GET["frompage"])) {
            $backUrl = $_GET["frompage"] . '.php';
        }
        //页面跳转
        echo "<script>window.location='{$backUrl}'</script>";
    }
    //登录失败，弹出提示框
    else {
        echo "<script>window.alert('用户名或密码错误！')</script>";
    }
}
```

```
?>
<!DOCTYPE html>
<html>
    <head>
        <meta charset="UTF-8">
        <title>用户登录</title>
    </head>
    <body>
        <?php
        //$actionUrl 变量为登录 form 表单的 action 的 URL 地址（该地址包括站点文件夹的路径），首先
        //设置为登录页面自身
        $actionUrl = $_SERVER['PHP_SELF'];
        //如果页面接收到了 URL 的“frompage”参数传值，form 表单的 action 的 URL 地址继续传递该参数
        if (isset($_GET["frompage"])) {
            $actionUrl = $actionUrl . '?frompage=' . $_GET["frompage"];
        }
        ?>
        <h1>用户登录</h1>
        <form action="" method="post">
            <div id="login">
                <div>
                    学号：<input type="text" name="stuNo"
                        <?php
                        //如果读取到了 Cookie 保存的学号信息，显示在文本框中
                        if (isset($_COOKIE["stuNo"]))
                            echo " value='".$_COOKIE["stuNo"]."'";
                        ?>
                        />
                    <span class="error">*</span>
                </div>
                <div>
                    密码：
                    <input type="password" name="pwd"/>
                    <span class="error">*</span>
                </div>
                <div style="margin-left:85px;">
                    <input type="submit" name="btnSubmit" value="登录"/>
                </div>
            </div>
        </form>
        <p>
            © 海阔天空工作室 2021
        </p>
    </body>
</html>
```

② 执行“文件”→“全部保存”命令，保存页面，在浏览器中预览网页如图 6-10 和图 6-11 所示。

7. 在浏览器端查看 Cookie

假设使用学号 20200101 登录学生信息管理网站，且该学号（stuNo）被设置为 Cookie 存储在客户端。

首先，开启浏览器，输入要查看的网址，例如，“http://localhost/ch6/6-3/Index.php”。单击网址前方的图标ⓘ，就可以就会看到弹出一个显示“(目前使用了 1 个) Cookie”的菜单，如图 6-12 所示。

接下来，选择“(目前使用了 1 个) Cookie”选项，在打开的窗口中展开“localhost”→“Cookie”，就可以看见一个名为 stuNo 的 Cookie，这个 stuNo 就是登录程序在客户端生成的 Cookie，窗口中还可以看到 Cookie 的值、路径、创建时间和有效期等信息，如图 6-13 所示。

图 6-12　显示“（目前使用了 1 个）Cookie”的菜单

图 6-13　登录程序在客户端生成的 Cookie 信息

6.3.2　Session

Session 在网络应用中称为“会话”，在 PHP 中用于保存用户连续访问 Web 应用时的相关数据，有助于创建高度定制化的程序、增加站点的吸引力。

1. Session 的基本概念

会话的本义是指有始有终的一系列动作/消息，如打电话时从拿起电话拨号到挂断电话这中间的一系列过程可以称之为一个 Session。

在计算机专业术语中，Session 是指一个终端用户与交互系统进行通信的时间间隔，通常指从注册进入系统到注销退出系统之间所经过的时间。因此，Session 实际上是一个特定的时间概念。

2. Session 的工作原理

Session 是一种服务器端的技术，它的生命周期从用户访问页面开始，直到断开与网站的连接时结束。当 PHP 启动 Session 时，Web 服务器在运行时会为每个用户的浏览器创建一个供其独享的 Session 文件，如图 6-14 所示。

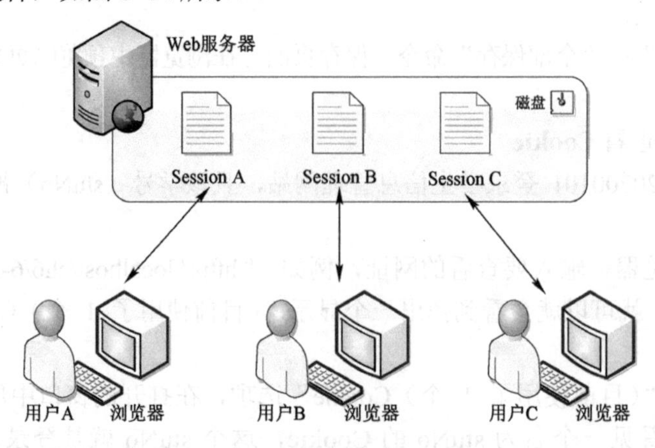

图 6-14　Session 的工作原理

当启动一个 Session 会话时，会有一个随机且唯一的 Session_id，这时 Session_id 存储在服

务器的内存中，当关闭页面时此 id 会自动注销，重新登录此页面，会再次生成一个随机且唯一的 id。

3．Session 的功能

Session 在 Web 技术中占有非常重要的分量。由于网页是一种无状态的连接程序，因此无法得知用户的浏览状态。因此必须通过 Session 记录用户的有关信息，以供用户再次以此身份对 Web 服务器提要求时作确认。例如，在电子商务网站中，通过 Session 记录用户登录的信息，以及用户所购买的商品，如果没有 Session，那么用户就会每进入一个页面都登录一遍用户名和密码。

Session 会话适用于存储用户的信息量比较少的情况。如果用户需要存储的信息量相对较少，并用对存储内容不需要长期存储，那么使用 Session 把信息存储到服务器端比较适合。

4．使用 Session

（1）启动会话

在 PHP 中使用 Session 之前，首先必须启动会话。用户可以通过 session_start()函数启动 Session。该函数的返回值是布尔类型，如果 Session 启动成功，返回 TRUE，否则返回 FALSE。语法格式如下。

```
bool session_start(void) ;
```

需要注意的是，session_start()函数必须位于<html>标签之前。

（2）写入 Session

启动会话后，就可以使用 PHP 的$_SESSION 变量来存储和取回数据了。$_SESSION 变量采用键/值对形式的结构存储信息，语法格式如下。

```
$_SESSION["名称"]=值;
```

定义后，该会话变量保存为$_SESSION 数组的一个单元。例如：

```
<?php
session_start();
$name="cat";
$_SESSION["name"]=$name;
echo $_SESSION["name"];                    //输出"cat"
?>
```

（3）读取 Session

读取 Session 数据的语法格式如下。

```
$_SESSION["名称"]
```

在读取 Session 数据时，需要先使用 isset()函数检测该$_SESSION 变量是否已经存在。尝试读取一个不存在的$_SESSION 变量将导致错误。

若在一个程序中读取会话变量，则首先要使用 session_start()函数启动一个会话。之后就可以使用$_SESSION 数组访问该变量了。例如：

```
<?php
session_start();
if(isset($_SESSION["name"]))
{
     echo $_SESSION["name"];
}
else
     echo "会话变量未注册";
?>
```

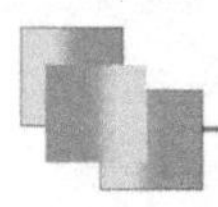

【例 6-4】 进一步完善登录页面。用户登录成功后，在首页上显示学号，如图 6-15 所示。对学生信息页和成绩查询页进行页面访问控制，用户必须成功登录后才能访问这两个页面，如果未成功登录而直接访问，则跳转到登录页面，如图 6-16 所示。

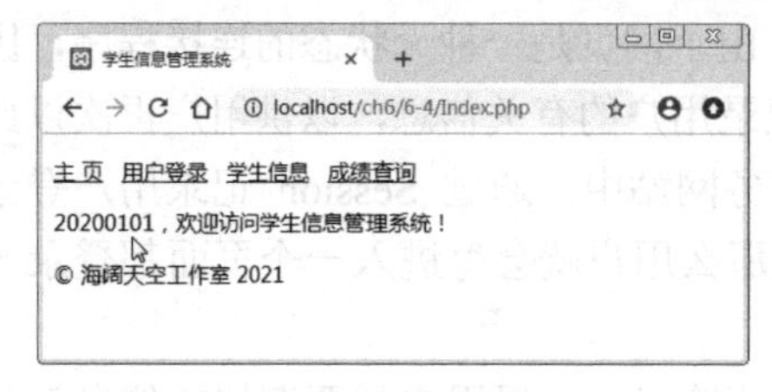

图 6-15 登录成功后首页显示学号

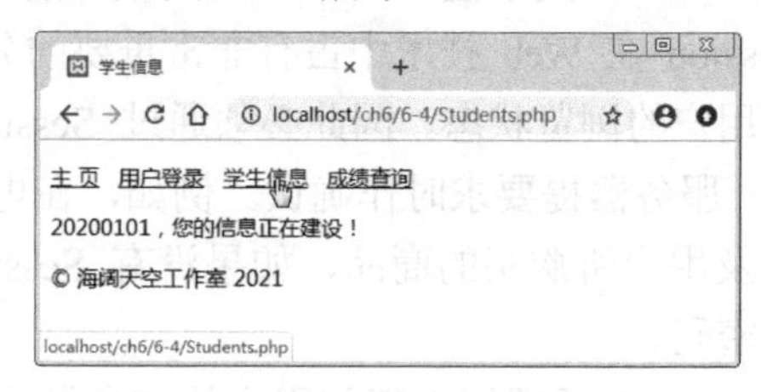

图 6-16 页面访问控制

操作步骤如下。

① 在 Web 项目 ch6 中新建一个文件夹 6-4，然后将文件夹 6-3 中的 4 个文件复制到文件夹 6-4 中，本例中这 4 个页面都需要修改完善。

打开登录页 Login.php，局部代码修改如下。

```
<?php
//用户单击“登录”按钮返回页面，判断登录是否成功
if(isset($_POST["btnSubmit"])){
      //登录成功
      if (!empty($_POST["stuNo"])&&$_POST["pwd"]=="123456"){
            //使用 Session 保存登录的学号信息
            session_start();                              //启动会话
            $_SESSION['stuNo']=$_POST["stuNo"];           //存放到服务器端
            //使用 Cookie 保存登录的学号信息,保存 30 天，存放到客户端
            setcookie("stuNo",$_POST["stuNo"], time()+60*60*24*30);
            //默认返回的页面为主页
            $backUrl="Index.php";
            //若页面接收到了参数传值，登录成功后跳转到“frompage”参数传递的网页文件地址
            if(isset($_GET["frompage"])){
                  $backUrl=$_GET["frompage"].'.php';
            }
            //页面跳转
            echo "<script>window.location='{$backUrl}'</script>";
      }
      //登录失败，弹出提示框
      else{
            echo "<script>window.alert('用户名或密码错误！')</script>";
      }
}
?>
```

打开首页 Index.php，修改代码如下。

```
<?php
session_start(); //启动会话
?>
<!DOCTYPE html>
<html>
      <head>
            <meta charset="UTF-8">
            <title>学生信息管理系统</title>
      </head>
      <body>
            <p>
                  <a href="Index.php">主    页</a>  
                  <a href="Login.php">用户登录</a>  
                  <a href="Students.php">学生信息</a>  
                  <a href="Results.php">成绩查询</a>
```

```
            </p>
            <?php
            //如果已经设置了 Session 变量“stuNo”，读取并显示
            if(isset($_SESSION['stuNo'])){
                echo $_SESSION['stuNo'].", 欢迎访问学生信息管理系统！";
            }
            else{
                echo "欢迎访问学生信息管理系统！";
            }
            ?>
            <p>
                © 海阔天空工作室 2021
            </p>
        </body>
    </html>
```

打开学生信息页 Students.php，修改代码如下。

```
<?php
session_start(); //启动会话
//如果未登录，没有设置 Session 变量“stuNo”，跳转到登录页
if(!isset($_SESSION['stuNo'])){
    header('Location:Login.php?frompage=Students');
}
?>
<!DOCTYPE html>
<html>
    <head>
        <meta charset="UTF-8">
        <title>学生信息</title>
    </head>
    <body>
        <p>
            <a href="Index.php">主    页</a>  
            <a href="Login.php">用户登录</a>  
            <a href="Students.php">学生信息</a>  
            <a href="Results.php">成绩查询</a>
        </p>
        <?php
        echo $_SESSION['stuNo'].", 您的信息正在建设！";
        ?>
        <p>
            © 海阔天空工作室 2021
        </p>
    </body>
</html>
```

打开成绩查询页 Results.php，修改代码如下。

```
<?php
session_start(); //启动会话
//如果未登录，没有设置 Session 变量“stuNo”，跳转到登录页
if(!isset($_SESSION['stuNo'])){
    header('Location:Login.php?frompage=Results');
}
?>
<!DOCTYPE html>
<html>
    <head>
        <meta charset="UTF-8">
        <title>成绩查询</title>
    </head>
    <body>
        <p>
            <a href="Index.php">主    页</a>  
            <a href="Login.php">用户登录</a>  
```

```
            <a href="Students.php">学生信息</a>  
            <a href="Results.php">成绩查询</a>
        </p>
        <?php
        echo $_SESSION['stuNo'].",您的成绩即将公布！";
        ?>
        <p>
            © 海阔天空工作室 2021
        </p>
    </body>
</html>
```

② 执行“文件”→“全部保存”命令，保存页面，在浏览器中预览网页如图 6-15 和图 6-16 所示。

5．在浏览器端查看会话 ID

在创建 Session 文件时，每一个 Session 都具有一个唯一的会话 ID，用于标识不同的用户，且会话 ID 会分别保存在客户端（Cookie 中）和服务器端两个位置。下面讲解在客户端浏览器中查看会话 ID 的方法。

假设使用学号 20200101 登录学生信息管理网站，该学号（stuNo）被设置为 Cookie 存储在客户端，同时也将学号（stuNo）写入 Session 变量存放到服务器端。在例 6-4 的运行结果中，单击网址前方的图标ⓘ，弹出一个显示“（目前使用了 2 个）Cookie”的菜单，如图 6-17 所示。选择“（目前使用了 2 个）Cookie”选项，在打开的窗口中展开“localhost”→“Cookie”，就可以看见两个 Cookie，PHPSESSID 保存的是会话 ID 使用的 Cookie，stuNo 是登录程序在客户端生成的 Cookie，如图 6-18 所示。

图 6-17　显示“（目前使用了 2 个）Cookie”的菜单

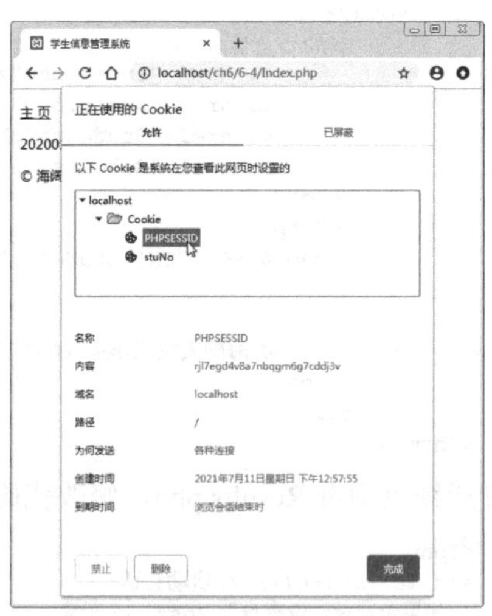

图 6-18　会话 ID 使用的 Cookie

从图 6-18 可以看到会话 ID 即 PHPSESSID 其到期时间是浏览器会话结束，即该会话 ID 是伴随着用户登录创建 Session 时生成，浏览器关闭后自动消失，不会存放在客户端。

需要注意的是，用户定义的会话变量不会存放在客户端，这里的 Cookie 只临时存放系统自动为每个用户分配的会话 ID，而不存放用户定义的会话变量。不管用户定义了多少个会话变量，会话 ID 只有一个即 PHPSESSID。用户定义的会话变量都存放在服务器端，只有系统自动分配的会话 ID 存放在客户端的 Cookie 中。

6．Session 的失效

PHP 中 Session 的默认过期时间是 1440 秒，也就是 24 分钟。如果超过这个时间页面没有

被访问刷新或者用户关闭了浏览器 Session 就会失效。这个有效时间值可以在 php.ini 文件中进行修改，重新设置 session.gc_maxlifetime 属性的秒数即可，可以指定过多少秒之后 Session 数据将被视为“垃圾”并被清除。

如果需要删除某些 Session 数据，可以使用 PHP 的 unset()函数或 session_destroy()函数。

（1）unset()函数

unset()函数用于释放指定的 Session 变量，语法格式如下。

```
unset($_SESSION["名称"]);
```

下面的代码删除了名为“cat”的 Session 变量。

```
<?php
unset($_SESSION["cat"]);
?>
```

需要注意的是，使用 unset()函数时，一定不能省略$_SESSION 中的变量名称，否则将一次注销整个数组，而且没有办法将其恢复，用户也不能再注册$_SESSION 变量，这样会禁止整个会话的功能。

（2）session_destroy()函数

如果整个会话已经结束，首先应该注销所有的会话变量，然后使用 session_destroy()函数清除结束当前的会话，并清空会话中的所有资源，彻底销毁 Session，语法格式如下。

```
session_destroy();
```

【例 6-5】 进一步完善登录页面，添加用户注销功能。用户登录成功后，首页欢迎语的后面将显示“注销”链接，如图 6-19 所示；单击该链接，将打开注销页面注销用户信息并返回首页。用户信息注销后显示的首页中不再显示学号信息和“注销”链接，如图 6-20 所示。

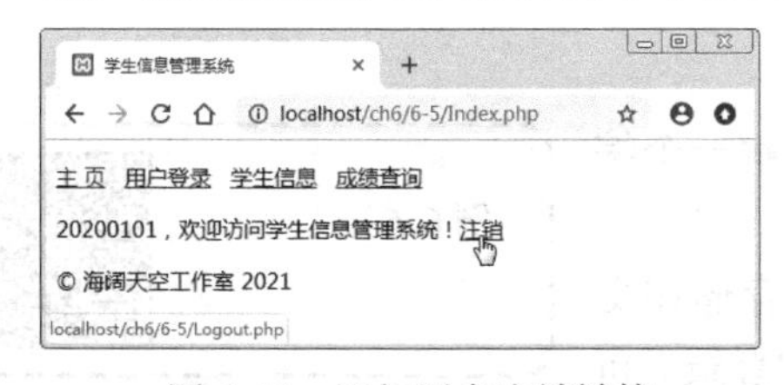

图 6-19　添加用户注销链接

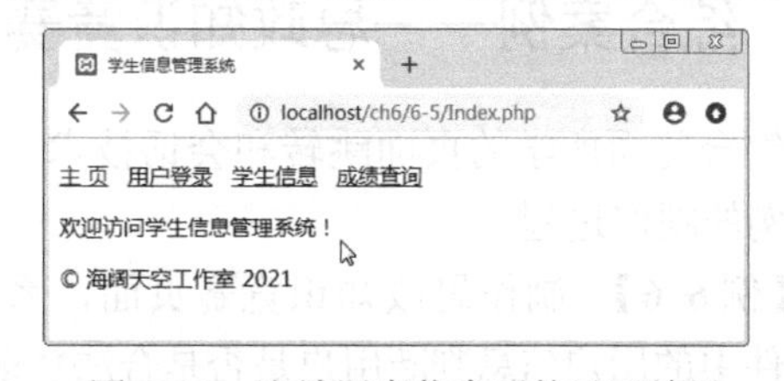

图 6-20　注销用户信息后的显示结果

操作步骤如下。

例 6-5

① 在 Web 项目 ch6 中新建一个文件夹 6-5，然后将文件夹 6-4 中的 4 个文件复制到文件夹 6-5 中，本例需要修改完善的是首页 Index.php，其余 3 个页面不做修改，另外需要新建一个实现注销功能的页面 Logout.php。

打开首页 Index.php，修改代码如下。

```
<?php
session_start(); //启动会话
?>
<!DOCTYPE html>
<html>
    <head>
        <meta charset="UTF-8">
        <title>学生信息管理系统</title>
    </head>
    <body>
        <p>
```

```
                <a href="Index.php">主    页</a>  
                <a href="Login.php">用户登录</a>  
                <a href="Students.php">学生信息</a>  
                <a href="Results.php">成绩查询</a>
            </p>
            <?php
            //如果已经设置了 Session 变量“stuNo”，读取并显示。并在欢迎语后面添加“注销”链接
            if(isset($_SESSION['stuNo'])){
                echo $_SESSION['stuNo'].",欢迎访问学生信息管理系统!<a href='Logout.php'>注销</a>";
            }
            else{
                echo "欢迎访问学生信息管理系统! ";
            }
            ?>
            <p>
                © 海阔天空工作室 2021
            </p>
        </body>
    </html>
```

在当前文件夹 6-5 中新建页面 Logout.php，在代码编辑区输入以下代码。

```
<?php
session_start();
unset($_SESSION['stuNo']);              //释放 stuNo Session 变量
session_destroy();                      //销毁会话中的全部数据
header("location:Index.php");           //回到主页
?>
```

② 执行“文件”→“全部保存”命令，保存页面，在浏览器中预览网页如图 6-19 和图 6-20 所示。

6.4 综合案例——思政知识竞赛

综合前面所学的页面跳转和会话技术，下面讲解一个综合案例的制作过程。

【例 6-6】 制作思政知识竞赛页面，系统根据存储在文本文件中的用户信息判断用户是否是合法登录。用户登录后可以进行知识竞赛，回答完后，系统会计算其所得分数。页面预览的结果如图 6-21～图 6-24 所示。

图 6-21 用户登录表单

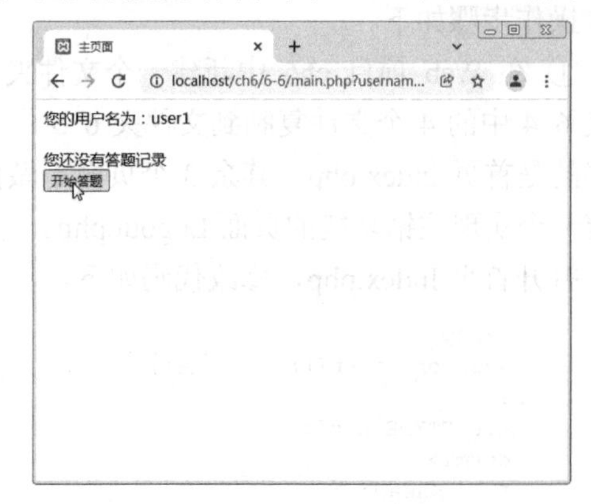

图 6-22 登录成功准备开始答题

操作步骤如下。

① 在 Web 项目 ch6 中新建一个文件夹 6-6，在文件夹 6-6 下新建一个 info.txt 文本文

件，在其中保存用户的信息，有用户名、密码两个信息，中间用“|”隔开，如输入以下几行数据。

```
user1|123456
user2|654321
user3|666666
```

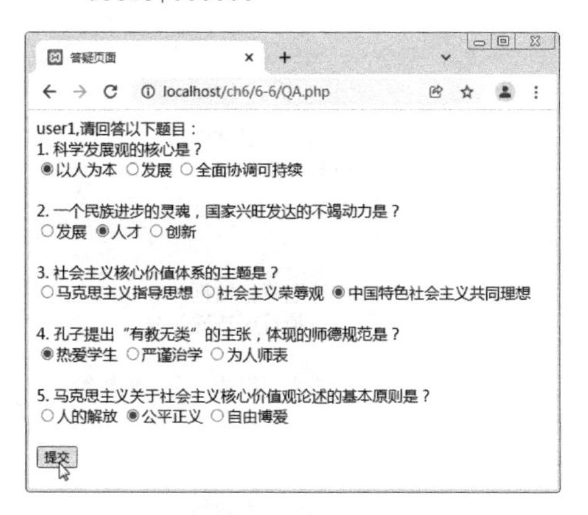

图 6-23　答题表单

图 6-24　提交后系统计算分数

② 在文件夹 6-6 中建立本例的 3 个文件，分别是登录页 Login.php、主页面 main.php 和答题页 QA.php。

登录页 Login.php 的代码如下。

```
<!DOCTYPE html>
<html>
     <head>
          <meta charset="UTF-8" />
          <title>登录</title>
          <style type="text/css">
               table {
                    margin: 0 auto;
               }
               td {
                    text-align: center;
               }</style>
     </head>
     <body>
          <form action="main.php" method="get">
               <table border="0">
                    <tr>
                         <td>用户名
                              <input name="username" type="text">
                         </td>
                    </tr>
                    <tr>
                         <td>密  码
                              <input name="password" type="password">
                         </td>
                    </tr>
                    <tr>
                         <td colspan="2">
                              <input type="submit" name="Submit" value="登录">
                              <input type="reset" name="Submit2" value="重置">
                         </td>
                    </tr>
               </table>
          </form>
     </body>
</html>
```

主页面 main.php 的代码如下。

```
<?php
session_start();
$username=@$_GET['username'];                                  //获取用户名
$password=@$_GET['password'];                                  //获取密码
//本函数用于获取文本文件中的用户数据
function loadinfo()
{
$user_array=array();
$filename='info.txt';                                          //用户信息文件
$fp=fopen($filename,"r");                                      //打开文件
$i=0;
while($line=fgets($fp,1024))
{
    list($user,$pwd)=explode('|',$line);                       //读取每行数据
    $user=trim($user);                                         //去掉首尾特殊符号
    $pwd=trim($pwd);
    $user_array[$i]=array($user,$pwd);                         //将数组组成一个二维数组
    $i++;
}
fclose($fp);
return $user_array;                                            //返回一个数组
}
$user_array=loadinfo();
if($username)
{
//判断用户输入的用户名和密码是否正确
if(!in_array(array($username,$password),$user_array))
    echo "<script>alert('用户名或密码错误!');location='login.php';</script>";
else
{
    foreach($user_array AS $value)                             //遍历数组
    {
        list($user,$pwd)=$value;
        if($user==$username&&$pwd==$password)
        {
            //使用 Session 将用户名和密码传到其他页面
            $_SESSION['username']=$username;
            $_SESSION['password']=$password;
            echo "<div>您的用户名为: ".$user."</div>";
            echo "<br/>";
            //得到 QA.php 中使用 Session 传来的值
            if($points=@$_SESSION['QA_points'])
            {
                echo "您刚刚答题得到了".$points."分<br/>";
                echo "<input type='button' value='继续答题'
                    onclick=window.location='QA.php'>";
            }
            else
            {
                echo "您还没有答题记录<br/>";
                echo "<input type='button' value='开始答题'
                    onclick=window.location='QA.php'>";
            }
        }
    }
}
}
else
    echo "您尚未登录，无权访问本页";
?>
<!DOCTYPE html>
    <html>
    <head>
```

```
            <meta charset="UTF-8" />
            <title>主页面</title>
        </head>
        <body>
        </body>
    </html>
```

答题页 QA.php 的代码如下。

```
<?php
session_start();
$username=@$_SESSION['username'];
$password=@$_SESSION['password'];
if($username)
{
echo $username.",请回答以下题目: <br/>";
?>
<!DOCTYPE html>
<html>
<head>
<meta charset="UTF-8" />
<title>答疑页面</title>
</head>
<body>
<form method="post" action="">
<div>
    1. 科学发展观的核心是? <br/>
    <input type="radio" name="q1" value="1">以人为本
    <input type="radio" name="q1" value="2">发展
    <input type="radio" name="q1" value="3">全面协调可持续
</div>
<br/>
<div>
    2. 一个民族进步的灵魂, 国家兴旺发达的不竭动力是? <br/>
    <input type="radio" name="q2" value="1">发展
    <input type="radio" name="q2" value="2">人才
    <input type="radio" name="q2" value="3">创新
</div>
<br/>
<div>
    3. 社会主义核心价值体系的主题是? <br/>
    <input type="radio" name="q3" value="1">马克思主义指导思想
    <input type="radio" name="q3" value="2">社会主义荣辱观
    <input type="radio" name="q3" value="3">中国特色社会主义共同理想
</div>
<br/>
<div>
    4. 孔子提出"有教无类"的主张, 体现的师德规范是? <br/>
    <input type="radio" name="q4" value="1">热爱学生
    <input type="radio" name="q4" value="2">严谨治学
    <input type="radio" name="q4" value="3">为人师表
</div>
<br/>
<div>
    5. 马克思主义关于社会主义核心价值观论述的基本原则是? <br/>
    <input type="radio" name="q5" value="1">人的解放
    <input type="radio" name="q5" value="2">公平正义
    <input type="radio" name="q5" value="3">自由博爱
</div>
<br/>
<input type="submit" value="提交" name="submit">
</form>
<?php
if (isset($_POST['submit'])) {
     $q1 = @$_POST['q1'];
     $q2 = @$_POST['q2'];
```

```
        $q3 = @$_POST['q3'];
        $q4 = @$_POST['q4'];
        $q5 = @$_POST['q5'];
        $i = 0;
        if ($q1 == "1")
             $i++;
        if ($q2 == "3")
             $i++;
        if ($q3 == "3")
             $i++;
        if ($q4 == "1")
             $i++;
        if ($q5 == "2")
             $i++;
        $_SESSION['QA_points'] = $i * 20;
        //使用 Session 将答题所得分数传到其他页面
        echo "<script>alert('您一共答对" . $i . "道题，得到" . ($i * 20) . "分');";
        echo "if(confirm('返回继续答题？'))";
        echo "window.location='QA.php';";
        echo "else ";
        //使用 get 方法提交本页面的用户信息
        echo "window.location='main.php?username=$username&password=$password';";
        echo "</script>";
}
}
else
        echo "您尚未登录，无权访问本页";
?>
</body>
</html>
```

③ 执行“文件”→“全部保存”命令，保存页面，在浏览器中预览网页如上图所示。

【说明】@在 PHP 中叫错误抑制符，也就是用来屏蔽错误的。@之后的表达式如果出错，是不提示错误信息的，如果不加@出错之后一般是会在浏览器中显示错误信息。

6.5 习题

1．常用的页面跳转方法是哪 3 种？

2．简述 Session 与 Cookie 的区别有哪些？Cookie 的运行原理是什么？Session 的运行原理是什么？

3．禁用 Cookie 后 Session 还能用吗?

4．如何完成对 Session 过期时间的设置？

5．Session 创建时，是否会在浏览器端记录一个 Cookie？Cookie 里面的内容是什么？

6．制作一个登录表单，将表单的值保存在 Cookie 中，并可以选择 Cookie 的有效时间，页面预览的结果如图 6-25 所示。

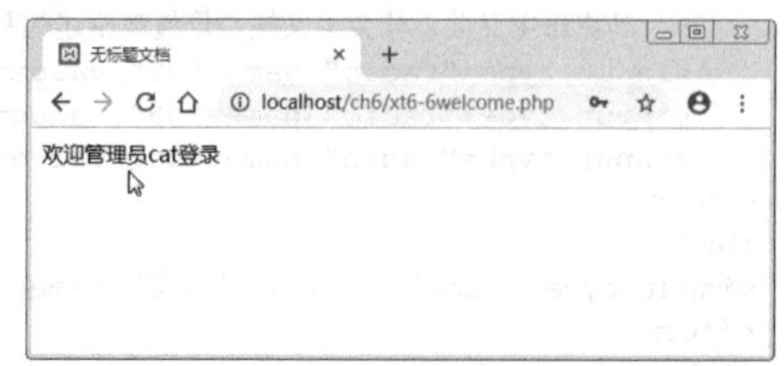

图 6-25　题 6 图

第 7 章　MySQL 数据库基础

在前面已经学习了 PHP 的使用，读者对 PHP 有了一定的了解。在实际的网站制作过程中，经常遇到大量的数据，如用户的账号、文章或留言信息等，通常使用数据库存储数据信息。PHP 支持多种数据库，从 SQL Server、ODBC 到大型的 Oracle 等，但和 PHP 配合最为密切的还是新型的网络数据库 MySQL。

7.1　数据库简介

动态网站开发离不开数据存储，数据存储则离不开数据库。在前面的章节中，曾做过一个例子，将投票结果的信息存储在一个文本文件中，以便在以后取用。这使得网站可以增加很多交互性因素。但是文本文件并不是存储数据的最理想方法，数据库技术的引入给网站开发带来了巨大的飞跃。

7.1.1　数据库与数据库管理系统

1. 数据库

数据库（DB）是存放数据的仓库，只不过这些数据存在一定的关联，并按一定的格式存放在计算机上。从广义上讲，数据不仅包含数字，还包括了文本、图像、音频、视频等。总之一切可以在计算机中存储下来的数据都可以通过各种方法存储到数据库中。

例如，把学校的学生、课程、学生成绩等数据有序地组织并存放在计算机内，就可以构成一个数据库。因此，数据库由一些持久的相互关联的数据集合组成，并以一定的组织形式存放在计算机的存储介质中。

2. 数据库管理系统

数据库管理系统（DBMS）是管理数据库的系统，它按一定的数据模型组织数据。数据库管理系统对数据库进行统一的管理和控制，以保证数据库的安全性和完整性。用户通过 DBMS 访问数据库中的数据，数据库管理员也通过 DBMS 进行数据库的维护工作。它可使多个应用程序和用户用不同的方法在同时或不同时刻去建立、修改和询问数据库。

数据、数据库、数据库管理系统与操作数据库的应用程序，加上支撑它们的硬件平台、软件平台及与数据库有关的人员，构成了一个完整的数据库系统。图 7-1 描述了数据库系统的构成。

DBMS 提供数据定义语言 DDL（Data Definition Language）与数据操作语言 DML（Data Manipulation Language），供用户定义数据库的模式结构与权限约束，实现对数据的追加、删除等操作。DBMS 应提供如下功能。

1）数据定义功能可定义数据库中的数据对象。

2）数据操纵功能可对数据库表进行基本操作，如插入、删除、修改、查询。

3）数据的完整性检查功能保证用户输入的数据满足相应的约束条件。

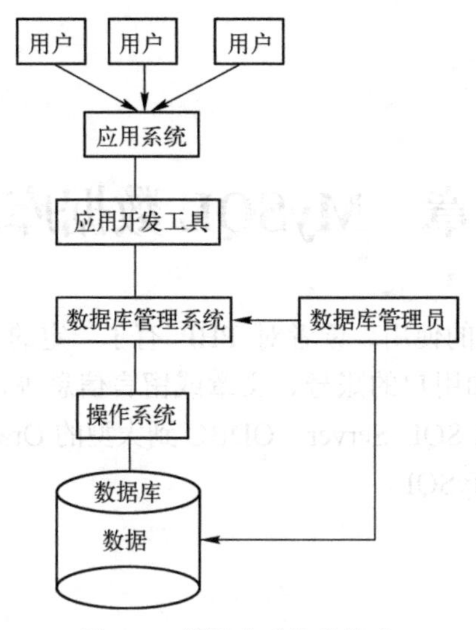

图 7-1　数据库系统的构成

4）数据库的安全保护功能保证只有赋予权限的用户才能访问数据库中的数据。

5）数据库的并发控制功能使多个应用程序可在同一时刻并发地访问数据库的数据。

6）数据库的故障恢复功能使数据库运行出现故障时进行数据库恢复，以保证数据库可靠运行。

7）在网络环境下访问数据库的功能。

8）方便、有效地存取数据库信息的接口和工具。编程人员通过程序开发工具与数据库的接口编写数据库应用程序。数据库管理员（DBA，DataBase Administrator）通过提供的工具对数据库进行管理。

7.1.2　关系型数据库管理系统

关系模型是以二维表格（关系表）的形式组织数据库中的数据，这和日常生活中经常用到的各种表格形式上是一致的，一个数据库中可以有若干张表。

表格中的一行称为一个记录，一列称为一个字段，每列的标题称为字段名。如果给每个关系表取一个名字，则有 n 个字段的关系表的结构可表示为：关系表名（字段名 1，…，字段名 n），通常把关系表的结构称为关系模式。

在关系表中，如果一个字段或几个字段组合的值可唯一标志其对应记录，则称该字段或字段组合为码。

常见的关系型数据库管理系统有 SQL Server、DB2、Sybase、Oracle、MySQL 和 Access。

7.1.3　关系型数据库语言

关系型数据库的标准语言是 SQL（Structured Query Language，结构化查询语言）。SQL 语言是用于关系型数据库查询的结构化语言，最早由 Boyce 和 Chambedin 在 1974 年提出，称为 SEQUEL 语言。1976 年，IBM 公司的 San Jose 研究所在研制关系型数据库管理系统 System R 时修改为 SEQUEL 2，即目前的 SQL 语言。1976 年，SQL 开始在商品化关系型数据库管理系统中应用。1982 年美国国家标准化组织 ANSI 确认 SQL 为数据库系统的工业标准。SQL 是一种介于关系代数和关系演算之间的语言，具有丰富的查询功能，同时具有数据定义和数据控制

功能，是集数据定义、数据查询和数据控制于一体的关系数据语言。目前，许多关系型数据库管理系统都支持 SQL 语言，如 SQL Server、DB2、Sybase、Oracle、MySQL 和 Access 等。

SQL 语言的功能包括数据查询、数据操纵、数据定义和数据控制 4 部分。SQL 语言简洁、方便实用，为完成其核心功能只用了 6 个词：SELECT、CREATE、INSERT、UPDATE、DELETE、GRANT（REVOKE）。目前 SQL 已成为应用最广的关系型数据库语言。

7.2　MySQL 数据库的基本操作

当前市场上的数据库有几十种，其中有如 Oracle、SQL Server 等大型网络数据库，也有如 Access、VFP 等小型桌面数据库。对于网站开发而言，一般来说中小型数据库系统就能满足要求。MySQL 就是当前 Web 开发中尤其是 PHP 开发中使用最为广泛的数据库。

7.2.1　初识 MySQL 数据库

MySQL 是 MySQL AB 公司开发的一种开放源代码的关系型数据库管理系统（RDBMS），MySQL 数据库系统使用最常用的数据库管理语言——结构化查询语言（SQL）进行数据库管理。MySQL 是一个快速、多线程、多用户的 SQL 数据库服务器，其出现虽然只有短短的数年时间，但凭借着“开放源代码”的东风，它从众多的数据库中脱颖而出，成为 PHP 的首选数据库。

MySQL 关系型数据库于 1998 年 1 月发行第一个版本。它使用系统核心提供的多线程机制提供完全的多线程运行模式，提供了面向 C、C++、Eiffel、Java、Perl、PHP、Python 等编程语言的编程接口，支持多种字段类型并且提供了完整的操作符。

2001 年 MySQL 4.0 版本发布。在这个版本中提供了新的特性：新的表定义文件格式、高性能的数据复制功能、更加强大的全文搜索功能等。目前，MySQL 已经发展到 MySQL 8，功能和效率方面都得到了更大的提升。

大概是由于 PHP 开发者特别钟情于 MySQL，因此才在 PHP 中建立了完美的 MySQL 支持。在 PHP 中，用来操作 MySQL 的函数一直是 PHP 的标准内置函数。开发者只需要用 PHP 写下短短几行代码，就可以轻松连接到 MySQL 数据库。PHP 还提供了大量的函数来对 MySQL 数据库进行操作，可以说，用 PHP 操作 MySQL 数据库极为简单和高效，这也使得 PHP + MySQL 成为当今最为流行的 Web 开发语言与数据库搭配之一。

7.2.2　MySQL 数据库的特点

MySQL 数据库的特点如下。

1）使用核心线程的完全多线程服务，这意味着可以采用多 CPU 体系结构。

2）支持 AIX、FreeBSD、HP-UX、Linux、macOS、Novell Netware、OpenBSD、OS/2 Wrap、Solaris、Windows 等多种操作系统。

3）使用 C 和 C++语言编写，并使用多种编译器进行测试，保证了源代码的可移植性。

4）为多种编程语言提供了 API。这些编程语言包括 C、C++、Eiffel、Java、Perl、PHP、Python、Ruby 和 Tcl 等。

5）支持多线程，充分利用 CPU 资源。

6）优化的 SQL 查询算法，可有效地提高查询速度。

7）提供 TCP/IP、ODBC 和 JDBC 等多种数据库连接途径。

8）提供可用于管理、检查、优化数据库操作的管理工具。

9）可以处理拥有上千万条记录的大型数据库。

7.2.3 MySQL 基础知识

1. MySQL 的数据库对象

数据库可以看作是一个存储数据对象的容器，在 MySQL 中，这些数据对象包括以下几种。

（1）表

“表”是 MySQL 中最主要的数据库对象，是用来存储和操作数据的一种逻辑结构。“表”由行和列组成，因此也称为二维表。“表”是在日常工作和生活中经常使用的一种表示数据及其关系的形式。

（2）视图

视图是从一个或多个基本表中引出的表。数据库中只存放视图的定义，而不存放视图对应的数据，这些数据仍存放在导出视图的基本表中。

由于视图本身并不存储实际数据，因此也称为虚表。视图中的数据来自定义视图的查询所引用的基本表，并在引用时动态生成数据。当基本表的数据发生变化时，从视图中查询出来的数据也随之改变。视图一经定义，就可以像基本表一样被查询、修改、删除和更新。

（3）索引

索引是一种不用扫描整个数据表就可以对表中的数据实现快速访问的途径，它是对数据表中的一列或多列的数据进行排序的一种结构。

表中的记录通常按其输入的时间顺序存放，这种顺序称为记录的物理顺序。为了实现对表中记录的快速查询，可以对表中记录按某个或某些属性进行排序，这种顺序称为逻辑顺序。

索引是根据索引表达式的值进行逻辑排序的一组指针，它可以实现对数据的快速访问。

（4）约束

约束机制保障了 MySQL 中数据的一致性与完整性，具有代表性的约束就是主键和外键。主键约束当前表记录的唯一性，外键约束当前表记录与其他表的关系。

（5）存储过程

在 MySQL 5.0 以后，MySQL 才开始支持存储过程、存储函数、触发器和事件这 4 种过程式数据库对象。存储过程是一组完成特定功能的 SQL 语句集合。这个语句集合经过编译后存储在数据库中，存储过程具有输入、输出和输入/输出参数，它可以由程序、触发器或另一个存储过程调用从而激活它，实现代码段中的 SQL 语句。存储过程独立于表存在。

（6）触发器

触发器是被指定关联到一个表的数据库对象。触发器是不需要调用的，当对一个表的特别事件出现时，它会被激活。触发器的代码是由 SQL 语句组成的，因此用在存储过程中的语句也可以用在触发器的定义中。触发器与表的关系密切，用于保护表中的数据。当有操作影响到触发器保护的数据时，触发器自动执行。例如，通过触发器实现多个表间数据的一致性。当对表执行 INSERT、DELETE 或 UPDATE 语句时，将激活触发程序。在 MySQL 中，目前触发器的功能还不够全面，在以后的版本中将得到改进。

（7）存储函数

存储函数与存储过程类似，也是由 SQL 和过程式语句组成的代码片段，并且可以从应用程序和 SQL 中调用。但存储函数不能拥有输出参数，因为存储函数本身就是输出参数。存储函数必须包含一条 RETURN 语句，从而返回一个结果。

（8）事件

事件与触发器类似，都是在某些事情发生时启动。不同的是触发器是在数据库上启动一条语句时被激活，而事件是在相应的时刻被激活。例如，可以设定在 2012 年的 1 月 1 日上午 10 点启动一个事件，或者设定每个周日下午 3 点启动一个事件。从 MySQL 5.1 开始才添加了事件，不同的版本功能可能也不相同。

2. MySQL 的数据类型

为了对不同性质的数据进行区分，提高数据查询和操作的效率，数据库系统将可存入的数据分为多种类型。例如，姓名、性别之类的信息为字符串型，年龄、价格、分数之类的信息为数字型，日期等为日期时间型。这就有了数据类型的概念。下面分别介绍 MySQL 的数据类型。

（1）整数型

整数型包括 BIGINT、INT、SMALLINT、MEDIUMINT 和 TINYINT，从标志符的含义可以看出，它们表示数的范围逐渐缩小。

BIGINT。大整数，数值范围为-2^{63}(-9 223 372 036 854 775 808)～$2^{63}-1$(9 223 372 036 854 775 807)，其精度为 19，小数位数为 0，长度为 8 字节。

INTEGER（简写为 INT）。整数，数值范围为-2^{31}(-2 147 483 648)～$2^{31}-1$(2 147 483 647)，其精度为 10，小数位数为 0，长度为 4 字节。

MEDIUMINT。中等长度整数，数值范围为-2^{23}(-8 388 608)～$2^{23}-1$(8 388 607)，其精度为 7，小数位数为 0，长度为 3 字节。

SMALLINT。短整数，数值范围为-2^{15}(-32 768)～$2^{15}-1$(32 767)，其精度为 5，小数位数为 0，长度为 2 字节。

TINYINT。微短整数，数值范围为-2^{7}(-128)～$2^{7}-1$(127)，其精度为 3，小数位数为 0，长度为 1 字节。

（2）精确数值型

精确数值型由整数部分和小数部分构成，其所有的数字都是有效位，能够以完整的精度存储十进制数。精确数值型包括 DECIMAL、NUMERIC 两类。从功能上说两者完全等价，两者的唯一区别在于 DECIMAL 不能用于带有 IDENTITY 关键字的列。

声明精确数值型数据的格式是 NUMERIC | DECIMAL(P[,S])，其中 P 为精度，S 为小数位数，S 的默认值为 0。例如，指定某列为精确数值型，精度为 6，小数位数为 3，即 DECIMAL(6,3)，那么若向某记录的该列赋值 65.342 689 时，该列实际存储的是 65.3 427。

（3）浮点型

浮点型也称近似数值型。这种类型不能提供精确表示数据的精度。使用这种类型来存储某些数值时，有可能会损失一些精度，所以它可用于处理取值范围非常大且对精确度要求不是十分高的数值量，如一些统计量。

有两种浮点数据类型：单精度（FLOAT）和双精度（DOUBLE）。两者通常都使用科学计数法表示数据，即形为：尾数 E 阶数，如 6.5432E20，-3.92E10，1.237 649E-9 等。

（4）位型

位字段类型，表示为：

```
BIT[(M)]
```

其中，M表示位值的位数，范围为1～64。如果省略M，默认为1。

（5）字符型

字符型数据用于存储字符串，字符串中可包括字母、数字和其他特殊符号（如#、@、&等）。在输入字符串时，需将串中的符号用单引号或双引号括起来，如'ABC'、"ABC<CDE"。

MySQL字符型包括固定长度（CHAR）和可变长度（VARCHAR）字符数据类型。

CHAR[(N)]为定长字符数据类型，其中N定义字符型数据的长度，N为1～255，默认为1。当表中的列定义为CHAR(N)类型时，若实际要存储的字符串长度不足N时，则在串的尾部添加空格以达到长度N，所以CHAR(N)的长度为N。例如，某列的数据类型为CHAR(20)，而输入的字符串为“ABCD2012”，则存储的是字符ABCD2012和12个空格。若输入的字符个数超出了N，则超出的部分被截断。

VARCHAR[(N)]为变长字符数据类型，其中N可以指定为0～65 535的值，但这里N表示的是字符串可达到的最大长度。VARCHAR(N)的长度为输入的字符串的实际字符个数，而不一定是N。例如，表中某列的数据类型为VARCHAR(50)，而输入的字符串为“ABCD2012”，则存储的就是字符ABCD2012，其长度为8字节。

（6）文本型

当需要存储大量的字符数据，如较长的备注、日志信息等，字符型数据最长65 535个字符的限制可能使它们不能满足应用需求，此时可使用文本型数据。文本型数据对应ASCII字符，其数据的存储长度为实际字符数个字节。

文本型数据可分为4种：TINYTEXT、TEXT、MEDIUMTEXT和LONGTEXT。

表7-1列出了各种文本数据类型的最大字符数。

表7-1　文本数据类型的最大字符数

文本数据类型	最大长度
TINYTEXT	255(2^8-1)
TEXT	65 535(2^{16}-1)
MEDIUMTEXT	16 777 215(2^{24}-1)
LONGTEXT	4 294 967 295(2^{32}-1)

（7）BINARY和VARBINARY型

BINARY和VARBINARY类型数据类似于CHAR和VARCHAR，不同的是它们包含的是二进制字符串，而不是非二进制字符串。也就是说，它们包含的是字节字符串，而不是字符字符串。这说明它们没有字符集，并且排序和比较基于列值字节的数值。

BINARY[(N)]为固定长度的N字节二进制数据。N取值范围为1～255，默认为1。BINARY(N)数据的存储长度为N+4字节。若输入的数据长度小于N，则不足部分用0填充；若输入的数据长度大于N，则多余部分被截断。

输入二进制值时，在数据前面要加上0X，可以用的数字符号为0～9、A～F（字母大小写均可）。例如，0XFF、0X12A0分别表示十六进制的FF和12A0。因为每字节的数最大为FF，故在“0X”格式的数据每两位占1字节。

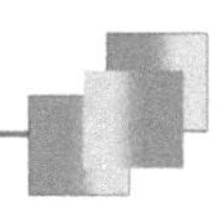

VARBINARY[(N)]为 N 字节变长二进制数据。N 取值范围为 1～65 535，默认为 1。VARBINARY(N)数据的存储长度为实际输入数据长度+4 字节。

（8）BLOB 类型

在数据库中，对于数码照片、视频和扫描的文档等的存储是必需的，MySQL 可以通过 BLOB 数据类型来存储这些数据。BLOB 是一个二进制大对象，可以容纳可变数量的数据。有 4 种 BLOB 类型：TINYBLOB、BLOB、MEDIUMBLOB 和 LONGBLOB。这 4 种 BLOB 数据类型的最大长度对应于 4 种 TEXT 数据类型：TINYTEXT、TEXT、MEDIUMTEXT 和 LONGTEXT。不同的是 BLOB 表示的是最大字节长度，而 TEXT 表示的是最大字符长度。

（9）日期时间类型

MySQL 支持 5 种时间日期类型：DATE、TIME、DATETIME、TIMESTAMP 和 YEAR。

DATE 数据类型由年份、月份和日期组成，代表一个实际存在的日期。DATE 的使用格式为字符形式'YYYY-MM-DD'，年份、月份和日期之间使用连字符“-”隔开，除了“-”，还可以使用其他字符如“/”“@”等，也可以不使用任何连接符，如'20120101'表示 2012 年 1 月 1 日。DATE 数据支持的范围是'1000-01-01'～'9999-12-31'。虽然不在此范围的日期数据也允许，但是不能保证能正确进行计算。

TIME 数据类型代表一天中的一个时间，由小时数、分钟数、秒数和微秒数组成。格式为'HH:MM:SS.fraction'，其中 fraction 为微秒部分，是一个 6 位的数字，可以省略。TIME 值必须是一个有意义的时间，例如，'10:18:54'表示 10 点 18 分 54 秒，而'10:88:54'是不合法的，它将变成'00:00:00'。

DATETIME 和 TIMESTAMP 数据类型是日期和时间的组合，日期和时间之间用空格隔开，如'2012-01-01 10:53:20'。大多数适用于日期和时间的规则在此也适用。DATETIME 和 TIMESTAMP 有很多共同点，但也有区别。对于 DATETIME，年份在 1000～9999，而 TIMESTAMP 的年份在 1970～2037。另一个重要的区别是：TIMESTAMP 支持时区，即在操作系统时区发生改变时，TIMESTAMP 类型的时间值也相应改变，而 DATETIME 则不支持时区。

YEAR 用来记录年份值。MySQL 以 YYYY 格式检索和显示 YEAR 值，范围是 1901～2155。

（10）ENUM 和 SET 类型

ENUM 和 SET 是比较特殊的字符串数据列类型，它们的取值范围是一个预先定义好的列表。ENUM 或 SET 数据列的取值只能从这个列表中进行选择。ENUM 和 SET 的主要区别是：ENUM 只能取单值，且数据列表是一个枚举集合。ENUM 的合法取值列表最多允许有 65 535 个成员。例如，ENUM("N", "Y")表示该数据列的取值要么是“Y”，要么是“N”。SET 可取多值。它的合法取值列表最多允许有 64 个成员。空字符串也是一个合法的 SET 值。

7.2.4　MySQL 控制台的基本操作

本节主要讲述在命令行的方式下 MySQL 控制台的基本操作。

1．MySQL 数据库服务的开启与关闭

在前面讲述配置 XAMPP 运行环境时，以菜单操作的方式讲解过 MySQL 数据库服务的开启与关闭，这里主要讲解命令操作方式。

（1）MySQL数据库服务的开启

执行“开始”→“运行”命令，打开“运行”对话框，输入启动MySQL数据库服务的命令，如图7-2所示。命令如下。

```
net start mysql
```

（2）MySQL数据库服务的关闭

执行“开始”→“运行”命令，打开“运行”对话框，输入关闭MySQL数据库服务的命令，如图7-3所示。命令如下。

```
net stop mysql
```

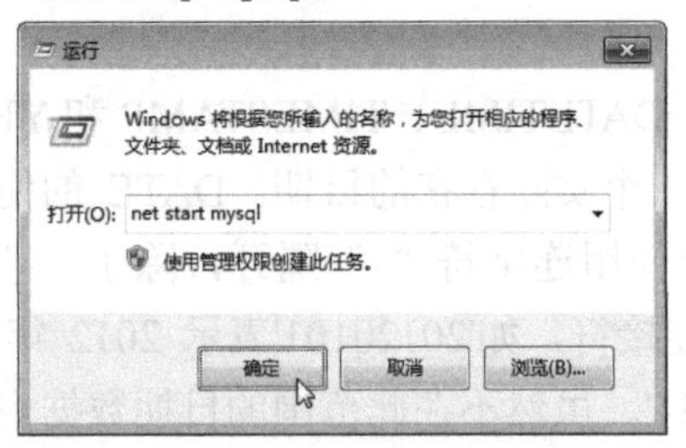

图7-2　启动MySQL数据库服务

图7-3　关闭MySQL数据库服务

2．进入与退出MySQL管理控制台

MySQL管理控制台是管理MySQL数据库的控制中心，只有进入MySQL管理控制台后才能管理MySQL数据库。在进入MySQL管理控制台之前必须先启动MySQL数据库服务。

（1）进入MySQL管理控制台

① 执行“开始”→“运行”命令，打开“运行”对话框，输入进入DOS命令窗口的命令，如图7-4所示。命令如下。

```
cmd
```

② 进入DOS命令窗口后，首先要将文件夹切换到MySQL的主程序文件夹，例如，C:\xampp\mysql\bin，输入盘符和目录切换命令，如图7-5所示。

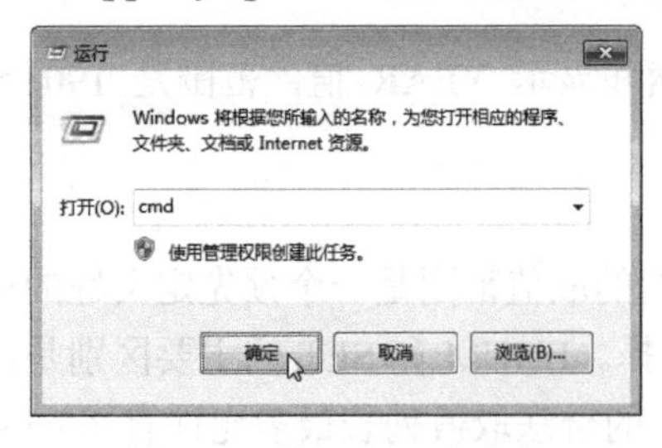

图7-4　进入DOS命令窗口

图7-5　切换到MySQL的主程序文件夹

③ 更改进入MySQL管理控制台的登录密码。

用户如果需要更改进入MySQL管理控制台的登录密码，可以使用下列语法。

```
mysqladmin -u用户名 -p原密码 password 新密码
```

在安装MySQL时，通常根用户root的登录密码设置为空，为了数据库访问的安全性，建议设置根用户root的登录密码。本书设置根用户root的登录密码为“root”，在DOS命令窗口中执行以下命令。

```
mysqladmin -uroot password root
```

该命令将根用户 root 的登录密码为空改为新的密码“root”。

④ 输入进入 MySQL 管理控制台的命令。语法如下。

```
mysql -u用户名 -p密码
```

例如，以根用户的用户名“root”、密码“root”登录，命令如下。

```
mysql -uroot -proot
```

按〈Enter〉键进入 MySQL 管理控制台，如图 7-6 所示。

```
管理员: C:\Windows\system32\cmd.exe - mysql -uroot -proot
C:\xampp\mysql\bin>mysql -uroot -proot
Welcome to the MariaDB monitor.  Commands end with ; or \g.
Your MariaDB connection id is 2
Server version: 10.1.38-MariaDB mariadb.org binary distribution

Copyright (c) 2000, 2018, Oracle, MariaDB Corporation Ab and others.

Type 'help;' or '\h' for help. Type '\c' to clear the current input statement.

MariaDB [(none)]>
```

图 7-6　MySQL 管理控制台

（2）退出 MySQL 管理控制台

退出 MySQL 管理控制台非常简单，只需要在 MySQL 命令行中输入“\q”或“quit”命令即可，如图 7-7 所示。

```
管理员: C:\Windows\system32\cmd.exe
C:\xampp\mysql\bin>mysql -uroot -proot
Welcome to the MariaDB monitor.  Commands end with ; or \g.
Your MariaDB connection id is 2
Server version: 10.1.38-MariaDB mariadb.org binary distribution

Copyright (c) 2000, 2018, Oracle, MariaDB Corporation Ab and others.

Type 'help;' or '\h' for help. Type '\c' to clear the current input statement.

MariaDB [(none)]> \q
Bye

C:\xampp\mysql\bin>
```

图 7-7　退出 MySQL 管理控制台

用户在使用 MySQL 数据库和数据表之前，应先进入 MySQL 管理控制台。由于篇幅所限，这里主要讲述 MySQL 数据库和数据表常用操作的基本语法。

7.2.5　操作 MySQL 数据库

1．创建数据库

创建数据库可以使用 CREATE DATABASE 语句，语法格式如下。

```
CREATE DATABASE 库文件名;
```

2．显示数据库

显示数据库能够显示出 MySQL 中的所有数据库，语法格式如下。

```
SHOW DATABASES;
```

3．打开数据库

创建数据库后必须打开数据库才能进一步操作数据库，语法格式如下。

```
USE 库文件名;
```

4．删除数据库

已经创建的数据库如要删除，使用 DROP DATABASE 命令，语法格式如下。

```
DROP DATABASE 库文件名;
```

7.2.6 操作 MySQL 数据表

1．显示数据库中的表

显示数据库中的表能够显示出当前数据库中包含的所有表，语法格式如下。

```
SHOW TABLES;
```

2．创建数据表

创建表的实质就是定义表结构，设置表和列的属性。定义完表结构，就可以根据表结构创建表了，语法格式如下。

```
CREATE TABLE 表名
(
    <列名 1> <数据类型> [<列选项>],
    <列名 2> <数据类型> [<列选项>],
    …
    <表选项>
);
```

3．查看表结构

查看表结构能够显示出表结构的定义，语法格式如下。

```
EXPLAIN 表名;
```

4．修改表结构

ALTER TABLE 用于更改原有的表结构。例如，可以增加或删减列，创建或取消索引，更改原有列的类型，重新命名列或表，还可以更改表的描述和表的类型。语法格式如下。

```
ALTER TABLE 表名
   ADD <列名> <数据类型> <列选项>                          /*添加列*/
   | ALTER <列名> {SET DEFAULT 默认值 | DROP DEFAULT}      /*修改默认值*/
   | CHANGE <旧列名> <新列名> <数据类型> <列选项>          /*对列重命名*/
   | MODIFY <列名> <数据类型> <列选项>                     /*修改列类型*/
   | DROP <列名>                                          /*删除列*/
   | RENAME <新表名>                                      /*重命名该表*/
   | 其他 ;
```

ALTER TABLE 语句允许指定多个动作，其动作间使用逗号分隔，每个动作表示对表的一个修改。

5．重命名数据表

重命名数据表使用 RENAME TABLE 语句，语法格式如下。

```
RENAME TABLE 数据表名1 To 数据表名2 ;
```

RENAME TABLE 语句可以同时对多个数据表进行重命名，多个表之间以逗号“,”分隔。

6．删除数据表

删除一个表可以使用 DROP TABLE 语句，语法格式如下。

```
DROP TABLE 表名;
```

7.2.7 操作 MySQL 数据

1．显示表数据

SELECT 语句可以从一个或多个表中选取特定的行和列，结果通常是生成一个临时表。在执行过程中系统根据用户的要求从数据库中选出匹配的行和列，并将结果存放到临时的表中。语法格式如下。

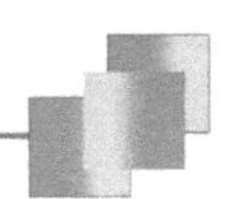

```
SELECT
    [ALL | DISTINCT ]
    select_expr, ...
    [FROM 表1 [ , 表2] …]                                        /*FROM 子句*/
    [WHERE 条件]                                                 /*WHERE 子句*/
    [GROUP BY {列名 | 表达式 | 位置} [ASC | DESC], ...]          /*GROUP BY 子句*/
    [HAVING 条件]                                                /*HAVING 子句*/
    [ORDER BY {列名 | 表达式 | 位置} [ASC | DESC] , ...]         /*ORDER BY 子句*/
    [LIMIT {[偏移,] 行数}] ;                                     /*LIMIT 子句*/
```

（1）WHERE 条件子句

在使用查询语句时，如要从很多的记录中查询出想要的记录，就需要一个查询的条件。只有设定了查询的条件，查询才有实际的意义。设定查询条件应用的是 WHERE 子句。WHERE 子句的功能非常强大，通过它可以实现很多复杂的条件查询。

例如，应用 WHERE 子句，查询 tb_mrbook 表，条件是 type（类别）为 PHP 的所有图书，代码如下。

```
select * from tb_mrbook where type = 'php';
```

（2）GROUP BY 分组子句

通过 GROUP BY 子句可以将数据划分到不同的组中，实现对记录的分组查询。在查询时，所查询的列必须包含在分组的列中，目的是使查询到的数据没有矛盾。在与 AVG()或 SUM()函数一起使用时，GROUP BY 子句能发挥最大作用。

例如，查询 tb_mrbook 表，按照 type 进行分组，求每类图书的平均价格，代码如下。

```
select bookname,avg(price),type from tb_mrbook group by type;
```

（3）DISTINCT 在结果中去除重复行

使用 DISTINCT 关键字，可以去除结果中重复的行。

例如，查询 tb_mrbook 表，并在结果中去掉类型字段 type 中的重复数据，代码如下。

```
select distinct type from tb_mrbook;
```

（4）ORDER BY 对结果排序

使用 ORDER BY 可以对查询的结果进行升序和降序（DESC）排列，在默认情况下，ORDER BY 按升序输出结果。如果要按降序排列可以使用 DESC 来实现。

对含有 NULL 值的列进行排序时，如果是按升序排列，NULL 值将出现在最前面，如果是按降序排列，NULL 值将出现在最后。

例如，查询 tb_mrbook 表中的所有信息，按照“id”进行降序排列，并且只显示 3 条记录，代码如下。

```
select * from tb_mrbook order by id desc limit 3;
```

（5）LIKE 模糊查询

LIKE 属于较常用的比较运算符，通过它可以实现模糊查询。它有两种通配符：“%”和下划线“_”。“%”可以匹配一个或多个字符，而“-_”只匹配一个字符。

例如，查找所有第二个字母是“h”的图书，代码如下。

```
select * from tb_mrbook where bookname like('_h%');
```

（6）LIMIT 限定结果行数

LIMIT 子句可以对查询结果的记录条数进行限定，控制它输出的行数。

例如，查询 tb_mrbook 表，按照图书价格降序排列，显示 3 条记录，代码如下。

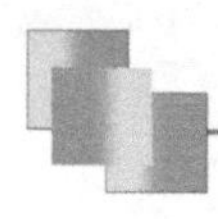


```
select * from tb_mrbook order by price desc limit 3;
```

使用 LIMIT 还可以从查询结果的中间部分取值。首先要定义两个参数，参数 1 是开始读取的第一条记录的编号（在查询结果中，第一个结果的记录编号是 0，而不是 1）；参数 2 是要查询记录的个数。

例如，查询 tb_mrbook 表，从编号 1 开始（即从第 2 条记录），查询 4 条记录，代码如下。

```
select * from tb_mrbook where id limit 1,4;
```

（7）使用函数和表达式

在 MySQL 中，还可以使用表达式来计算各列的值，作为输出结果。表达式还可以包含一些函数。

例如，计算 tb_mrbook 表中各类图书的总价格，代码如下。

```
select sum(price) as total,type from tb_mrbook group by type;
```

在对 MySQL 数据库进行操作时，有时需要对数据库中的记录进行统计，例如求平均值、最小值、最大值等，这时可以使用 MySQL 中的统计函数，常用统计函数见表 7-2。

表 7-2　常用统计函数

名　称	说　明
avg（字段名）	获取指定列的平均值
count（字段名）	如指定了一个字段，则会统计出该字段中的非空记录。如在前面增加 DISTINCT，则会统计不同值的记录，相同的值当作一条记录。如使用 COUNT（*）则统计包含空值的所有记录数
min（字段名）	获取指定字段的最小值
max（字段名）	获取指定字段的最大值
sum（字段名）	指定字段所有记录的总和

2．插入表数据

创建了数据库和表之后，下一步就是向表里插入数据。通过 INSERT 语句可以向表中插入一行或多行数据，语法格式如下。

```
INSERT [INTO] 表名 [(列名,...)]
         VALUES ({表达式 | 默认值},...),(...),... ;
```

如果要给全部列插入数据，列名可以省略。如果只给表的部分列插入数据，需要指定这些列。对于没有指出的列，它们的值根据列默认值或有关属性来确定。

注意：插入记录的字段类型如果是字符串类型，插入值既可以使用单引号，也可以使用双引号。

3．修改表数据

向表中插入数据后，如要修改表中的数据，可以使用 UPDATE 语句，语法格式如下。

```
UPDATE 表名
         SET 列名1=表达式1 [, 列名2=表达式2 ...]
         [WHERE 条件] ;
```

修改表数据时一定要保证 WHERE 子句的正确性，一旦 WHERE 子句出错，将会破坏所有改变的数据。

4．删除表数据

删除表中数据一般使用 DELETE 语句，语法格式如下。

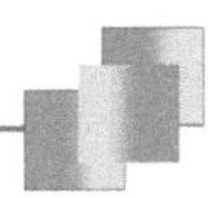

```
DELETE FROM 表名
    [WHERE 条件] ;
```

在实际的应用中，在执行删除操作时，执行删除的条件一般应该为数据的 id，而不是具体某个字段值，这样可以避免一些不必要的错误发生。使用 DELETE 语句删除整个表的效率并不高，还可以使用 TRUNCATE 语句，它可以很快地删除表中所有的内容。

【例 7-1】 建立留言板系统的数据库、数据表，并在此基础上，练习使用数据库和数据表的基本操作命令。留言板系统数据库名称为 guest，包含管理员表 admin 和留言表 board 共两个表。admin 表的结构如图 7-8 所示，board 表的结构如图 7-9 所示。

Field	Type	Null	Key	Default	Extra
username	varchar(10)	NO		NULL	
passwd	varchar(10)	NO		NULL	

图 7-8　admin 表的结构

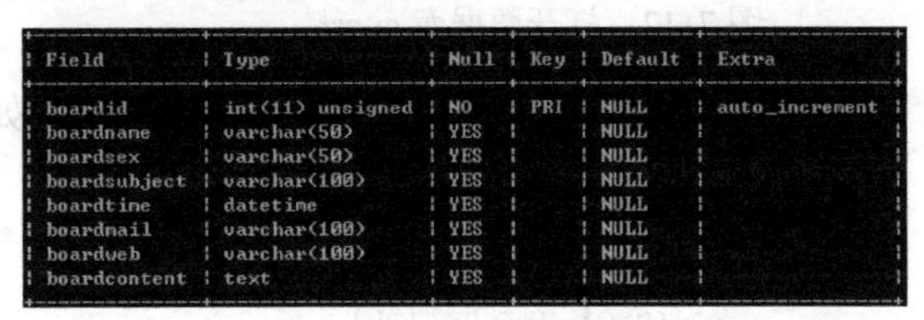

Field	Type	Null	Key	Default	Extra
boardid	int(11) unsigned	NO	PRI	NULL	auto_increment
boardname	varchar(50)	YES		NULL	
boardsex	varchar(50)	YES		NULL	
boardsubject	varchar(100)	YES		NULL	
boardtime	datetime	YES		NULL	
boardmail	varchar(100)	YES		NULL	
boardweb	varchar(100)	YES		NULL	
boardcontent	text	YES		NULL	

图 7-9　board 表的结构

操作步骤如下。

① 开启 MySQL 数据库服务，命令如下。

```
net start mysql
```

② 进入 DOS 命令窗口，登录 MySQL 管理控制台，命令如下。

```
mysql -uroot -proot
```

③ 在命令行中输入命令建立留言板系统数据库 guest，如图 7-10 所示。命令如下。

```
CREATE DATABASE guest;
```

④ 在命令行中输入命令显示所有数据库的清单，如图 7-11 所示。命令如下。

```
SHOW DATABASES;
```

清单中可以看到新建的数据库 guest。

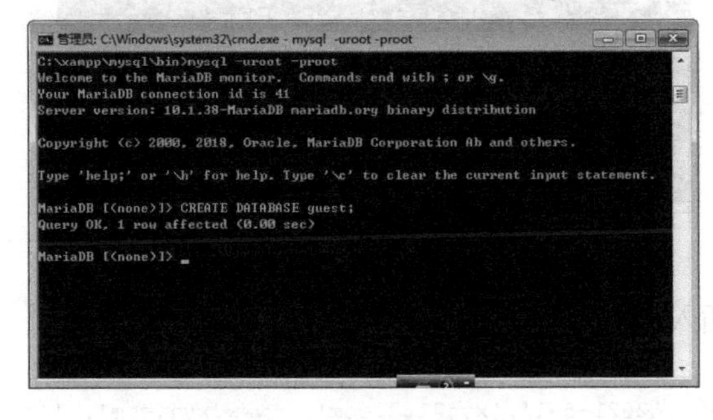

图 7-10　建立数据库 guest

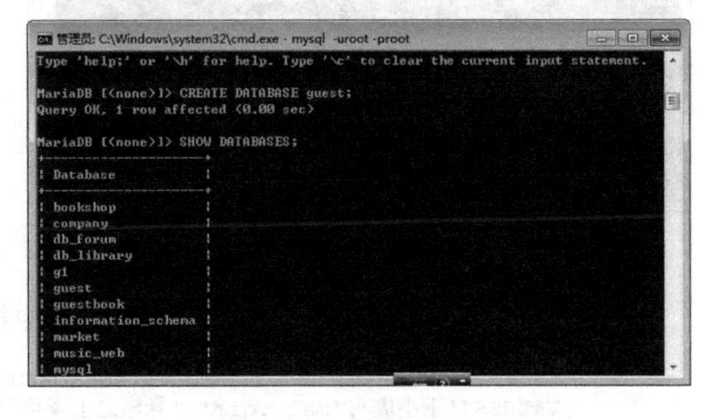

图 7-11　显示数据库清单

⑤ 在命令行中输入命令打开数据库 guest，如图 7-12 所示。命令如下。

```
USE guest;
```

⑥ 在命令行中输入命令建立管理员表 admin，如图 7-13 所示。命令如下。

```
CREATE TABLE admin (
    username varchar(10) NOT NULL,
    passwd varchar(10) NOT NULL
) ENGINE=InnoDB DEFAULT CHARSET=utf8;
```

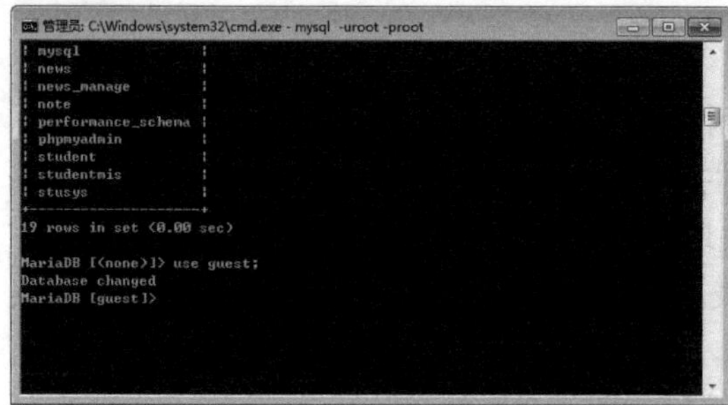

图 7-12　打开数据库 guest

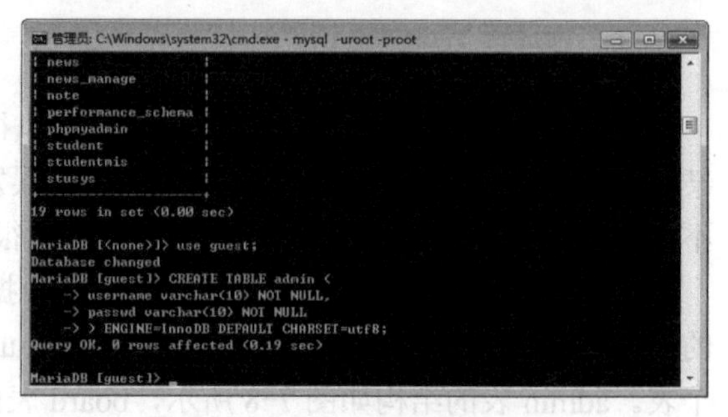

图 7-13　建立管理员表 admin

⑦ 在命令行中输入命令建立留言表 board，如图 7-14 所示。命令如下。

```
CREATE TABLE board (
    boardid int(11) NOT NULL PRIMARY KEY auto_increment,
    boardname varchar(50),
    boardsex varchar(50),
    boardsubject varchar(100),
    boardtime datetime,
    boardmail varchar(100),
    boardweb varchar(100),
    boardcontent text
) ENGINE=InnoDB DEFAULT CHARSET=utf8;
```

留言表 board 中的主键是 boardid，且自动增量。

⑧ 在命令行中输入命令查看管理员表 admin 和留言表 board 的结构，如图 7-15 所示。命令如下。

```
EXPLAIN admin;
EXPLAIN board;
```

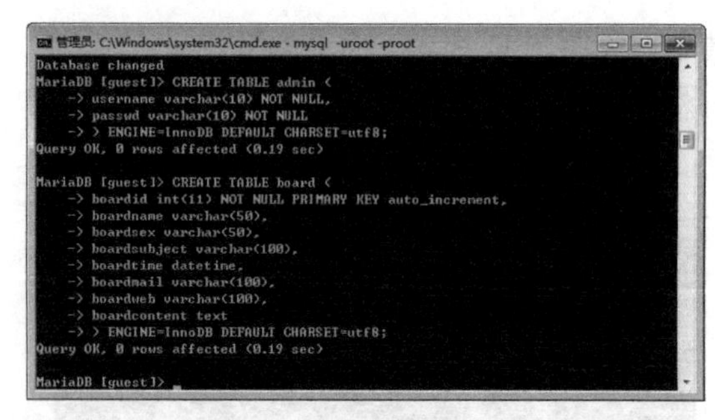

图 7-14　建立留言表 board

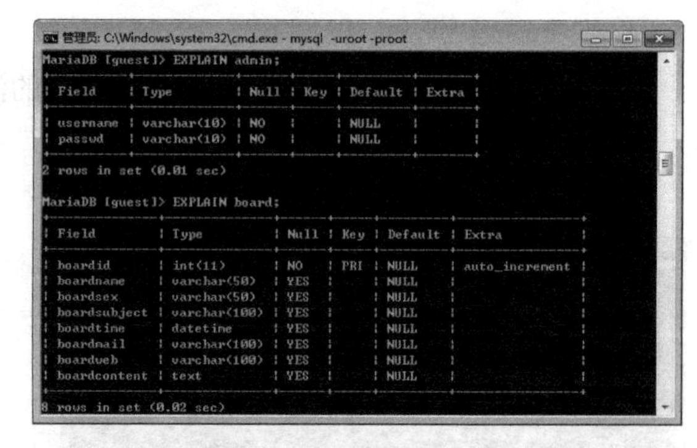

图 7-15　查看表结构

⑨ 在命令行中输入命令向留言表 board 中插入一条留言记录。命令如下。

```
INSERT INTO board(boardname,boardsex,boardsubject,boardtime,boardmail,boardweb,boardcontent)
VALUES('王小虎','male.gif','悬崖之上隆重登场','2021-5-1','xyj@163.com', 'www.xyj.com', '全家人一起去捧场');
```

用类似的方法向留言表 board 中再添加几条记录，以便在后续的操作中使用这些记录，如图 7-16 所示，向管理员表 admin 中添加一条管理员记录。

⑩ 在命令行中输入命令显示管理员表 admin 和留言表 board 中的记录，如图 7-17 所示。命令如下。

```
SELECT * FROM admin;
SELECT * FROM board;
```

图 7-16　向表中插入记录

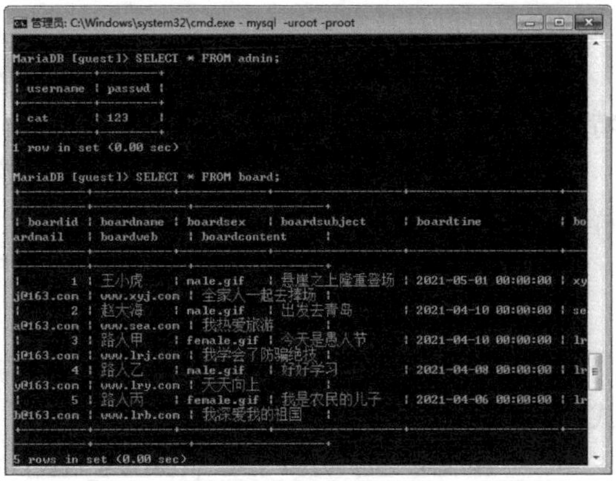

图 7-17　显示表中的记录

⑪ 在命令行中输入命令修改留言表 board 中留言人姓名是“王小虎”的 boardname 字段的值，将“王小虎”改为“王老虎”，如图 7-18 所示。命令如下。

```
UPDATE board SET boardname='王老虎' WHERE boardname='王小虎';
```

⑫ 在命令行中输入命令删除留言表 board 中字段 boardname 的值为“路人丙”的记录，如图 7-19 所示。命令如下。

```
DELETE FROM board WHERE boardname='路人丙';
```

图 7-18　修改表记录

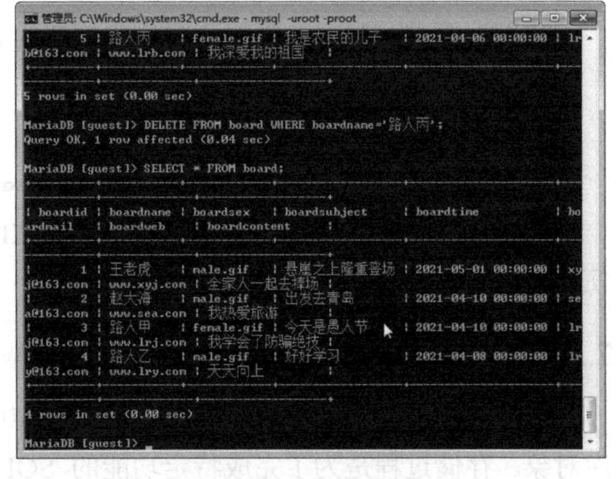

图 7-19　删除表记录

有关删除数据表和数据库的操作，这里不再演示，读者可试着自己练习。

7.2.8 视图

1. 视图的概念

视图与表不同，视图是一个虚表，即视图所对应的数据不进行实际存储，数据库中只存储视图的定义，对视图的数据进行操作时，系统根据视图的定义去操作与视图相关联的基本表。视图一经定义，就可以像表一样被查询、修改、删除和更新。使用视图有下列优点。

1）为用户集中数据，简化用户的数据查询和处理。有时用户所需要的数据分散在多个表中，定义视图可将它们集中在一起，从而方便用户查询和处理数据。

2）屏蔽数据库的复杂性。用户不必了解复杂的数据库中的表结构，并且数据库表的更改也不影响用户对数据库的使用。

3）简化用户权限的管理。只需授予用户使用视图的权限，而不必指定用户只能使用表的特定列，增加了安全性。

4）便于数据共享。各用户不必都定义和存储自己所需的数据，可共享数据库的数据，这样同样的数据只需存储一次。

5）可以重新组织数据以便输出到其他应用程序中。

2. 创建视图

视图在数据库中是作为一个对象来存储的。创建视图使用 CREATE VIEW 语句，语法格式如下。

```
CREATE VIEW view_name [(column_list)]
     AS select_statement ;
```

说明：

1）view_name：视图名。

2）column_list：为视图的列定义明确的名称，可使用可选的 column_list 子句，列出由逗号隔开的列名。column_list 中的名称数目必须等于 SELECT 语句检索的列数。若使用与源表或视图中相同的列名时可以省略 column_list。

3）select_statement：创建视图的 SELECT 语句，可在 SELECT 语句中查询多个表或视图。

视图定义后，就可以像查询基本表那样对视图进行查询。

3. 删除视图

语法格式如下。

```
DROP VIEW [IF EXISTS] view_name [, view_name] ...
```

其中 view_name 是视图名，声明了 IF EXISTS，若视图不存在的话，不会出现错误信息。使用 DROP VIEW 一次可删除多个视图。

7.2.9 存储过程

存储过程（Stored Procedure）是在数据库中存储复杂程序，以便外部程序调用的一种数据库对象。存储过程是为了完成特定功能的 SQL 语句集，经编译创建并保存在数据库中，用户可通过指定存储过程的名字并给定参数来调用执行。使用存储过程的优点如下。

1）存储过程在服务器端运行，执行速度快。

2）存储过程执行一次后，其执行规划就驻留在高速缓冲存储器，在以后的操作中，只需从高速缓冲存储器中调用已编译好的二进制代码执行，提高了系统性能。

3）确保数据库的安全。使用存储过程可以完成所有数据库操作，并可通过编程方式控制上述操作对数据库信息访问的权限。

1. 创建存储过程

存储过程可以由声明式 SQL 语句（如 CREATE、UPDATE 和 SELECT 等语句）和过程式 SQL 语句（如 IF-THEN-ELSE 语句）组成。创建存储过程使用 CREATE PROCEDURE 语句，语法格式如下。

```
CREATE PROCEDURE sp_name ([[ IN | OUT | INOUT ] param_name type [,...]])
     <routine_body> ;
```

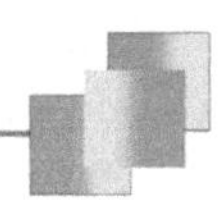

说明：

1）IN 输入参数：表示调用者向过程传入值（传入值可以是字面量或变量）。

2）OUT 输出参数：表示过程向调用者传出值(可以返回多个值)（传出值只能是变量）。

3）INOUT 输入/输出参数：既表示调用者向过程传入值，又表示过程向调用者传出值（值只能是变量）。

4）<routine_body>：是存储过程的主体部分，也叫作存储过程体。它包含了在过程调用时必须执行的语句，这个部分总是以 BEGIN 开始，以 END 结束。当存储过程体中只有一个 SQL 语句时可以省略 BEGIN-END 标志。另外，BEGIN-END 复合语句还可以嵌套使用。

在开始创建存储过程之前，先介绍一个很实用的命令：DELIMITER 命令。在 MySQL 中，服务器处理语句时是以分号为结束标志的。但在创建存储过程时，存储过程体中可能包含多个 SQL 语句，每个 SQL 语句都以分号为结尾，这时服务器处理程序遇到第一个分号时就会认为程序结束，这肯定是不行的。所以这里使用 DELIMITER 命令将 MySQL 语句的结束标志修改为其他符号。例如：

```
DELIMITER $$
```

执行完此命令后，程序结束的标志就换成两个美元符“$$”了。如需恢复使用分号“;”作为结束符，运行如下命令即可。

```
DELIMITER ;
```

2. 存储过程体

存储过程体中可以包含所有类型的 SQL 语句，另外还可以包含以下内容。

（1）局部变量

使用 DECLARE 语句声明局部变量。例如，声明一个整型变量和两个字符变量：

```
DECLARE num INT(4);
DECLARE str1, str2 VARCHAR(6);
```

说明：局部变量只能在 BEGIN_END 语句块中声明。

（2）使用 SET 语句赋值

要给局部变量赋值，可以使用 SET 语句，例如：

```
SET num=1, str1= 'hello';
```

说明：这条语句无法单独执行，只能在存储过程和存储函数中使用。

（3）SELECT…INTO 语句

使用 SELECT…INTO 语句可以把选定的列值直接存储到变量中。因此，返回的结果只能有一行。例如：

```
SELECT boardname,boardsubject INTO name, subject
    FROM board
    WHERE boardname= 路人甲';
```

（4）流程控制语句

在 MySQL 中，常见的过程式 SQL 语句可以用在一个存储过程体中。例如，IF 语句、CASE 语句、WHILE 语句等。

1）IF 语句。IF-THEN-ELSE 语句可根据不同的条件执行不同的操作。语法格式如下。

```
IF search_condition THEN statement_list
[ELSEIF search_condition THEN statement_list ] ...
[ELSE  statement_list]
```

```
END IF ;
```

说明：search_condition 是判断的条件，statement_list 中包含一个或多个 SQL 语句；当 search_condition 的条件为真时，就执行相应的 SQL 语句。

2）CASE 语句。语法格式如下。

```
CASE case_value
    WHEN when_value THEN statement_list
    [WHEN when_value THEN statement_list] ...
    [ELSE statement_list]
END CASE ;
```

或者：

```
CASE
    WHEN search_condition THEN statement_list
    [WHEN search_condition THEN statement_list] ...
    [ELSE statement_list]
END CASE ;
```

第一种格式中 case_value 是要被判断的值或表达式，接下来是一系列的 WHEN-THEN 块，每一块的 when_value 参数指定要与 case_value 比较的值，如果为真，就执行 statement_list 中的 SQL 语句。如果前面的每一块都不匹配就执行 ELSE 块指定的语句。CASE 语句最后以 END CASE 结束。

第二种格式中 CASE 关键字后面没有参数，在 WHEN-THEN 块中，search_condition 指定了一个比较表达式，表达式为真时执行 THEN 后面的语句。与第一种格式相比，这种格式能够实现更为复杂的条件判断，使用起来更方便。

3）WHILE 语句。语法格式如下。

```
WHILE search_condition DO
    statement_list
END WHILE ;
```

说明：语句首先判断 search_condition 是否为真，为真则执行 statement_list 中的语句，然后再次进行判断，为真则继续循环，不为真则结束循环。

例如，创建一个存储过程 DELETE_BOARD，实现的功能是删除一个特定留言人的信息，代码如下。

```
DELIMITER $$
CREATE PROCEDURE DELETE_BOARD(IN NAME CHAR(50))
BEGIN
    DELETE FROM board WHERE boardname=NAME;
END $$
DELIMITER ;
```

3．调用存储过程

存储过程创建完后，可以使用 CALL 语句来调用。语法格式如下。

```
CALL sp_name([参数[,...]]) ;
```

例如，调用上面建立的存储过程 DELETE_BOARD，代码如下。

```
CALL DELETE_BOARD('路人甲');
```

4．删除存储过程

存储过程创建后需要删除时使用 DROP PROCEDURE 语句。例如，删除存储过程 DELETE_BOARD 可以使用如下语句。

```
DROP PROCEDURE IF EXISTS DELETE_BOARD;
```

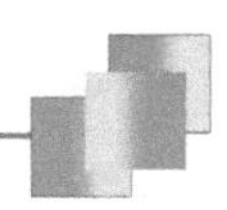

7.2.10　触发器

触发器（trigger），也叫触发程序，是与表有关的命名数据库对象，是 MySQL 中提供给程序员来保证数据完整性的一种方法，它是与表事件 INSERT、UPDATE、DELETE 相关的一种特殊的存储过程，它的执行是由事件来触发，例如，当对一个表进行 INSERT、UPDATE、DELETE 事件时就会激活它执行。因此，删除、新增或者修改操作可能都会激活触发器，所以不要编写过于复杂的触发器，也不要过多地使用触发器，这样会对数据的插入、修改或者删除带来比较严重的影响，同时也会带来可移植性差的后果。

1．创建触发器

创建触发器使用 CREATE TRIGGER 语句，语法格式如下。

```
CREATE TRIGGER trigger_name trigger_time trigger_event
ON tbl_name FOR EACH ROW trigger_stmt ;
```

说明：

1）trigger_name：触发器的名称。

2）trigger_time：触发器触发的时刻，有两个选项 AFTER 和 BEFORE，以表示触发器是在激活它的语句之前还是之后触发。

3）trigger_event：触发事件，指明激活触发程序的语句的类型。trigger_event 可以是 INSERT、UPDATE 和 DELETE，分别表示插入、修改、删除数据时激活触发器。

4）tbl_name：与触发器相关的表名，在该表上发生触发事件才会激活触发器。同一个表不能拥有两个具有相同触发时刻和事件的触发器。

5）trigger_stmt：触发器动作，包含触发器激活时将要执行的语句。如果要执行多个语句，可使用 BEGIN…END 复合语句结构，这样就能使用存储过程中允许的相同语句。

2．查看触发器

查看触发器的语法格式如下。

```
SHOW TRIGGERS;
```

3．删除触发器

删除触发器的语法格式如下。

```
DROP TRIGGER [IF EXISTS] trigger_name;
```

7.2.11　备份与还原数据库

备份数据库就是要保存数据的完整性，防止因非法关机、断电、病毒感染等情况导致的数据丢失；还原数据库就是当数据库出现错误或者崩溃后不能继续使用时，将原来的数据恢复回来。

1．备份数据库

备份数据库的语法格式如下。

```
mysqldump -u用户名 -p密码 --opt 数据库名>.sql 文件
```

备份生成的.sql 文件默认的存储位置是当前目录。

备份数据库

首先，打开 DOS 命令窗口。在命令窗口中，将文件夹切换到 MySQL 的主程序文件夹，例如，C:\xampp\MySQL\bin，执行如下命令，如图 7-20 所示。

```
mysqldump -uroot -proot --opt guest>D:\guest.sql
```

```
管理员: C:\Windows\system32\cmd.exe
Microsoft Windows [版本 6.1.7601]
版权所有 (c) 2009 Microsoft Corporation。保留所有权利。

C:\Users\Administrator>cd\xampp\mysql\bin

C:\xampp\mysql\bin>mysqldump -uroot -proot --opt guest>D:\guest.sql

C:\xampp\mysql\bin>
```

图 7-20　命令备份数据库

命令执行后，将在 D 盘根目录生成备份文件 guest.sql，用记事本打开该文件后，内容如图 7-21 所示。

```
-- MySQL dump 10.16  Distrib 10.1.38-MariaDB, for Win32 (AMD64)
--
-- Host: localhost    Database: guest
-- ------------------------------------------------------
-- Server version       10.1.38-MariaDB

/*!40101 SET @OLD_CHARACTER_SET_CLIENT=@@CHARACTER_SET_CLIENT */;
/*!40101 SET @OLD_CHARACTER_SET_RESULTS=@@CHARACTER_SET_RESULTS */;
/*!40101 SET @OLD_COLLATION_CONNECTION=@@COLLATION_CONNECTION */;
/*!40101 SET NAMES utf8 */;
/*!40103 SET @OLD_TIME_ZONE=@@TIME_ZONE */;
/*!40103 SET TIME_ZONE='+00:00' */;
/*!40014 SET @OLD_UNIQUE_CHECKS=@@UNIQUE_CHECKS, UNIQUE_CHECKS=0 */;
/*!40014 SET @OLD_FOREIGN_KEY_CHECKS=@@FOREIGN_KEY_CHECKS, FOREIGN_KEY_CHECKS=0 */;
/*!40101 SET @OLD_SQL_MODE=@@SQL_MODE, SQL_MODE='NO_AUTO_VALUE_ON_ZERO' */;
/*!40111 SET @OLD_SQL_NOTES=@@SQL_NOTES, SQL_NOTES=0 */;

--
-- Table structure for table `admin`
--

DROP TABLE IF EXISTS `admin`;
/*!40101 SET @saved_cs_client     = @@character_set_client */;
/*!40101 SET character_set_client = utf8 */;
CREATE TABLE `admin` (
```

图 7-21　备份文件 guest.sql 的内容

2．还原数据库

还原数据库的语法格式如下。

```
mysql>SOURCE .sql 文件
```

注意：该命令结尾不带分号。

首先，进入 MySQL 管理控制台。在控制台中建立数据库（假设该数据库事先不存在），打开数据库，执行还原数据库命令，代码如下。

```
CREATE DATABASE guest;
USE guest;
SOURCE D:\guest.sql
```

上述操作中打开数据库这个步骤很关键，否则即使建立数据库，不打开数据库，仍旧不能还原数据。

7.2.12　MySQL 管理控制台的常用操作技巧

下面介绍几个使用 MySQL 管理控制台的常用操作技巧。

1．取消命令的输入

在 MySQL 命令行输入一条命令时，如果发现输入错误且命令处于未换行状态，可以按〈Esc〉键直接取消；如果命令处于换行状态，可以输入“\c”（小写字母 c）取消。

2．使用 MySQL 命令帮助

在 MySQL 命令行输入以下命令：

```
mysql>?
```

命令执行后，打开命令帮助窗口，如图 7-22 所示。

3. 获取服务器信息

在 MySQL 命令行输入以下命令：

```
mysql>\s
```

命令执行后，打开服务器信息窗口，如图 7-23 所示。

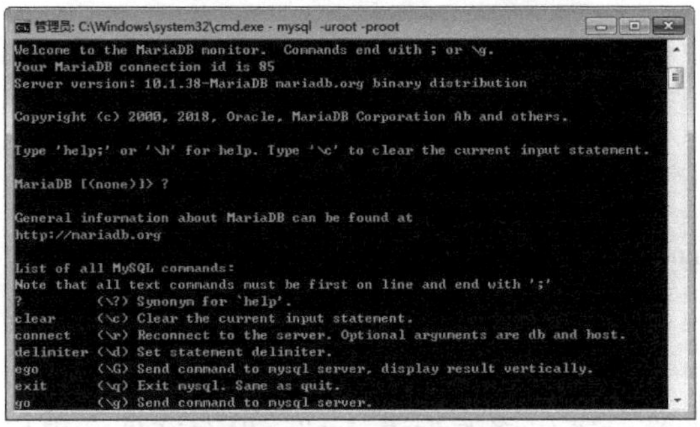

图 7-22　命令帮助窗口

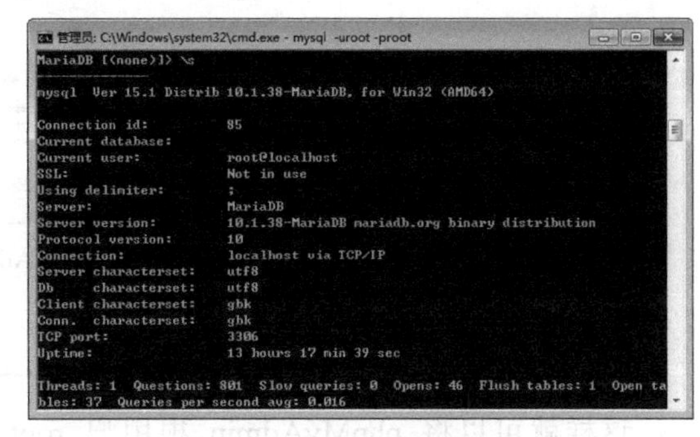

图 7-23　服务器信息窗口

7.3　图形化界面管理工具 phpMyAdmin

除了使用 MySQL 管理控制台的命令行方式操作 MySQL 数据库，用户还可以使用集成开发环境中自带的图形化界面管理工具 phpMyAdmin，该工具能够使 MySQL 数据库的操作变得非常简单。

7.3.1　phpMyAdmin 简介

在 PHP 编程的过程中，使用 phpMyAdmin 来管理 MySQL 数据库是一种非常流行的方法，同时也是比较明智的选择。

phpMyAdmin 提供了一个简洁的图形界面，该界面不同于普通的运行程序，而是以 Web 页面的形式体现，在相关的一系列 Web 页面中，完成对 MySQL 数据库的所有操作。严格意义上说，phpMyAdmin 并不是程序，而是一个具有特定功能的网站，对 MySQL 数据库的操作主要是通过 PHP 代码实现，实现过程中使用了大量 SQL 语句。

7.3.2　修改 phpMyAdmin 根用户 root 登录密码

在本章前面的练习中，已经将 MySQL 根用户 root 的登录密码修改为“root”，但这个修改只是针对 MySQL 控制台登录密码的修改，而不会对图形化管理工具 phpMyAdmin 产生影响。在登录 phpMyAdmin 之前，首先要修改 phpMyAdmin 根用户 root 的登录密码为“root”，一定要和 MySQL 控制台的登录密码一致，这样才能正常地登录 phpMyAdmin。

修改 phpMyAdmin 登录密码

在 XAMPP 控制面板的主服务区中单击 Apache 网站的“Config”按钮，从弹出的菜单中选择“phpMyAdmin(config.inc.php)”选项，如图 7-24 所示。

打开 config.inc.php 文件，定位到以下语句。

```
$cfg['Servers'][$i]['password'] = '';
```

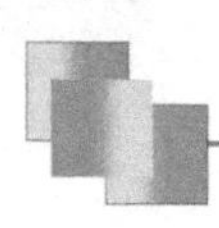

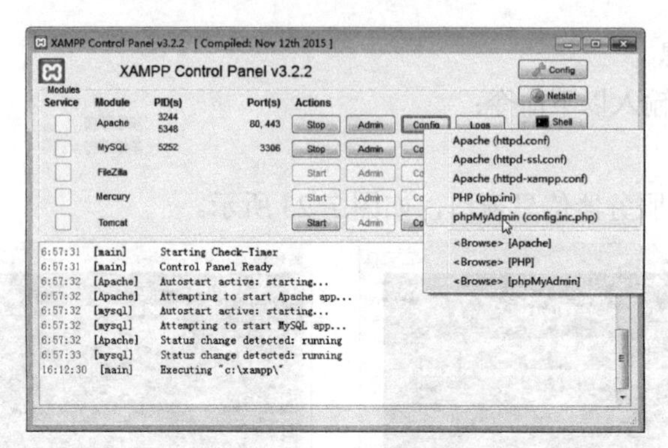

图 7-24 选择“phpMyAdmin(config.inc.php)”选项

将该语句修改为：

```
$cfg['Servers'][$i]['password'] = 'root';
```

这样就可以将 phpMyAdmin 根用户 root 的登录密码修改为“root”。保存文件，重启 Apache 服务和 MySQL 服务。

7.3.3 登录 phpMyAdmin

在安装 XAMPP 的过程中，phpMyAdmin 已经成功安装，所以无须再重复安装。在 XAMPP 控制面板的主服务区中单击 MySQL 数据库服务器的“Admin”按钮，如图 7-25 所示，即可打开 phpMyAdmin 的图形化管理主界面，如图 7-26 所示。

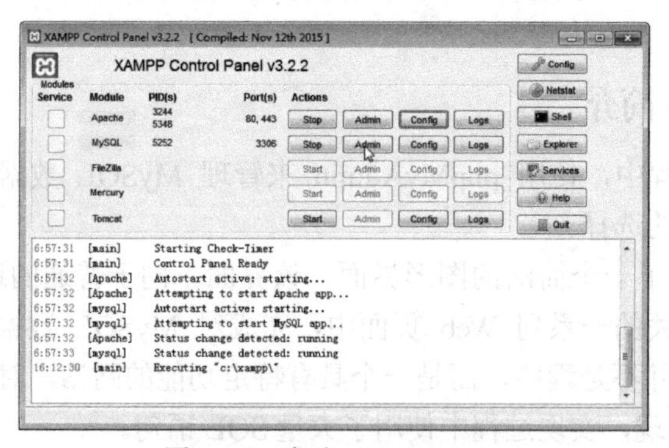

图 7-25 启动 phpMyAdmin

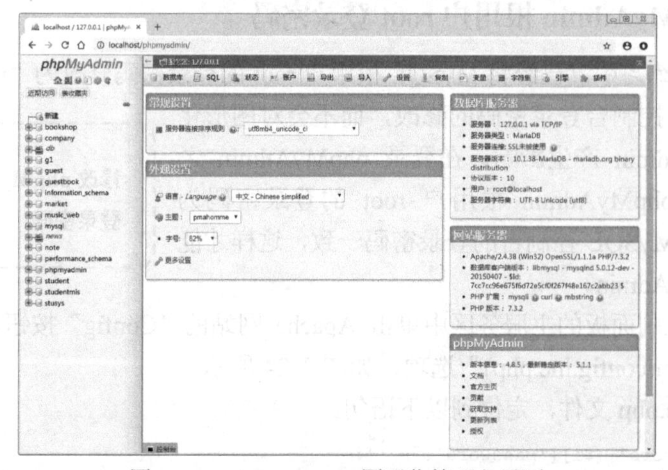

图 7-26 phpMyAdmin 图形化管理主界面

在 phpMyAdmin 的主界面中，采用框架的形式把整个窗口分为三大部分。左边是选择数据库的窗口，用户创建的所有数据库都将出现在此窗口中；中间的窗口是常规设置和外观设置；右边的窗口显示出数据库服务器、网站服务器的基本配置信息以及 phpMyAdmin 的版本。

7.3.4　phpMyAdmin 的基本操作

在 phpMyAdmin 图形操作界面中建立留言板系统的数据库、数据表，并在此基础上，练习使用数据库和数据表的基本操作。

例 7-2

【例 7-2】 登录 phpMyAdmin，在 phpMyAdmin 图形操作界面中实现 MySQL 数据库和数据表的基本操作。新建留言板系统数据库名称为 myguest，包含留言表 board，表的结构和例 7-1 中留言表的结构完全相同，如图 7-27 所示。

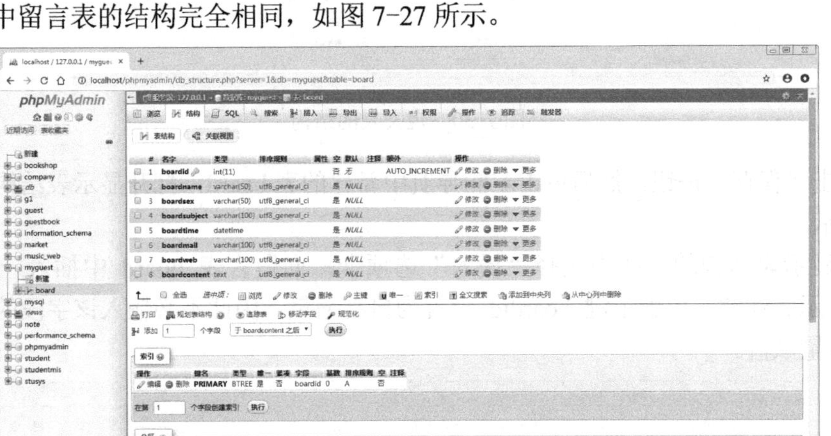

图 7-27　表的结构

操作步骤如下。

① 打开 phpMyAdmin 图形化管理主界面。

② 创建数据库 myguest。选择主界面上方导航条中的“数据库”选项卡，在“新建数据库”提示下方的文本框中输入新建数据库的名称“myguest”，如图 7-28 所示。

③ 创建数据表 board。单击左侧导航中新建的数据库 myguest，打开数据库管理页面，在“新建数据表”提示下方的“名字”文本框中输入新建表的名称“board”，在“字段数”文本框中输入“8”，如图 7-29 所示。

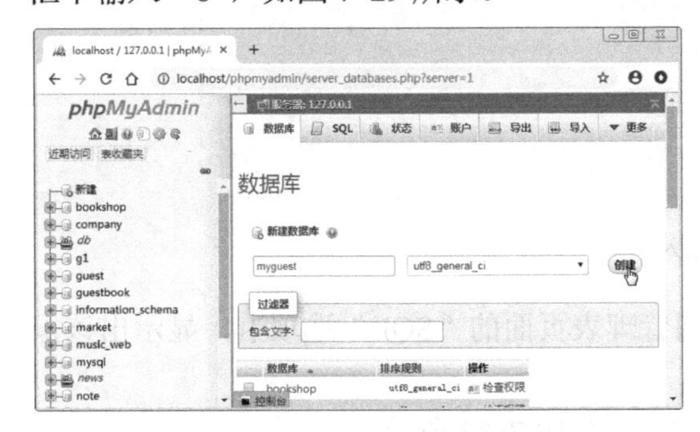

图 7-28　新建数据库

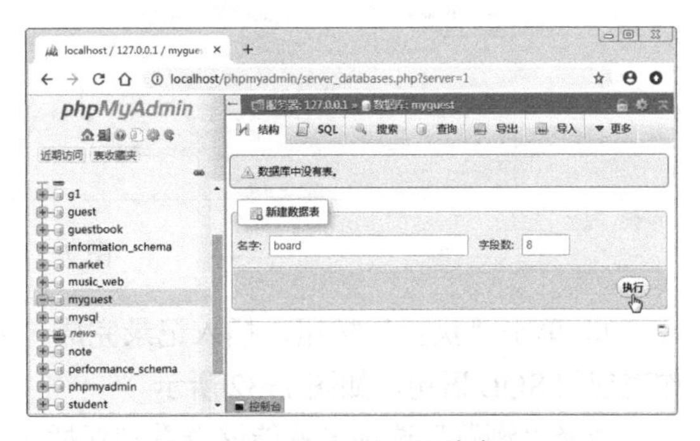

图 7-29　新建表

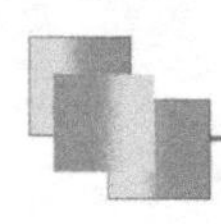

单击“执行”按钮，打开表管理页面，定义留言表 board 的结构如图 7-30 所示。其中，要注意将 boardid 字段定义为主键（索引设置为 PRIMARY），且自动增量（勾选 A_I）。

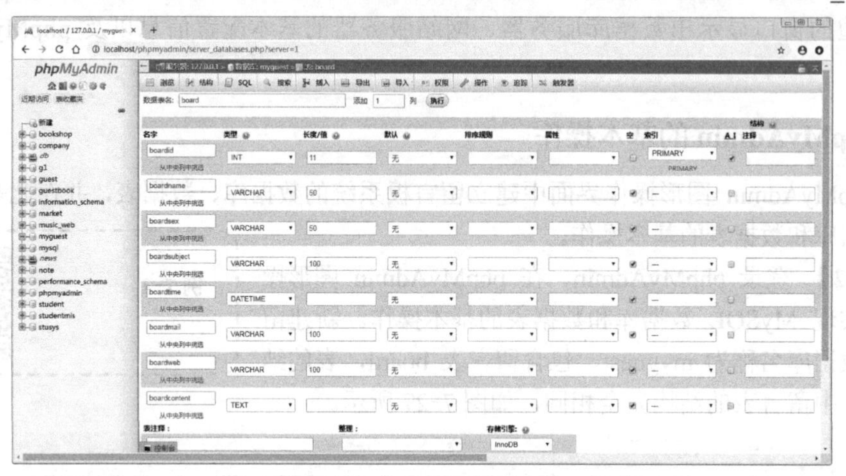

图 7-30　定义表的结构

④ 单击“保存”按钮，然后单击左侧导航中新建的表 board，打开显示表结构的页面，如图 7-27 所示。

⑤ 在显示表结构的页面中选择“插入”选项卡，向留言表 board 中插入一条记录，如图 7-31 所示。注意，由于主键 boardid 设置为自动增量，因此不必输入该字段的值，系统将自动向下增量赋值。

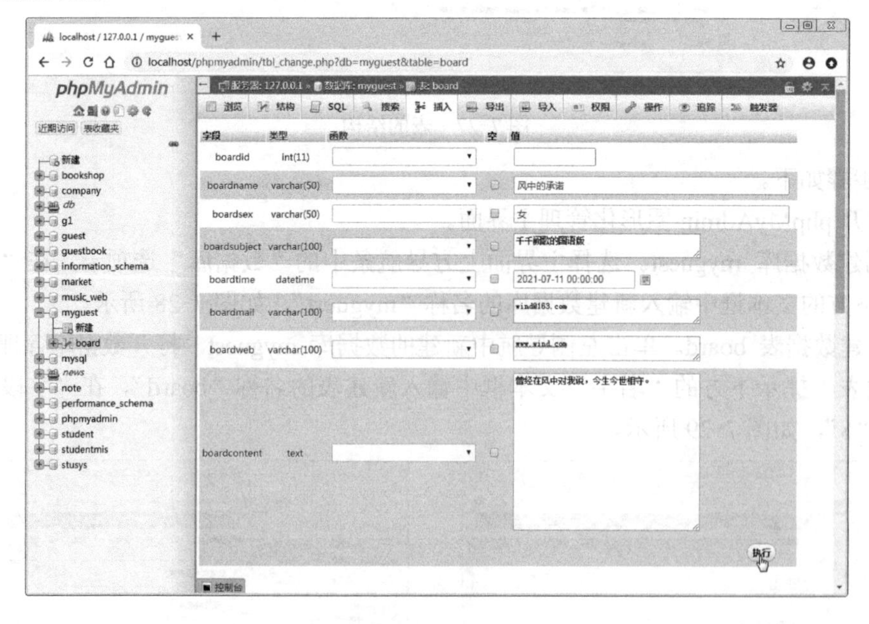

图 7-31　插入记录

⑥ 单击“执行”按钮，插入记录完成，返回管理表页面的“SQL”选项卡，显示出该操作对应的 SQL 语句，如图 7-32 所示。

选择“浏览”选项卡就能够查看到新插入的记录，如图 7-33 所示。

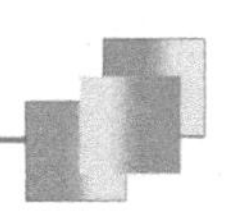

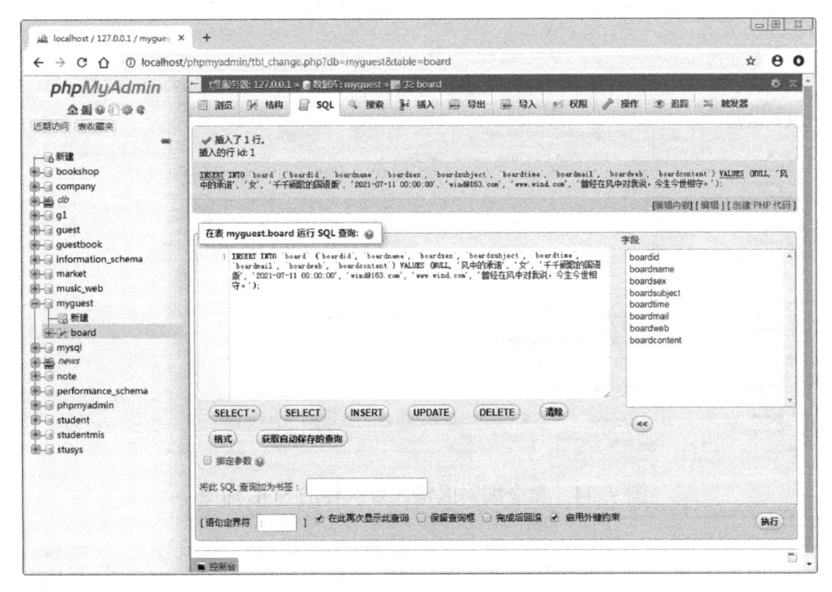

图 7-32　操作对应的 SQL 语句

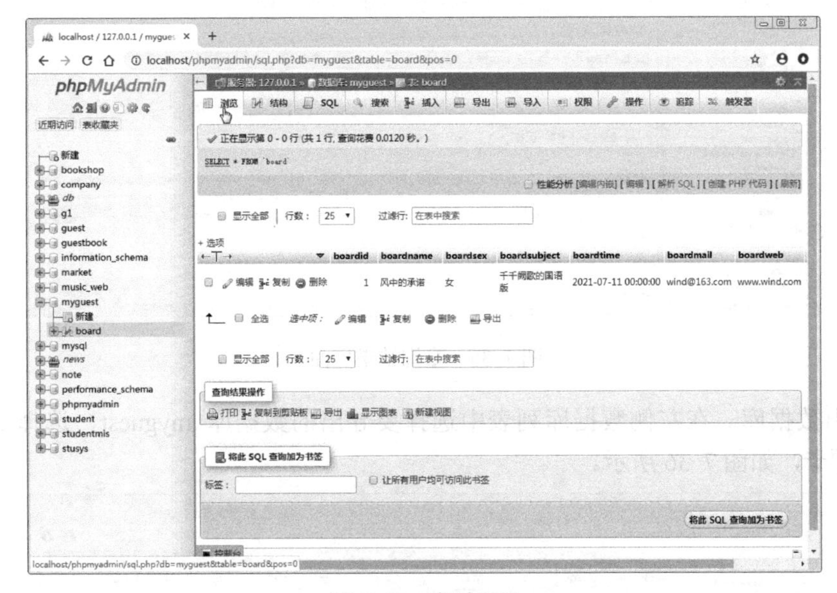

图 7-33　查看记录

⑦ 用类似的方法再次插入几条记录。在查看记录的状态下，单击记录左端的“编辑”按钮 ，将打开编辑记录的页面修改记录的内容；单击记录左端的“删除”按钮，将弹出确认删除记录的对话框，进而删除表中无用的记录。这些操作都很简单，读者可以试着自己练习。

⑧ 使用 SQL 语句编辑区执行 SQL 命令，进行查、增、删、改操作。选择工具栏上的“SQL”选项卡，在命令编辑区输入要执行的 SQL 命令。例如，查询所有姓“王”的留言人，输入如下 SQL 命令，如图 7-34 所示。

```
SELECT * FROM `board` WHERE `boardname` like '王%';
```

单击右下角的“执行”按钮，即可打开查询结果界面，如图 7-35 所示。

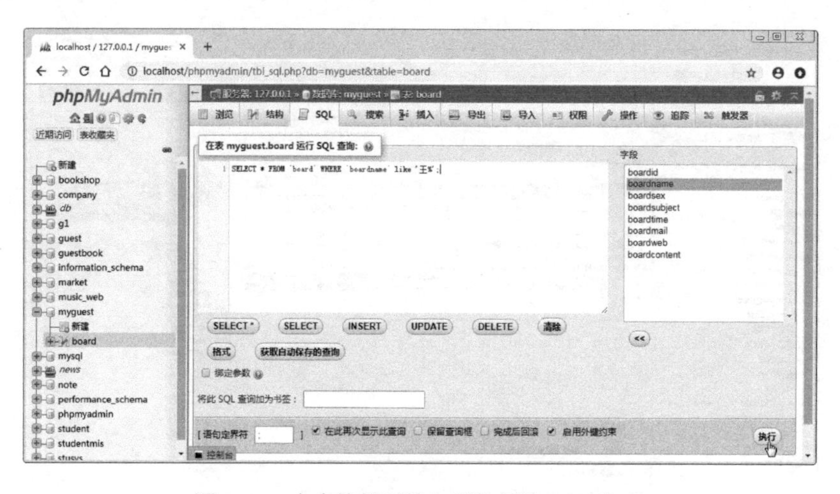

图 7-34　命令编辑区输入要执行的 SQL 命令

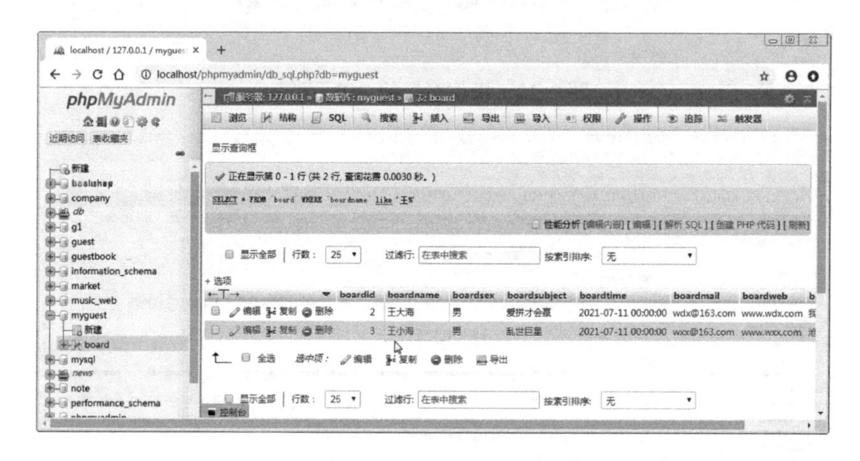

图 7-35　查询结果界面

⑨ 导出数据库。在左侧数据库列表中选择要导出的数据库 myguest，选择工具栏上的“导出”选项卡，如图 7-36 所示。

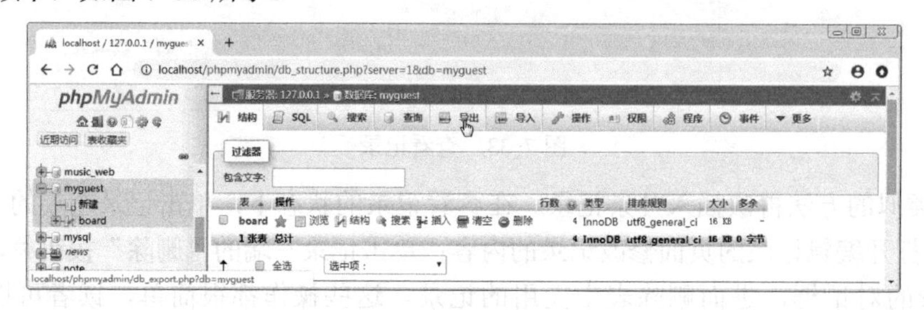

图 7-36　“导出”选项卡

在打开的新窗口的“新模板”文本框中输入存盘文件名，例如 myguest，选中“自定义”单选按钮，如图 7-37 所示。

向下滚动页面，在对象创建选项的“添加语句”区域，选中“添加 CREATE DATABASE / USE 语句”单选按钮，如图 7-38 所示。选择这个选项生成的 myguest.sql 文件中直接包含了创建数据库和打开数据库命令，避免了将来还原数据库时还要先建库、再还原的麻烦。

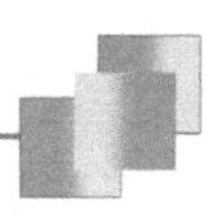

图 7-37　定义模板和导出方式

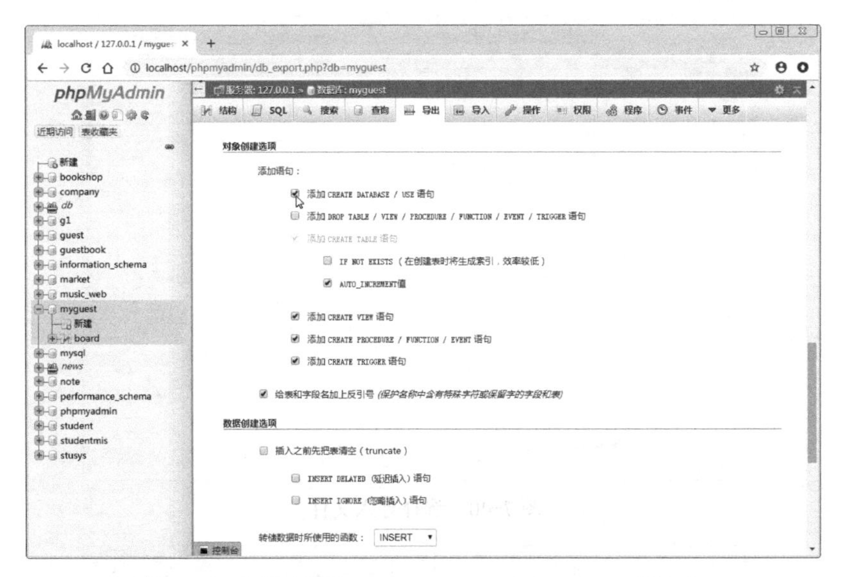

图 7-38　勾选“添加 CREATE DATABASE / USE 语句”

继续滚动页面到页面最下端，单击“执行”按钮，弹出对话框，保存文件 myguest.sql。

⑩ 导入数据库。导入数据库之前应先确保数据库列表中不存在该数据库，如果已经存在，应先删除该数据库，才能执行导入操作。

由于本例练习的是导入上面刚刚建立的数据库 myguest，因此先将该数据库删除。选择要删除的数据库 myguest，选择工具栏上的“操作”选项卡，在打开的窗口中单击“删除数据库”选项，如图 7-39 所示。在弹出的“确认”对话框中单击“确定”按钮即可删除数据库 myguest。

接下来，选择工具栏上的“导入”选项卡，在打开的窗口中单击“选择文件”按钮，如图 7-40 所示。

定位并选择已经生成的 myguest.sql 文件，单击窗口下方的“执行”按钮即可导入数据库 myguest，导入成功的界面如图 7-41 所示。

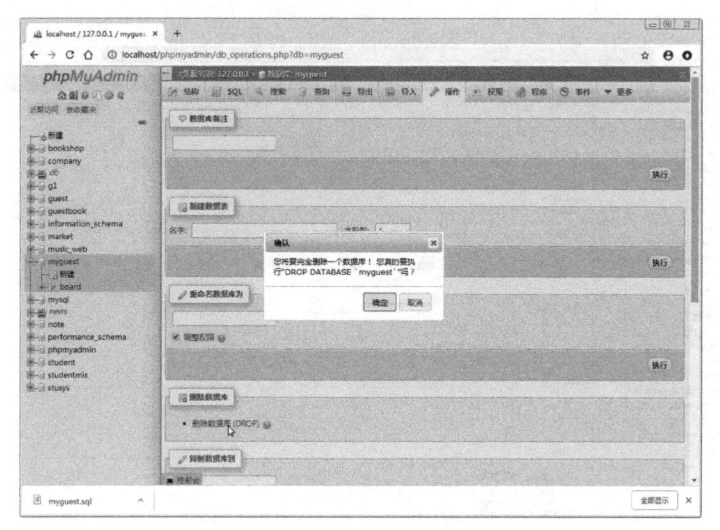

图 7-39　删除数据库

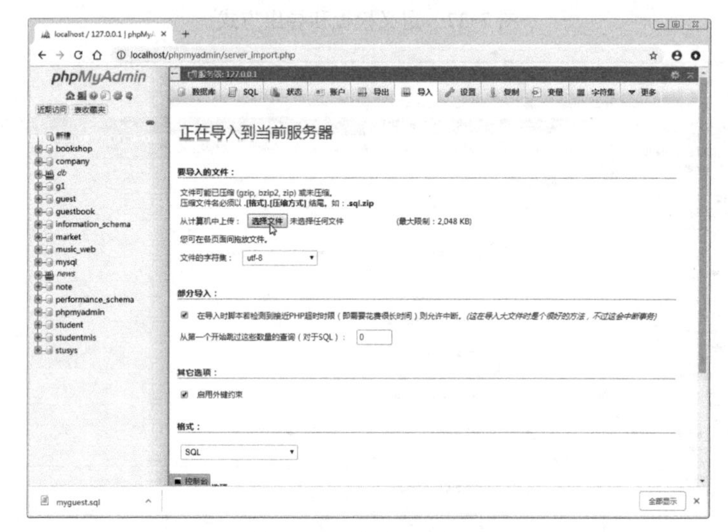

图 7-40　选择导入文件

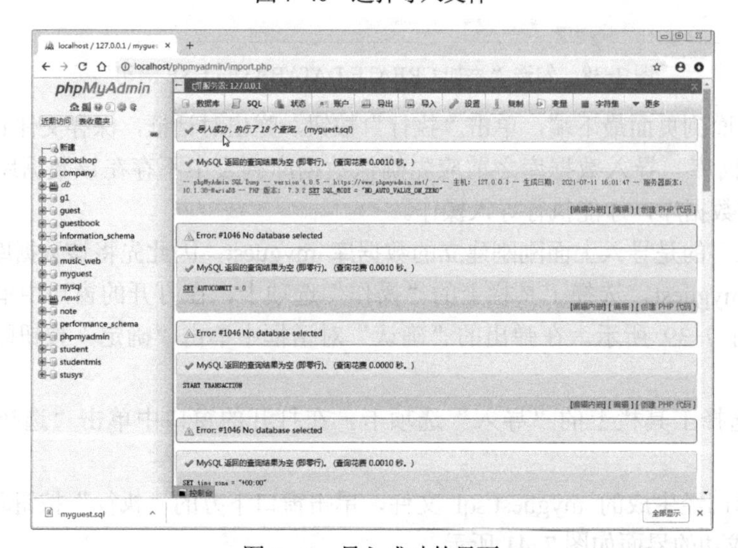

图 7-41　导入成功的界面

phpMyAdmin 的功能很强大，限于篇幅，不可能详尽地进行介绍，有兴趣的读者可以参考其他资料进一步学习 phpMyAdmin 的使用方法。

7.4 习题

1．在 Web 开发中使用数据库有何优点？

2．常见的关系型数据库管理系统有哪些？什么是 SQL 语言？SQL 语言的功能有哪些？

3．简述 MySQL 数据库的特点和数据类型。

4．启动和关闭 MySQL 数据库服务的命令分别是什么？

5．在命令行状态下，进入 MySQL 管理控制台的命令是什么？

6．在 MySQL 管理控制台中以命令行的方式建立新闻管理系统数据库 news，包含管理员表 admins 和新闻表 newsdata 两个表。admins 表的结构如图 7-42 所示，newsdata 表的结构如图 7-43 所示。在此基础上，练习使用数据库和数据表的基本操作命令。

Field	Type	Null	Key	Default	Extra
username	char(10)	NO		NULL	
password	varchar(10)	NO		NULL	

图 7-42 admins 表的结构

Field	Type	Null	Key	Default	Extra
news_id	int(11)	NO	PRI	NULL	auto_increment
news_date	datetime	NO		NULL	
news_type	varchar(20)	NO		NULL	
news_title	varchar(100)	NO		NULL	
news_editor	varchar(100)	NO		NULL	
news_content	text	NO		NULL	

图 7-43 newsdata 表的结构

7．在 MySQL 管理控制台中以命令行的方式建立学生信息管理系统数据库 xscj，包含管理员表 admin、学生信息表 xsb、课程表 kcb 和成绩表 cjb 共 4 个表。admin 表的结构如图 7-44 所示，xsb 表的结构如图 7-45 所示，kcb 表的结构如图 7-46 所示，cjb 表的结构如图 7-47 所示。在此基础上，练习使用数据库和数据表的基本操作命令。

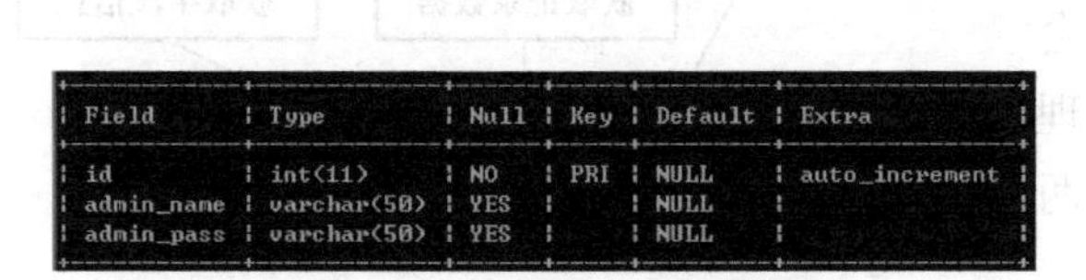

Field	Type	Null	Key	Default	Extra
id	int(11)	NO	PRI	NULL	auto_increment
admin_name	varchar(50)	YES		NULL	
admin_pass	varchar(50)	YES		NULL	

图 7-44 admin 表的结构

Field	Type	Null	Key	Default	Extra
XH	char(6)	NO	PRI	NULL	
XM	char(8)	NO		NULL	
XB	tinyint(1)	YES		1	
CSSJ	date	YES		NULL	
ZY	char(12)	YES		NULL	
ZXF	int(4)	YES		0	
BZ	text	YES		NULL	
ZP	blob	YES		NULL	

图 7-45 xsb 表的结构

Field	Type	Null	Key	Default	Extra
KCH	char(3)	NO	PRI	NULL	
KCM	char(16)	NO		NULL	
KKXQ	tinyint(1)	YES		1	
XS	tinyint(1)	YES		NULL	
XF	tinyint(1)	NO		NULL	

图 7-46 kcb 表的结构

Field	Type	Null	Key	Default	Extra
XH	char(6)	NO	PRI	NULL	
KCH	char(3)	NO	PRI	NULL	
CJ	int(4)	YES		NULL	

图 7-47 cjb 表的结构

8．在 phpMyAdmin 图形操作界面中建立学生信息管理系统数据库 xscj，包含管理员表 admin、学生信息表 xsb、课程表 kcb 和成绩表 cjb 共 4 个表（表的结构同上）。在此基础上，练习使用数据库和数据表的基本操作命令。

第 8 章　PHP 操作 MySQL 数据库

Web 应用系统具有丰富的功能，这些功能的实现离不开应用程序对数据库的访问和操作。一个 Web 应用系统的建设通常包括用户界面和数据库两大部分，其中数据库负责组织、存储和管理数据。而 Web 应用程序则用于构建用户界面，通过数据访问技术实现对数据库的各种操作。

8.1　PHP 操作 MySQL 的一般步骤

PHP 支持绝大多数的数据库，PHP 和 MySQL 是最常用的一种组合。使用 PHP 访问 MySQL，必须让 PHP 程序先能连接 MySQL 数据库服务器，再选择一个数据库作为默认操作的数据库，然后才能向 MySQL 数据库管理系统发送 SQL 语句，其一般步骤如图 8-1 所示。

如果发送的是类似 INSERT、UPDATE 或 DELETE 等 SQL 语句，MySQL 执行完成并对数据表的记录有所影响，说明执行成功。如果发送的是类似 SELECT 这样的 SQL 语句，会返回结果集，还需要对结果集进行处理。处理结果集又包括获取字段信息和获取记录数据两种操作，而多数情况下只需要获取记录数据。程序运行结束后还需要关闭本次连接。

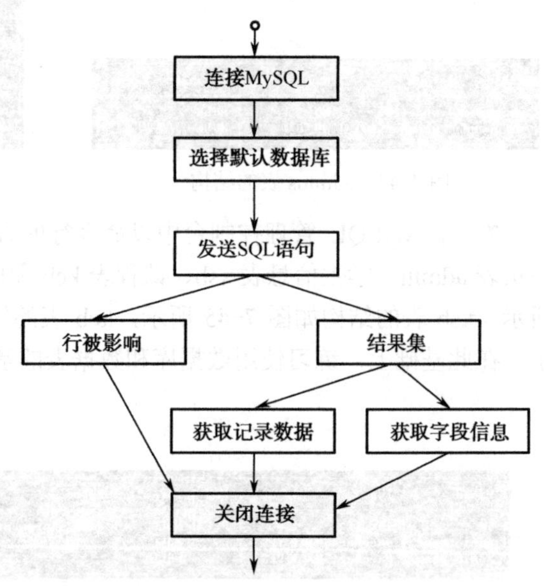

图 8-1　使用 PHP 操作 MySQL 的一般步骤

8.2　MySQL 数据库的基本编程

本节主要讲解如何使用 mysqli 扩展来操作 MySQL 数据库，mysqli 函数库与 mysql 函数库的应用基本类似，大部分函数的使用方法都相同，唯一的区别就是 mysqli 函数库中的函数名称都是以 mysqli 开始的。

本章案例使用的数据库是第 7 章习题第 6 题中建立的数据库 news，包含管理员表 admins 和新闻表 newsdata 共两个表。admins 表的结构如图 8-2 所示，newsdata 表的结构如图 8-3 所示。

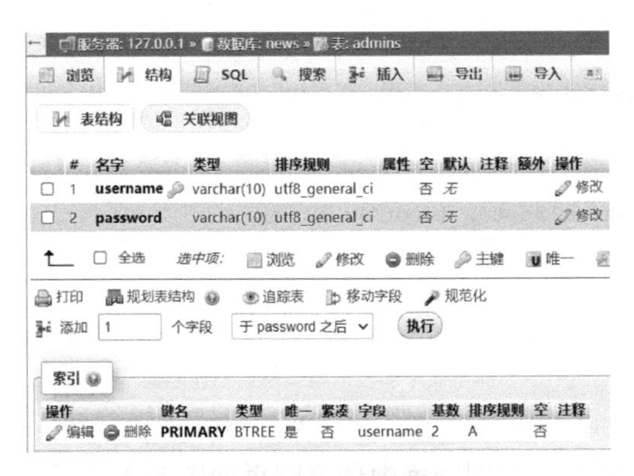

图 8-2　admins 表的结构

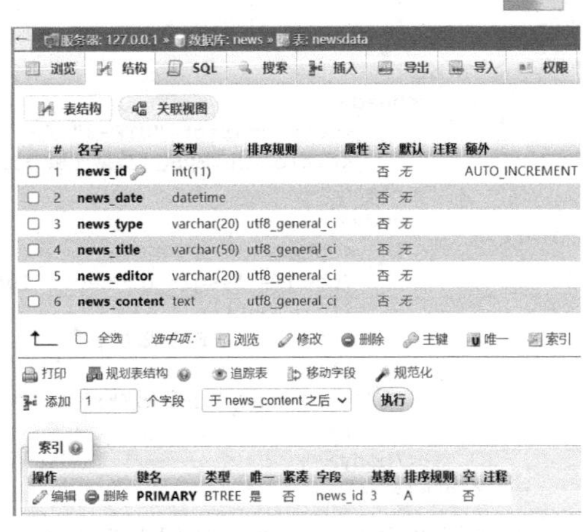

图 8-3　newsdata 表的结构

8.2.1　连接 MySQL 服务器

操作 MySQL 数据库，首先必须与数据库服务器建立连接。PHP 7 开始彻底废弃了对原生 MySQL API 函数库的支持，转而提供增强版的扩展函数库——mysqli，用它来操作 MySQL 数据库的速度要比以前的版本快数倍。PHP 在安装时已经默认开启了这个扩展库，只要调用扩展库公开了的函数接口就可以实现与 MySQL 服务器的连接。

在 mysqli 库中，用于连接 MySQL 服务器的函数是 mysqli_connect()，语法格式如下。

```
mysqli_connect(host,username,password,dbname,port,socket);
```

mysqli_connect()函数的参数说明见表 8-1。

表 8-1　mysqli_connect()函数的参数说明

参　数	说　明
host	MySQL 服务器地址
username	用户名。默认值是服务器进程所有者的用户名
password	密码。默认值是空密码
dbname	连接的数据库名称
port	MySQL 服务器使用的端口号
socket	UNIX 域 socket

【例 8-1】 测试能否连接 MySQL 数据库服务器。运行该程序，如果输出“连接成功”，则表示 PHP 能够正确连接 MySQL。如果输出“连接失败”，则应确认服务器名、用户名和密码是否正确，确认 MySQL 服务器是否已经启动。本例能够正确连接 MySQL 数据库服务器，页面预览的结果如图 8-4 所示。

图 8-4　页面预览结果

操作步骤如下。

例 8-1

① 在 HBuilder 中建立 Web 项目 ch8，其对应的文件夹为 C:\xampp\htdocs\ch8，本章的所有案例均存放于该文件夹中。

② 在 Web 项目 ch8 中新建一个 PHP 文件，命名为 8-1.php，在代码编辑区输入以下代码。

```
<!DOCTYPE html>
<html>
    <head>
        <meta charset="UTF-8" />
        <title>测试 MySQL 数据库服务器的连接</title>
    </head>
    <body>
        <?php
        $conn = mysqli_connect('localhost', 'root', 'root');
        if ($conn)
            echo "连接成功";
        else
            echo "连接失败";
        ?>
    </body>
</html>
```

③ 执行“文件”→“全部保存”命令，保存页面，在浏览器中预览网页如图 8-4 所示。

8.2.2 选择数据库

连接到服务器后，可以选择需要使用的数据库，使用 mysqli_select_db()函数，语法格式如下。

```
bool mysqli_select_db(resource $ link_identifier, string $database_name)
```

说明：$link_identifier 为一个连接标志符，使用之前已经打开的连接。$database_name 参数为要选择的数据库名。若本函数运行成功则返回 TRUE，否则返回 FALSE。例如：

```
<?php
$link=mysqli_connect ('localhost', 'root', 'root') or die('数据库服务器连接失败：'.mysqli_
error($link));
if(mysqli_select_db($link,"news"))
    echo '选择数据库成功';
?>
```

die()函数用于在操作失败时给出提示信息，mysqli_error()函数的作用是获取在数据库操作过程中的错误信息。

需要说明的是，在实际的 Web 应用程序开发过程中，通常将 MySQL 服务器的连接和数据库的选择存放于一个单独的文件中，在需要使用的程序中通过 require 语句包含这个文件即可。这样做既有利于程序的维护，也避免了代码的重复。在本章后面的章节中，将 MySQL 服务器的连接和数据库的选择存放在网站根目录下，命名为 conn.php。

8.2.3 执行 SQL 语句

要对数据库中的表进行操作，通常使用 mysqli_query()函数执行 MySQL 的 SQL 语句，语法格式如下。

```
resource mysqli_query (resource $link_identifier, string $query)
```

$link_identifier 参数指定一个已经打开的连接标识符，如果没有指定则默认为上一个打开的连接。$query 参数为要执行的 SQL 语句。本函数执行成功后将返回一个资源变量来存储 SQL 语句的执行结果。在执行 SQL 语句前，需要打开一个连接并选择相关的数据库。

如果 SQL 语句是查询命令 SELECT，执行 SQL 语句成功则返回查询结果集，否则返回 FALSE；如果 SQL 语句是 INSERT、UPDATE、DELETE 等命令，执行 SQL 语句成功则返回 TRUE，否则返回 FALSE。

例如，下面的代码创建一个连接并选择数据库 news，然后执行 SELECT 语句，生成结果集$result。

```
<?php
$conn= mysqli_connect('localhost','root','root') or die('连接失败');
mysqli_select_db($conn,"news") or die('选择数据库失败');
$sql="select * from newsdata";
$result=mysqli_query($conn,$sql);
if($result)
    echo "SQL 语句执行成功! ";
?>
```

除 SELECT 语句外，mysqli_query()函数还可以执行其他各种 SQL 语句。

例如，执行了一条添加新闻纪录的语句，代码如下。

```
$sql="insert   into   newsdata(news_date,news_type,news_title,news_editor,news_content)
values('2021-5-1 09:10:15','娱乐','电影悬崖之上火爆上映','王小虎','作品感人肺腑，非常震撼')";
$result=mysqli_query($conn,$sql);
```

例如，执行了一条修改新闻纪录的语句，代码如下。

```
$sql="update newsdata set news_editor ='王老虎' where news_editor ='王小虎'";
$result=mysqli_query($conn,$sql);
```

例如，执行了一条删除新闻纪录的语句，代码如下。

```
$sql=" delete from newsdata where news_id>=3";
$result=mysqli_query($conn,$sql);
```

mysqli_query()函数不仅可以执行类似 SELECT、INSERT、UPDATE、DELETE 等 SQL 语句，而且还可以执行选择数据库和设置数据库编码格式的 SQL 语句。

选择数据库的功能与 mysqli_select_db()函数是相同的，代码如下。

```
$result=mysqli_query($conn,"use news");
```

设置数据库编码格式的代码如下。

```
$result=mysqli_query($conn,"set names utf8");
```

8.2.4 处理结果集

使用 mysqli_query()函数执行 SELECT 语句，如果成功，将返回查询结果集。结果集是内存中的一个表，连接数据库是和指定的数据库建立联系，而创建结果集是和该数据库中指定的表建立联系。

mysqli_result 类提供了对数据操作的更多实用方法和属性，能够处理多种有返回值的 SQL 语句，并对 SQL 语句所返回的结果集进行处理，其常用方法如表 8-2 所示。

表 8-2　mysqli_result 类的常用方法

方法名称	说　明
close()	释放内在并关闭结果集，一旦调用结果集就不可再使用了
data_seek()	明确改变当前结果记录顺序
fetch_field()	从结果集中获得某一个字段的信息
fetch_fields()	从结果集中获得全部字段的信息
fetch_field_direct()	从一个指定的列中获得类的详细信息，返回一个包含列信息的对象
fetch_array()	将以一个普通索引数组和关联数组两种形式返回一条结果记录
fetch_assoc()	将以一个普通关联数组的形式返回一条结果记录
fetch_object()	将以一个对象的形式返回一条结果记录
fetch_row()	将以一个普通索引数组的形式返回一条结果记录
field_seek()	设置结果集中字段的偏移位置

除了上述成员方法，mysqli_result 类提供了对数据操作的更多实用属性，如表 8-3 所示。

表 8-3　mysqli_result 类成员属性

属　性	说　明
$current_field	获取当前结果中指向的字段偏移位置，是一个整数
$field_count	结果集中获取列的个数
$lengths	返回一个数组，保存在结果集中获取当前的第一个列的长度
$num_row	返回结果集中（包含）记录的行数

mysqli_result 类的对象默认是通过 mysqli 对象中的 query()方法执行 SELECT 语句返回的，并把所有的数据结果从 mysql 服务器取回到客户端，保存在该对象中。

mysqli_result 类的 fetch_row()、fetch_array()、fetch_assoc()和 fetch_object()这 4 个方法以相似的方法来依次读取结果数据行。它们只在引用字段的方式上有差别。

它们的共同点是，每次调用将自动返回下一条结果记录，如果已经到达结果数据表的末尾，则返回 FALSE。

1．从结果集中获取一行作为索引数组

fetch_row()函数获取结果集中的一行记录，返回到一个索引数组中，它用数字索引取值，是 4 个方法中最方便的一个。使用 fetch_row()函数可以一次读取结果集中的一行记录，然后指针移动到下一行记录，读取完所有记录后将返回 NULL。语法格式如下。

```
array mysqli_fetch_row(resource $result)
```

各个字段需要以$row[$n]的方式读取，其中$row 是从结果集中获取的一行记录返回的数组，$n 为连续的整数下标。

例 8-2

【例 8-2】 使用 fetch_row()获取结果显示新闻记录，页面预览的结果如图 8-5 所示。

图 8-5　使用 fetch_row()获取结果显示新闻记录

操作步骤如下。

① 在 Web 项目 ch8 中新建一个 PHP 文件，命名为 conn.php，在代码编辑区输入以下代码。

```
<?php
//连接服务器
$conn= mysqli_connect('localhost','root','root') or die('连接失败');
//选择数据库
mysqli_select_db($conn,"news") or die('选择数据库失败');
//设置字符集，避免中文乱码
mysqli_query($conn,"SET NAMES utf8");
?>
```

在 Web 项目 ch8 中新建一个 PHP 文件，命名为 8-2.php，在代码编辑区输入以下代码。

```
<!DOCTYPE html>
<html>
    <head>
        <meta charset="UTF-8" />
        <title>使用 fetch_row()获取结果显示新闻记录</title>
    </head>
```

```
        <body>
            <?php
            //包含数据库连接脚本
            require_once 'conn.php';
            //定义 SQL 语句
            $sql = "SELECT * from newsdata";
            //执行查询
            $result = mysqli_query($conn, $sql);
            //查询到记录，返回查询结果并用表格显示
            if (mysqli_num_rows($result) >= 1) {
                while ($row = mysqli_fetch_row($result)) {
                    echo  $row[0]."  ".$row[1]."  ".$row[2]."  ".$row[3]."  ".$row[4]."
".$row[5]."<br>";
                }
            }
            //没有查询到记录
            else {
                echo "表中没有数据！";
            }
            //释放结果集
            mysqli_free_result($result);
            //关闭连接
            mysqli_close($conn);
            ?>
        </body>
    </html>
```

② 执行“文件”→“全部保存”命令，保存页面，在浏览器中预览网页如图 8-5 所示。

2．从结果集中获取一行作为关联数组

fetch_assoc()函数获取结果集中的一行记录，返回到一个关联数组中，并以字段名作为键名，因此可以使用字段名（区分大小写）作为关键字来取值。使用 fetch_assoc()函数可以一次读取结果集中的一行记录，然后指针移动到下一行记录，读取完所有记录后将返回 NULL。语法格式如下。

```
array mysqli_fetch_assoc(resource $result)
```

如果结果集中的两个或两个以上的列具有相同字段名，则最后一列将优先被访问。要访问同名的其他列，必须用该列的数字索引或给该列起个别名。对有别名的列，不能再用原来的列名访问其内容。

【例 8-3】 使用 fetch_assoc()获取结果显示新闻记录，页面预览的结果如图 8-6 所示。

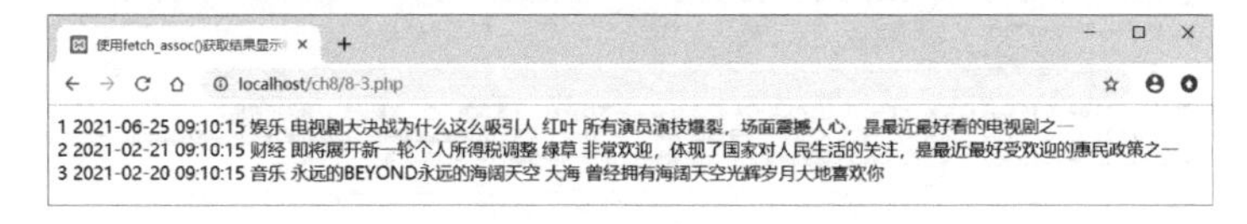

图 8-6　使用 fetch_assoc()获取结果显示新闻记录

操作步骤如下。

① 在 Web 项目 ch8 中新建一个 PHP 文件，命名为 8-3.php，在代码编辑区输入以下代码。

```
    <!DOCTYPE html>
    <html>
        <head>
            <meta charset="UTF-8" />
            <title>使用 fetch_assoc()获取结果显示新闻记录</title>
        </head>
        <body>
            <?php
            //包含数据库连接脚本
            require_once 'conn.php';
```

```
                //定义 SQL 语句
                $sql = "SELECT * from newsdata";
                //执行查询
                $result = mysqli_query($conn, $sql);
                //查询到记录，返回查询结果并用表格显示
                if (mysqli_num_rows($result) >= 1) {
                    while ($row = mysqli_fetch_assoc($result)) {
                        echo $row["news_id"]."".$row["news_date"]."".$row["news_type"]."".$row
["news_title"]."".$row["news_editor"]."".$row["news_content"]."<br>";
                    }
                }
                //没有查询到记录
                else {
                    echo "表中没有数据！";
                }
                //释放结果集
                mysqli_free_result($result);
                //关闭连接
                mysqli_close($conn);
                ?>
            </body>
        </html>
```

② 执行“文件”→“全部保存”命令，保存页面，在浏览器中预览网页如图 8-6 所示。

3．从结果集中获取一行作为索引和关联的混合数组

fetch_array()方法可以说是 fetch()_row 和 fetch_assco()两个方法的结合版本，可以将结果集的各条记录获取为一个索引数组或关联数组，或者同时获取为索引数组或关联数组。mysqli_fetch_array()函数是 mysqli_fetch_row()函数的扩展。语法格式如下。

```
array mysqli_fetch_array(resource $result [, int $ result_type ])
```

可选的$result_type 参数是一个常量，可以是以下值：MYSQL_ASSOC、MYSQL_NUM 和 MYSQL_BOTH。

1）用 MYSQL_BOTH 将得到一个同时包含数字和字段名作为键名的数组。

2）用 MYSQL_ASSOC 将得到字段名作为键名的数组（功能与 fetch_assoc()函数相同）。

3）用 MYSQL_NUM 将得到数字作为键名的数组（功能与 fetch_row()函数相同）。

默认值为 MYSQL_BOTH。

【例 8-4】 使用 fetch_array()获取结果显示新闻记录，页面预览的结果如图 8-7 所示。

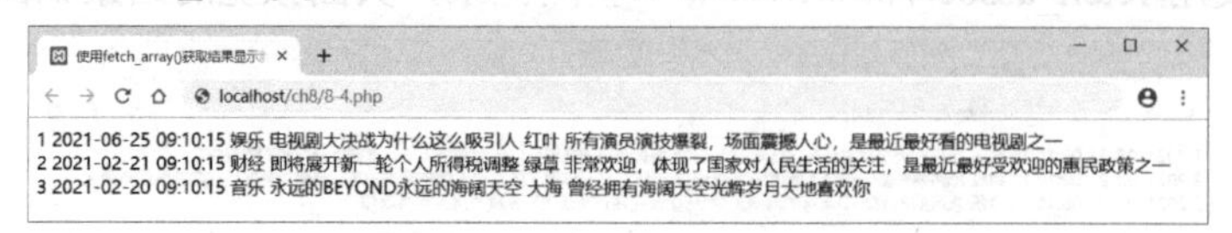

图 8-7 使用 fetch_array()获取结果显示新闻记录

操作步骤如下。

① 在 Web 项目 ch8 中新建一个 PHP 文件，命名为 8-4.php，在代码编辑区输入以下代码。

```
<!DOCTYPE html>
<html>
    <head>
        <meta charset="UTF-8" />
        <title>使用 fetch_array()获取结果显示新闻记录</title>
    </head>
    <body>
        <?php
        //包含数据库连接脚本
        require_once 'conn.php';
```

```
            //定义 SQL 语句
            $sql = "SELECT * from newsdata";
            //执行查询
            $result = mysqli_query($conn, $sql);
            //查询到记录，返回查询结果并用表格显示
            if (mysqli_num_rows($result) >= 1) {
                while ($row = mysqli_fetch_array($result)) {
                    echo $row["news_id"]."".$row[1]."".$row["news_type"]."".$row[3]."".$row
["news_editor"]."".$row[5]."<br>";
                }
            }
            //没有查询到记录
            else {
                echo "表中没有数据！";
            }
            //释放结果集
            mysqli_free_result($result);
            //关闭连接
            mysqli_close($conn);
            ?>
        </body>
    </html>
```

② 执行“文件”→“全部保存”命令，保存页面，在浏览器中预览网页如图 8-7 所示。

4．从结果集中获取一行作为对象

fetch_object()方法与前面 3 个方法不同，它将以一个对象的形式返回一条结果记录，而不是数组。它的各个字段需要以对象的方式进行访问，数据列的名字区分字母大小写。语法格式如下。

```
object mysqli_fetch_object(resource $result)
```

【例 8-5】 使用 fetch_object()获取结果显示新闻记录，页面预览的结果如图 8-8 所示。

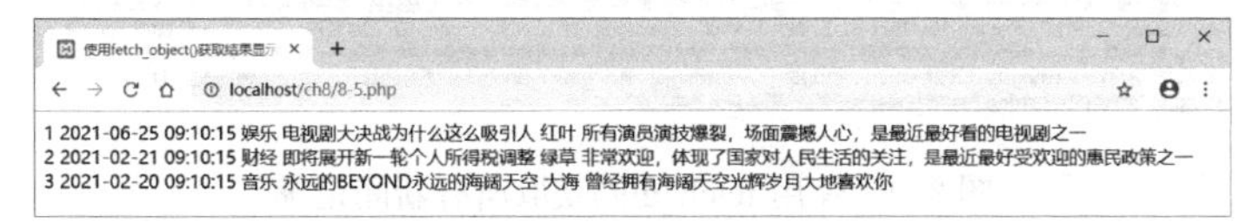

图 8-8　使用 fetch_object()获取结果显示新闻记录

操作步骤如下。

① 在 Web 项目 ch8 中新建一个 PHP 文件，命名为 8-5.php，在代码编辑区输入以下代码。

```
<!DOCTYPE html>
<html>
    <head>
        <meta charset="UTF-8" />
        <title>使用 fetch_object()获取结果显示新闻记录</title>
    </head>
    <body>
        <?php
        //包含数据库连接脚本
        require_once 'conn.php';
        //定义 SQL 语句
        $sql = "SELECT * from newsdata";
        //执行查询
        $result = mysqli_query($conn, $sql);
        //查询到记录，返回查询结果并用表格显示
        if (mysqli_num_rows($result)>= 1) {
            while ($row = mysqli_fetch_object($result)) {
                echo $row->news_id."".$row->news_date."".$row->news_type."".$row->
news_title."".$row->news_editor."".$row->news_content."<br>";
            }
```

```
            }
            //没有查询到记录
            else {
                echo "表中没有数据！";
            }
            //释放结果集
            mysqli_free_result($result);
            //关闭连接
            mysqli_close($conn);
            ?>
        </body>
    </html>
```

② 执行“文件”→“全部保存”命令，保存页面，在浏览器中预览网页如图 8-8 所示。

5．一次查询所有记录

当需要一次查询出所有的记录时，可以通过 mysqli_fetch_all()函数来实现。语法格式如下。

```
array mysqli_fetch_all(result,resulttype)
```

可选的$result_type 参数是一个常量，可以是以下值：MYSQL_ASSOC、MYSQL_NUM 和 MYSQL_BOTH。

1）用 MYSQL_BOTH 将得到一个同时包含数字和字段名作为键名的数组。

2）用 MYSQL_ASSOC 将得到字段名作为键名的数组（功能与 fetch_assoc()函数相同）。

3）用 MYSQL_NUM 将得到数字作为键名的数组（功能与 fetch_row()函数相同）。

默认值为 MYSQL_BOTH。

【例 8-6】 使用 fetch_all()获取所有新闻记录，页面预览的结果如图 8-9 所示。

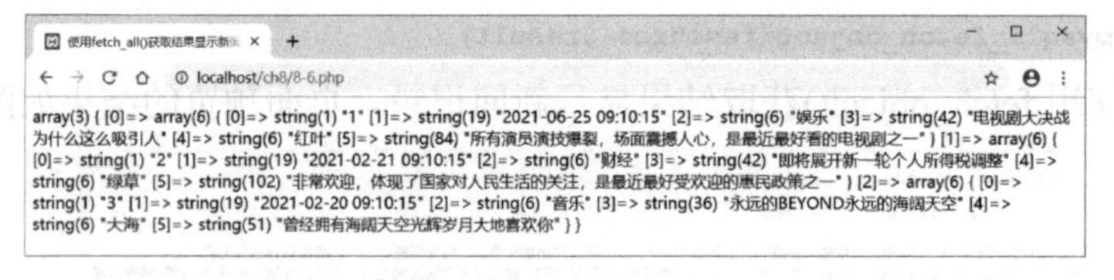

图 8-9　使用 fetch_all()获取所有新闻记录

操作步骤如下。

① 在 Web 项目 ch8 中新建一个 PHP 文件，命名为 8-6.php，在代码编辑区输入以下代码。

```
<!DOCTYPE html>
<html>
    <head>
        <meta charset="UTF-8" />
        <title>使用 fetch_all()获取结果显示新闻记录</title>
    </head>
    <body>
        <?php
        //包含数据库连接脚本
        require_once 'conn.php';
        //定义 SQL 语句
        $sql = "SELECT * from newsdata";
        //执行查询
        $result = mysqli_query($conn, $sql);
        //查询到记录，返回查询结果并用表格显示
        if (mysqli_num_rows($result) >= 1) {
            //查询所有记录，获取数组结果
            $data = mysqli_fetch_all($result);
            //每行记录是一个数组，所有的行组成了$data 数组
            var_dump($data);
        }
        //没有查询到记录
```

```
            else {
                echo "表中没有数据！";
            }
            //释放结果集
            mysqli_free_result($result);
            //关闭连接
            mysqli_close($conn);
            ?>
        </body>
</html>
```

② 执行“文件”→“全部保存”命令，保存页面，在浏览器中预览网页如图 8-9 所示。

6. 获取查询结果集中的记录数

要获取由 SELECT 语句查询到的结果集中的记录总数，必须使用 mysqli_num_rows()函数，此命令仅对 SELECT 语句有效。要取得被 INSERT、UPDATE 或者 DELETE 语句所影响到的行的数目，要使用 mysql_affected_rows()函数。

语法格式如下。

```
int mysqli_num_rows(resource $result)
```

例如，newsdata 表中共有 3 条记录，执行"SELECT * from newsdata"获取的结果集中也是 3 条记录，下面代码用来输出结果集中的记录总数，结果共有 3 条记录。

```
<p>共有<?= mysql_num_rows($result) ?>条记录</p>            //共有 3 条记录
```

7. 从结果集中获取数据列的信息

数据集中通常有多列，mysqli 提供了多种函数以获取列的相关信息，包括列的数量、当前列的位置、名称和长度等数据。

（1）mysqli_num_fileds()函数

本函数用于获取结果集中字段的数量，语法格式如下。

```
int mysqli_num_fields(result)
```

（2）mysqli_fetch_field()函数

本函数用于从返回的对象中获取当前列的信息，语法格式如下。

```
mysqli_fetch_field(result);
```

（3）mysqli_field_seek()函数

本函数用于把字段指针设置为指定字段的偏移量，语法格式如下。

```
mysqli_field_seek(result,fieldnr);
```

fieldnr 规定字段号必须介于 0 和（字段数-1）之间。

【例 8-7】 从结果集中获取数据列的信息，页面预览的结果如图 8-10 所示。

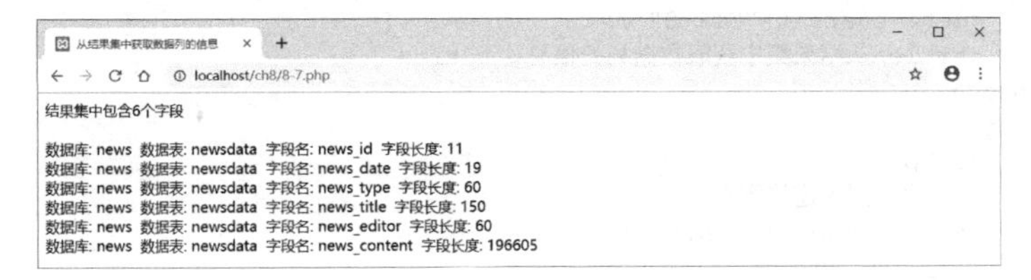

图 8-10　从结果集中获取数据列的信息

操作步骤如下。

① 在 Web 项目 ch8 中新建一个 PHP 文件，命名为 8-7.php，在代码编辑区输入以下代码。

```
<!DOCTYPE html>
```

```
<html>
     <head>
          <meta charset="UTF-8" />
          <title>从结果集中获取数据列的信息</title>
     </head>
          //包含数据库连接脚本
          require_once 'conn.php';
          //定义 SQL 语句
          $sql = "SELECT * from newsdata";
          //执行查询
          $result = mysqli_query($conn, $sql);
          // 获取列数
          $fieldcount = mysqli_num_fields($result);
          echo "结果集
     <body>
          <?php
中包含" . $fieldcount . "个字段<br><br>";
          if ($result = mysqli_query($conn, $sql)) {
               //获取所有列的字段信息
               while ($fieldinfo = mysqli_fetch_field($result)) {
                    echo "数据库: ", $fieldinfo -> db . "  ";
                    echo "数据表: ", $fieldinfo -> table . "  ";
                    echo "字段名: ", $fieldinfo -> name . "  ";
                    echo "字段长度: ", $fieldinfo -> length . "  ";
                    echo "<br>";
               }
          }
          // 释放结果集
          mysqli_free_result($result);
          //关闭连接
          mysqli_close($conn);
          ?>
     </body>
</html>
```

② 执行“文件”→“全部保存”命令，保存页面，浏览器中预览网页如图 8-10 所示。

【例 8-8】 使用字段指针设置字段的偏移量，页面预览的结果如图 8-11 所示。

图 8-11　从结果集中获取数据列的信息

操作步骤如下。

① 在 Web 项目 ch8 中新建一个 PHP 文件，命名为 8-8.php，在代码编辑区输入以下代码。

```
<!DOCTYPE html>
<html>
     <head>
          <meta charset="UTF-8" />
          <title>从结果集中获取数据列的信息</title>
     </head>
     <body>
          <?php
          //包含数据库连接脚本
          require_once 'conn.php';
          //定义 SQL 语句
          $sql = "SELECT * from newsdata";
          //执行查询
          if ($result = mysqli_query($conn, $sql)) {
               //使用字段指针设置字段的偏移量为 3，即表中第 4 个字段 news_title
               mysqli_field_seek($result, 3);
               //获取当前指针指向数据列的信息
               $fieldinfo = mysqli_fetch_field($result);
```

```
            echo "字段名: ", $fieldinfo -> name;
        }
        // 释放结果集
        mysqli_free_result($result);
        //关闭连接
        mysqli_close($conn);
        ?>
    </body>
</html>
```

② 执行“文件”→“全部保存”命令，保存页面，浏览器中预览网页如图 8-11 所示。

8．释放结果集

应用程序处理完结果集后，需要释放结果集，以释放系统资源。释放结果集的函数为 mysqli_free_result()，语法格式如下。

```
bool mysqli_free_result(resource $result)
```

8.2.5　其他 MySQL 函数

1．mysqli_affected_rows()函数

本函数用于获取 MySQL 最后执行的 INSERT、UPDATE 或者 DELETE 语句所影响的行数，语法格式如下。

```
int mysqli_affected_rows(resource $link_identifier)
```

$link_identifier 参数为已经建立的数据库连接标志符。如果本函数执行成功则返回受影响的行的数目，否则将返回 1。需要注意的是，本函数只对改变数据库中记录的操作起作用，对于 SELECT 语句，本函数将不会得到预期的行数。

【例 8-9】 mysqli_affected_rows()函数示例，页面预览的结果如图 8-12 所示。

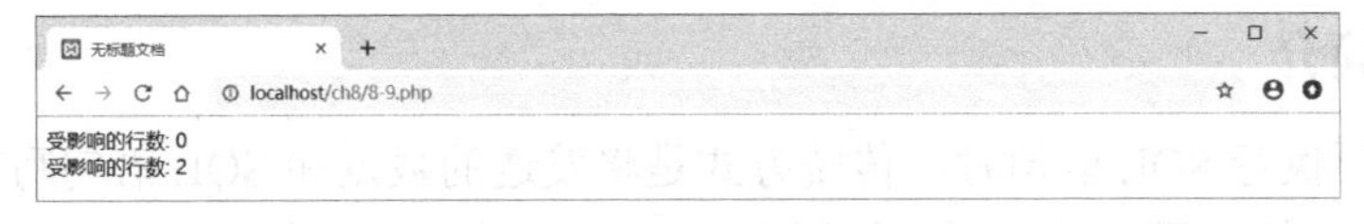

图 8-12　页面预览结果

操作步骤如下。

① 在 Web 项目 ch8 中新建一个 PHP 文件，命名为 8-9.php，在代码编辑区输入以下代码。

```
<!DOCTYPE html>
<html>
    <head>
        <meta charset="UTF-8" />
        <title>无标题文档</title>
    </head>
    <body>
        <?php
        //包含数据库连接脚本
        require_once 'conn.php';
        //定义 SQL 语句
        $sql = "SELECT * from newsdata";
        //本函数只对改变数据库中记录的操作起作用,对于 select 语句无效
        echo "受影响的行数: ".mysqli_affected_rows($conn);
        echo "<br>";
        //表中共有 3 条记录，删除 news_id>=2 后两条记录被删除
        mysqli_query($conn,"delete from newsdata WHERE news_id>=2");
        echo "受影响的行数: ".mysqli_affected_rows($conn);
        //关闭连接
        mysqli_close($conn);
        ?>
```

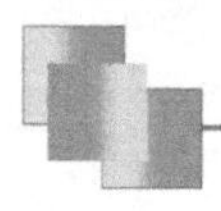


```
    </body>
</html>
```

② 执行“文件”→“全部保存”命令，保存页面，浏览器中预览网页如图 8-12 所示。

【说明】由于本程序需要删除记录，读者在练习本程序之前最好先将数据库导出备份，待程序调试完毕后，及时将数据库导入还原，以免影响后续程序对数据库的使用。

2．mysqli_error()函数

mysqli_error()函数用于返回最近函数调用的错误代码，语法格式如下。

```
mysqli_error(connection)
```

8.2.6 关闭连接

当一个已经打开的连接不再需要时，可以使用 mysqli_close()函数将其关闭，语法格式如下。

```
bool mysqli_close( resource $link_identifier )
```

参数$link_identifier 为指定的连接标识符。通常编程中可以不使用 mysqli_close()函数，因为已打开的连接会在脚本执行完毕后自动关闭。

8.3 预处理和参数绑定

在项目开发中，当需要将用户输入的数据添加到 SQL 语句时，就需要 PHP 拼接字符串，这种方式不仅效率低，而且安全性差，一旦忘记转义外部数据中的特殊符号，就会导致 SQL 注入的风险。因此，mysqli 扩展提供了预处理的解决方式，实现了 SQL 语句与数据的分离，并且支持批量操作。

8.3.1 预处理简介

当 PHP 需要执行 SQL 语句时，传统方式是将发送的数据和 SQL 语句写在一起，这种方式使每条 SQL 语句都需要经过分析、编译和优化；而预处理方式则是预先编译一次用户提交的 SQL 模板，在操作时，发送相关数据即可完成更新操作，这极大地提高了运行效率，而且无须考虑数据中包含特殊字符（如单引号）导致的语法问题。

图 8-13 展示了预处理方式与传统方式在数据处理上的区别。

图 8-13 预处理方式与传统方式在数据处理上的区别

从图 8-13 可以看出，要实现 SQL 语句的预处理，首先需要预处理一个待执行的 SQL 语句模板，然后为该模板进行参数绑定，最后将用户提交的数据内容发送给 MySQL 执行，完成预处理的执行。

8.3.2　mysqli_stmt 类

在学习通过预处理语句处理数据库的高级操作之前，首先要了解 mysqli_stmt 类。mysqli_stmt 类有着一系列的方法可直接实现 PHP 与数据库的交互，见表 8-4。

表 8-4　mysqli_stmt 类常用方法

方法名称	说　明
bind_param()	该方法把预处理语句各有关参数绑定到一些 PHP 变量上，注意参数的先后顺序
bind_result()	预处理语句执行查询之后，利用该方法将变量绑定到所获取的字段
close()	一旦预处理语句使用结束之后，它所占用的资源可以通过该方法回收
data_seek()	在预处理语句中移动内部结果的指针
execute()	执行准备好的预处理语句
fetch()	获取预处理语句结果的每条记录，并将相应的字段赋给绑定结果
free_result()	回收由该对象指定的语句占用的内存
result_metadata()	从预处理中返回结果集原数据
prepare()	无论是绑定参数还是绑定结果，都需要使用该方法准备要执行的预处理语句
send_long_data()	发送数据块
reset	重新设置预处理语句
store_result()	从预处理语句中获取结果集

mysqli_stmt 类同样提供了可直接访问的属性，获取指定的数据，见表 8-5。

表 8-5　mysqli_stmt 类属性

属性	说　明
$affected_rows	返回该对象指定的最后一条语句所影响的记录数。该属性只与插入、修改和删除三种查询有关
$erron	返回该对象指定最近所执行语句的错误代码
$error	返回该对象指定最近所执行语句的错误描述字符串
$param_count	返回给定的预处理语句中需要绑定的参数个数
$sqlstate	从先前的预处理语句中返回 SQL 状态错误代码
$num_rows	返回 stmt 对象指定的 SELECT 语句获取的记录数

8.3.3　预处理和参数绑定的实现

通过 mysqli_stmt 类使用预处理语句处理数据有如下几个步骤。

① 获取预处理语句对象，存储在 MySQL 服务器上但不执行。

② 将预处理语句中的参数绑定 PHP 变量。

③ 执行处理好的语句。

④ 释放资源。

1．获取预处理语句对象

mysqi_prepare()函数用于预处理一个待执行的 SQL 语句，获得一个 mysqli_stmt 对象，语法格式如下。

```
mysqli_stmt mysqli_prepare ( mysqli $link , string $query )
```

在上述声明中，参数$link 表示数据库连接，$query 表示 SQL 语句模板。当函数执行后，成功返回预处理对象，失败返回 FALSE。

SQL 语句中的有关参数使用点位符号代替，通常使用“?”号作为占位号。这条准备执行的 SQL 语句就会被允许存储在 MySQL 服务器上，但并不执行。示例代码如下。

```
# SQL 正常语法
update 'user' set 'name'='aa' where 'id'=1
# SQL 模板语法
update 'user' set 'name'=? where 'id'=?
```

SQL 语句模板语法，对于字符串内容，“?”占位符的两边无须使用引号包裹。例如，向 newsdata 表中添加数据，但这些数据需要从 PHP 变量值中获取，那么可以先定义预处理语句对象，代码如下。

```
<?php
$stmt=$ mysqli_prepare ("insert into newsdata(news_type,news_title) values (?,?)");
?>
```

2．模板的参数绑定

创建完 mysqli_stmt 对象并准备了要执行的 SQL 语句后，需要使用对象的 bind_param()方法，把在预处理语句中使用点位符表示的各个参数，绑定到 PHP 变量上，并注意先后顺序。语法格式如下。

```
bool mysqli_stmt_bind_param (
     mysqli_stmt $stmt, //预处理对象
     tring $types,      //数据类型
     mixed &$var1, //绑定变量 1（引用传参）
     [, mixed&$... ]          //绑定变量 n...（可选参数，可绑定多个，引用传参）
)
```

在上述格式中，参数$stmt 是必需的，表示由 mysqli_prepare()返回的预处理对象；$types 用于指定被绑定变量的数据类型，它是由一个或多个字符组成的字符串；后面的$var（可以是多个参数）表示需要绑定的变量，且其个数必须与$types 字符串的长度一致。该函数执行成功返回 TRUE，失败则返回 FALSE。每个参数的数据类型必须使用相应的字符明确给出，表示绑定参数的数据类型字符，见表 8-6。

表 8-6　参数绑定时的数据类型字符

字符	含　义
i	描述变量的数据类型为 MySQL 中的 integer 类型
d	描述变量的数据类型为 MySQL 中的 double 类型
s	描述变量的数据类型为 MySQL 中的 string 类型
b	描述变量的数据类型为 MySQL 中的 blob 类型

例如，向 newsdata 表中添加数据，其中新闻编号数据类型是 integer 类型，新闻类型和标题都是字符串类型，那么"insert into newsdata(news_id,news_type,news_title) values(?,?,?)"语句中，3 个参数的数据类型根据顺序是 iss。

现有 PHP 变量$news_id、$news_type、$news_title 分别表示添加新闻的编号、类型和标题，因此使用如下语句。

```
stmt=$mysqli_prepare("insert into newsdata(news_id,news_type,news_title)values(?,?,?)");
mysqli_stmt_bind_param ($stmt,"iss", news_id, $news_type, $news_title);
```

上述代码中，"iss"代表相应占位符的数据类型，$news_id、$news_type、$news_title 则表

示绑定的 PHP 变量。通过 bind_param()方法将变量绑定到相应的字段之后，为了实际执行的那条 SQL 命令，还需要把参数值存入绑定的 PHP 变量。补充上述代码，绑定变量并存入数据的代码如下所示。

```
<?php
require_once 'conn.php';
$stmt = mysqli_prepare($conn,"insert into newsdata(news_id,news_type,news_title)value
(?,?,?)");
mysqli_stmt_bind_param ($stmt,"iss",$news_id, $news_id, $news_title);
$news_id=4;
$news_type="财经";
$news_title="降低准备金率已经箭在弦上";
?>
```

3．预处理的执行

在完成参数绑定后，接下来应该将数据内容发送给 MySQL 执行。mysqli_stmt_execute()函数用于执行预处理，语法格式如下。

```
bool mysqli_stmt_execute ( mysqli_stmt $stmt )
```

在上述声明中，$stmt 参数表示由 mysqli_prepare()函数返回的预处理对象。当函数执行成功后返回 TRUE，执行失败则返回 FALSE。

4．回收资源

当用户不再需要 mysqli_stmt 对象时，应该立刻明确地释放它占用的资源，可以通过该对象中的 close()方法回收。这么做不仅从本地内存释放了这个对象，还通知 MySQL 服务器后面不会再有这样的命令了，删除它的预处理语句。语法格式如下。

```
bool mysqli_stmt_close($stmt);
```

【例 8-10】 使用预处理语句向 newsdata 表插入记录。执行预处理语句之前表中的记录如图 8-14 所示，执行预处理语句向 newsdata 表插入记录之后，表中的记录如图 8-15 所示。

←T→	news_id	news_date	news_type	news_title	news_editor	news_content
编辑 复制 删除	1	2021-06-25 09:10:15	娱乐	电视剧大决战为什么这么吸引人	红叶	所有演员演技爆裂，场面震撼人心，是最近最好看的电视剧之一
编辑 复制 删除	2	2021-02-21 09:10:15	财经	即将展开新一轮个人所得税调整	绿草	非常欢迎，体现了国家对人民生活的关注，是最近最好受欢迎的惠民政策之一
编辑 复制 删除	3	2021-02-20 09:10:15	音乐	永远的BEYOND永远的海阔天空	大海	曾经拥有海阔天空光辉岁月大地喜欢你

图 8-14　预处理语句之前表中的记录

←T→	news_id	news_date	news_type	news_title	news_editor	news_content
编辑 复制 删除	1	2021-06-25 09:10:15	娱乐	电视剧大决战为什么这么吸引人	红叶	所有演员演技爆裂，场面震撼人心，是最近最好看的电视剧之一
编辑 复制 删除	2	2021-02-21 09:10:15	财经	即将展开新一轮个人所得税调整	绿草	非常欢迎，体现了国家对人民生活的关注，是最近最好受欢迎的惠民政策之一
编辑 复制 删除	3	2021-02-20 09:10:15	音乐	永远的BEYOND永远的海阔天空	大海	曾经拥有海阔天空光辉岁月大地喜欢你
编辑 复制 删除	4	0000-00-00 00:00:00	财经	降低准备金率已经箭在弦上		
编辑 复制 删除	5	0000-00-00 00:00:00	娱乐	电影悬崖之上首映		

图 8-15　预处理语句之后表中的记录

操作步骤如下。

① 在 Web 项目 ch8 中新建一个 PHP 文件，命名为 8-10.php，在代码编辑区输入以下代码。

```
<!DOCTYPE html>
<html>
    <head>
        <meta charset="UTF-8" />
        <title>使用预处理语句向 newsdata 表插入记录</title>
    </head>
    <body>
        <?php
        //包含数据库连接脚本
        require_once 'conn.php';
```

```
            $stmt=mysqli_prepare($conn,"insert into newsdata(news_id,news_type,news_title)
values(?,?,?)");
            mysqli_stmt_bind_param($stmt,"iss",$news_id,$news_type,$news_title);
            $news_id = 4;
            $news_type = "财经";
            $news_title = "降低准备金率已经箭在弦上";
            //执行预处理（第一次执行）
            mysqli_stmt_execute($stmt);
            //为第二次执行重新赋值
            $news_id = 5;
            $news_type = "娱乐";
            $news_title = "电影悬崖之上首映";
            //执行预处理（第二次执行）
            mysqli_stmt_execute($stmt);
            //关闭预处理语句
            mysqli_stmt_close($stmt);
            //关闭连接
            mysqli_close($conn);
            ?>
        </body>
    </html>
```

② 执行“文件”→“全部保存”命令，保存页面，在浏览器中预览网页如图 8-14 和图 8-15 所示。

8.4 数据的分页显示

分页是一种将所有信息分段显示给浏览器用户的技术。下面就详细介绍如何在 PHP 中实现分页显示 MySQL 的数据。

8.4.1 分页显示的原理

所谓分页显示，即将数据库中的结果集手动地分成一段一段的显示。分页显示需要两个初始的参数。

$row_per_page：表示每页多少条记录。

$page_num：表示当前是第几页。

现在只要再有一个结果集，就可以显示某段特定的结果出来。至于其他的参数，例如，上一页、下一页、总页数等，都可以根据以上信息得到。

以 MySQL 数据库为例，如果要从 table 表内截取某段内容，SQL 语句代码如下。

```
select * from table limit offset, rows
```

例如，下面是一组 SQL 语句，从中可以发现规律。

取前 10 条记录：

```
select * from table limit 0,10
```

取第 11 至 20 条记录：

```
select * from table limit 10,10
```

取第 21 至 30 条记录：

```
select * from table limit 20,10
```

这一组 SQL 语句其实就是当$page_num 是 10 的时候，取表内每一页数据的 SQL 语句。可以总结出这样一个模板：

```
select * from table limit ($page_num - 1) * $row_per_page, $row_per_page
```

8.4.2　分页的实现

实现分页的步骤如下。

① 定义 SQL 语句，求出总记录个数$row_count_sum。

② 确定记录跨度$row_per_page，即每页显示的记录数，假设设置为每页显示两条记录。

③ 计算总页数$page_count。根据公式“总记录数/跨度”，如果有余数则进位取整来计算总页数$page_count。

④ 获取传递的当前页数$page_num，通过三目运算符计算判断是否是第一页或者最后一页。

⑤ 最后为 SQL 语句添加 limit 子句，计算查询的起始行位置并执行 SQL 语句，得到显示范围的结果集。

⑥ 在页面中输出显示当前页的数据。

⑦ 显示分页汇总信息，输出分页控制链接，实现“第一页”“上一页”“下一页”和“最后一页”的链接指向，并进行页码参数传递。

【例 8-11】 使用分页显示 newsdata 表中的新闻记录，每页显示两条记录，页面预览的结果如图 8-16 所示。

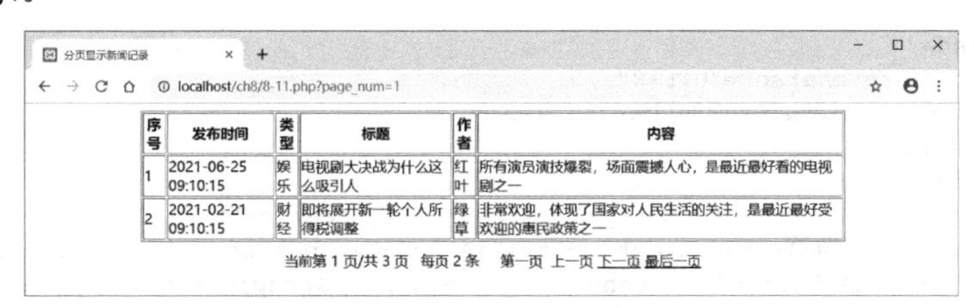

序号	发布时间	类型	标题	作者	内容
1	2021-06-25 09:10:15	娱乐	电视剧大决战为什么这么吸引人	红叶	所有演员演技爆裂，场面震撼人心，是最近最好看的电视剧之一
2	2021-02-21 09:10:15	财经	即将展开新一轮个人所得税调整	绿草	非常欢迎，体现了国家对人民生活的关注，是最近最好受欢迎的惠民政策之一

图 8-16　分页显示新闻记录

操作步骤如下。

① 在 Web 项目 ch8 中新建一个 PHP 文件，命名为 8-11.php，在代码编辑区输入以下代码。

例 8-11

```
<?php
require_once 'conn.php';
//定义 SQL 语句
$sql = "SELECT *from newsdata";
if (isset($_GET['page_num'])) {//如果有传递的页码
     //得到要提取的页码
     $page_num = $_GET['page_num'];
} else {
     //首次进入时,没有传递的页码，因此页码为 1
     $page_num = 1;
}
//得到总记录数
$result = mysqli_query($conn, $sql);
$row_count_sum = mysqli_num_rows($result);
//设置每页记录数
$row_per_page = 2;
//总页数
$page_count = ceil($row_count_sum / $row_per_page);
//判断是否为第一页或者最后一页
$is_first = ($page_num == 1) ? 1 : 0;
$is_last = ($page_num == $page_count) ? 1 : 0;
//查询起始行位置
$start_row = ($page_num - 1) * $row_per_page;
```

```
        //为 SQL 语句添加 limit 子句
        $sql .= " limit $start_row,$row_per_page";
        //执行查询
        $result = mysqli_query($conn, $sql);
        //结果集行数
        $rows_count = mysqli_num_rows($result);
        //查询到记录，返回查询结果并用表格显示
        if ($rows_count >= 1) {
            echo "<table align='center' border='1' width='800'><tr><th>序号</th><th>发布时间
</th><th>类型</th><th>标题</th><th>作者</th><th>内容</th></tr>";
            while ($row = mysqli_fetch_assoc($result)) {
                echo"<tr><td>".$row["news_id"]."</td><td>".$row["news_date"]."</td><td>".$row
["news_type"]."</td><td>".$row["news_title"]."</td><td>".$row["news_editor"]."</td><td>".$row
["news_content"]."</td></tr>";
            }
            echo "</table>";
        }
        //没有查询到记录
        else {
            echo "表中没有数据！";
        }
        //释放结果集
        mysqli_free_result($result);
        //关闭连接
        mysqli_close($conn);
        ?>
        <!DOCTYPE html>
        <html>
            <head>
                <meta charset="UTF-8" />
                <title>分页显示新闻记录</title>
            </head>
            <body>
                <div style="margin-top:10px;text-align:center">
                    当前第 <font color="#AA0066"><?php echo $page_num; ?></font> 页
/共 <font color="#AA0066"><?php echo $page_count; ?> </font>页   每页
 <font color="#AA0066"><?php echo $row_per_page; ?></font> 条    
                    <?php
                        if(!$is_first){     //如果不是第一页，则显示链接“第一页”“上一页”
                    ?>
                        <a href="8-11.php?page_num=1">第一页</a> <a href="8-11.php?page_
num=<?php echo ($page_num-1) ?>">上一页</a>
                    <?php
                    }
                    else{                   //如果是第一页，则显示文字“第一页”“上一页”
                    ?>
                        第一页  上一页
                    <?php
                    }
                    if(!$is_last){          //如果不是最后一页，则显示链接“下一页”“最后一页”
                    ?>
                        <a href="8-11.php?page_num=<?php echo ($page_num+1) ?>">下一页</a>
<a href="8-11.php?page_num=<?php echo $page_count ?>">最后一页</a>
                    <?php
                    }
                    else{                   //如果是最后一页，则显示文字“下一页”“最后一页”
                    ?>
                        下一页  最后一页
                    <?php
                    }
                    ?>
                </div>
            </body>
        </html>
```

② 执行“文件”→“全部保存”命令，保存页面，浏览器中预览网页如图 8-16 所示。

8.5　综合案例——用户登录程序

综合前面所学的 PHP 操作数据库技术和会话技术，下面讲解一个综合案例的制作过程。

【例 8-12】 制作一个登录页面，当用户输入正确的用户名和密码登录成功后，进入显示新闻信息的页面，页面预览的结果如图 8-17 所示。

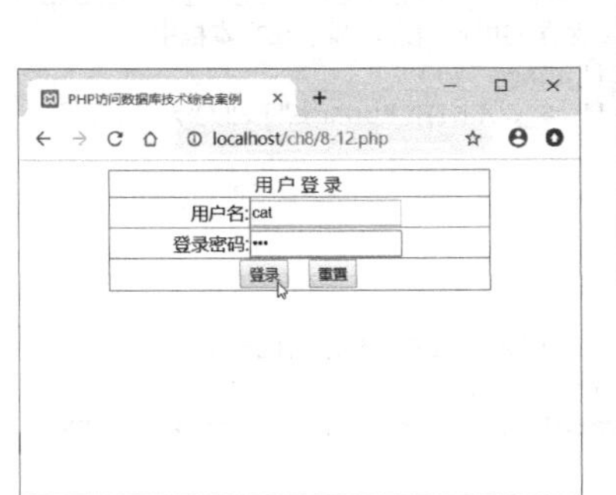

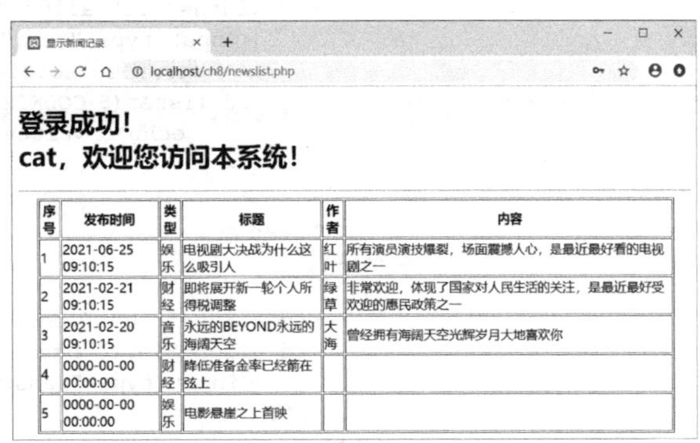

图 8-17　用户登录页面

操作步骤如下。

① 在 Web 项目 ch8 中新建本例的两个 PHP 文件，分别是登录页 8-12.php、显示新闻页 newslist.php。

登录页 8-12.php 的代码如下。

例 8-12

```
<?php
require_once 'conn.php';
if (isset($_POST["Submit"])) {
    //接受用户名和密码
    $username = $_POST["username"];
    $password = $_POST["password"];
    //如果是点击“登录”后，则进行验证用户身份
    if ($username != "" and $password != "") {
        //检验用户名和密码是否正确
        $query = "select * from admins where username='$username' and password=
'$password'";
        $rst = mysqli_query($conn, $query);
        if (mysqli_num_rows($rst) == 0) {
            echo "用户名或密码错误，请重新输入！";
        } else {
            //注册 session,做后台管理页登录的身份验证
            session_start();
            //启动会话
            $_SESSION["username"] = $_POST["username"];
            //使用 Cookie 保存登录的用户名 30 天,下次登录直接在文本框中加载用户名
            setcookie("uname", $_POST["username"], time() + 60 * 60 * 24 * 30);
            //跳转到显示新闻页
            header("location:newslist.php");
        }
    }
}
?>
<!DOCTYPE html>
<html>
    <head>
        <meta charset="UTF-8" />
```

```
            <title>PHP 访问数据库技术综合案例</title>
        </head>
        <body>
            <form name="form1" method="post" action="">
                <table width="341" height="105" border="0" align="center" cellpadding=
"0" cellspacing="1" bgcolor="#666666">
                    <tr>
                        <td colspan="2" align="center" bgcolor="#FFFFFF">用 户 登 录 </td>
                    </tr>
                    <tr>
                        <td width="126" align="right" bgcolor="#FFFFFF">用户名:</td>
                        <td width="212" align="left" bgcolor="#FFFFFF">
                            <input type="text" name="username" size="16" <?php
                            //如果读取到了 Cookie 保存的用户信息，显示在文本框中
                            if (isset($_COOKIE["uname"]))
                                echo " value='".$_COOKIE["uname"]."'";
                            ?>
                            >
                        </td>
                    </tr>
                    <tr>
                        <td align="right" bgcolor="#FFFFFF">登录密码:</td>
                        <td align="left" bgcolor="#FFFFFF">
                            <input type="password" name="password" size="16">
                        </td>
                    </tr>
                    <tr>
                        <td colspan="2" align="center" bgcolor="#FFFFFF">
                            <input type="submit" name="Submit" value="登录">
                              
                            <input type="reset" name="Submit2" value="重置">
                        </td>
                    </tr>
                </table>
            </form>
        </body>
    </html>
```

显示新闻页 newslist.php 的代码如下。

```
<?php
//启动会话
session_start();
//如果未登录，没有设置 Session 变量“username”，跳转到登录页
if (!isset($_SESSION['username'])) {
    header('Location:8-12.php');
}
?>
<!DOCTYPE html>
<html>
    <head>
        <meta charset="UTF-8" />
        <title>显示新闻记录</title>
    </head>
    <body>
        <?php
        if (isset($_SESSION['username'])) {
            echo "<h1>登录成功! <br>";
            echo $_SESSION['username'].", 欢迎您访问本系统! </h1><hr>";
        }
        //包含数据库连接脚本
        require_once 'conn.php';
        //定义 SQL 语句
        $sql = "SELECT *from newsdata";
        //执行查询
        $result = mysqli_query($conn, $sql);
```

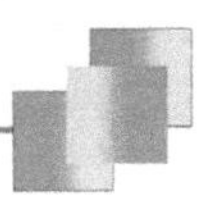

```
                //查询到记录，返回查询结果并用表格显示
                if (mysqli_num_rows($result) >= 1) {
                    echo "<table align='center' border='1' width='800'><tr><th>序号</th><th>
发布时间</th><th>类型</th><th>标题</th><th>作者</th><th>内容</th></tr>";
                    while ($row = mysqli_fetch_assoc($result)) {
                        echo  "<tr><td>"  .  $row["news_id"]  .  "</td><td>"  .  $row["news_
date"] . "</td><td>" . $row["news_type"] . "</td><td>" . $row["news_title"] . "</td><td>" .
$row["news_editor"] . "</td><td>" . $row["news_content"] . "</td></tr>";
                    }
                    echo "</table>";
                }
                //没有查询到记录
                else {
                    echo "表中没有数据！";
                }
                //释放结果集
                mysqli_free_result($result);
                //关闭连接
                mysqli_close($conn);
            ?>
        </body>
    </html>
```

② 执行“文件”→“全部保存”命令，保存页面，浏览器中预览网页如图 8-17 所示。

8.6　习题

1．简述使用 PHP 访问 MySQL 的基本流程。

2．连接 MySQL 数据库服务器的函数是什么？连接到服务器后，选择数据库的函数是什么？怎样设置数据库编码格式？

3．在 PHP 的 MySQL 函数库中，哪个函数可以取得查询结果集中的记录总数？

4．mysql_fetch_row()和 mysql_fetch_array()之间存在哪些区别？

5．什么是预处理？实现预处理的基本步骤是什么？

6．制作一个分页程序，实现留言信息的分页显示，页面预览的结果如图 8-18 所示。

图 8-18　题 6 图

第9章　使用PHP数据对象访问数据库

PDO 扩展类库为使用 PHP 访问各种不同类型的数据库定义了一个轻量级、一致的接口。无论用户使用何种数据库，都可以通过一致的函数执行查询和获取数据，屏蔽了异构数据库之间的差异。

9.1　PHP 数据对象简介

PHP 7 之前处理各种数据库系统，包括 MySQL、PostgreSQL、Oracle、SQL Server 等，访问不同的 DBMS 所使用的扩展函数也是不同的。例如，在第 8 章介绍的 mysqli 函数只能访问 MySQL 数据库。如果需要处理 Oracle，就必须安装和重新学习 PHP 中处理 Oracle 的扩展函数库，如图 9-1 所示。

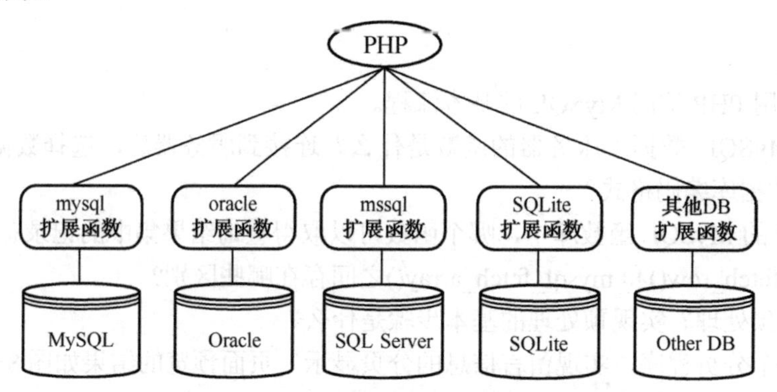

图 9-1　访问不同数据库要使用不同的扩展函数库

为了解决这个问题，数据库抽象层被引入到 PHP 开发中。通过数据库抽象层，PHP 程序把数据处理和数据库连接分开，程序连接的数据库的类型不影响 PHP 业务逻辑程序。

PDO 是 PHP 数据对象（PHP Data Object）的缩写，它是实现数据库抽象层的数据库抽象类，其作用是统一各种数据库的访问接口，能够轻松地在不同数据库之间进行切换，使得 PHP 程序在数据库间的移植更加容易实现，如图 9-2 所示。

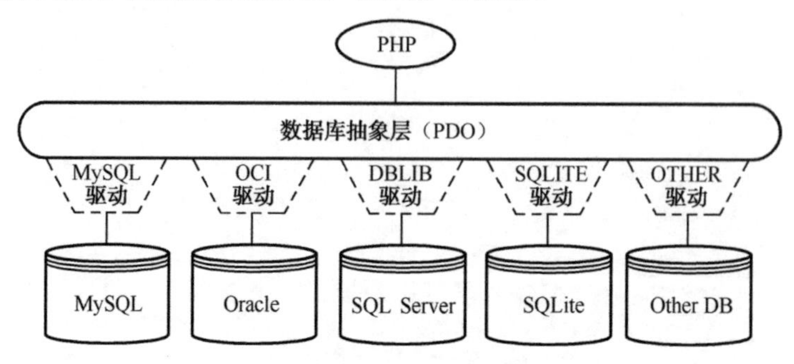

图 9-2　PDO 数据库抽象层的应用体系结构

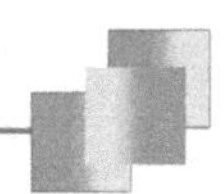

PDO 类是 PHP 中最为突出的功能之一。PHP 5 版本以后，基于 PDO 抽象层，PHP 程序可以采用若干不同的数据库支持方案。

PDO 扩展是模块化的，能够在程序运行时为数据库后端加载驱动程序，而不必重新编译或安装整个 PHP 程序。例如，PDO_MySQL 扩展会替代 PDO 扩展实现 MySQL 数据库 API。PDO 对各种数据库的支持及对应使用的驱动名称，见表 9-1。

表 9-1　PDO 对各种数据库的支持及对应使用的驱动名称

驱动名称	对应访问的数据库
PDO_CUBRID	Cubrid
PDO_DBLIB	FreeTDS / Microsoft SQL Server 2005 / Sybase
PDO_FIREBIRD	Firebird/Interbase 6
PDO_IBM	IBM DB2
PDO_INFORMIX	IBM Informix Dynamic Server
PDO_MYSQL	MySQL 3.x/4.x/5.x
PDO_OCI	Oracle (OCI=Oracle Call Interface)
PDO_ODBC	ODBC v3 (IBM DB2, unixODBC and win32 ODBC)
PDO_PGSQL	PostgreSQL
PDO_SQLITE	SQLite 3 及 SQLite 2
PDO_SQLSRV	Microsoft SQL Server 2008 及以上/ SQL Azure
PDO_4D	4D

9.2　PDO 的安装

在 Windows 环境下的 PHP 7 版本中，PDO 和主要数据库的驱动同 PHP 一起作为扩展发布，要激活它们只需要简单地编辑 php.ini 文件，去掉相应数据库 PDO 驱动 dll 之前的注释符（;）即可。例如：

```
[PHP_PDO_MYSQL]
extension=pdo_mysql                        //激活 MySQL 的 PDO 驱动
[PHP_PDO_ODBC]
extension=pdo_odbc                         //激活 ODBC 的 PDO 驱动
[PHP_SQLITE]
extension=pdo_sqlite                       //激活 SQLITE 的 PDO 驱动
```

保存修改的 php.ini 文件变化，重启 Apache 服务器，查看 phpinfo 页，就可以看到系统中已经安装的 PDO 驱动，如图 9-3 所示。

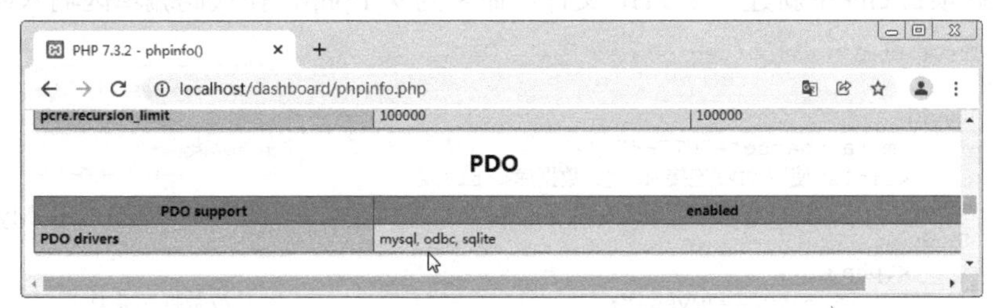

图 9-3　系统中已经安装的 PDO 驱动

9.3 使用 PDO 连接数据库

使用 PDO 与不同 DBMS 之间交互时，PDO 对象中的成员方法是统一各种数据库的访问接口，所以在使用 PDO 与数据库交互之前，首先要创建一个 PDO 对象。在通过构造方法创建对象的同时，需要建立一个与数据库服务器的连接，并选择一个数据库。

创建 PDO 对象的语句格式如下。

```
$db=new PDO(DSN,username,password);
```

其中，DSN 是数据源名，username 为连接数据库的用户名，password 为密码。针对不同 DBMS 的 DSN 是不同的，见表 9-2。

表 9-2 针对不同 DBMS 的 DSN

DBMS	DSN
Sybase	sybase:host=localhost;dbname=testdb
MySQL	mysql:host=localhost;dbname=testdb
SQL Server	sqlsrv:Server=localhost;Database=testdb
Oracle	oci:dbname=//localhost:1521/testdb
ODBC	odbc:testdb
PostgreSQL	pgsql:host=localhost;port=5432;dbname=testdb

DSN 是 Data Source Name（数据源名称）的缩写，提供连接数据库需要的信息。PDO 的 DSN 包括 3 部分：PDO 驱动名称（如 MySQL、SQLite 或 ODBC），冒号和驱动特定的语法。每种数据库都有其特定的驱动语法。

由于一个数据库服务器中可能同时拥有多个数据库，所以在通过 DSN 连接数据库时，通常包括数据库名称，这样可以确保连接的是用户想要的数据库，而不是其他的数据库。

【例 9-1】 使用 PDO 连接 MySQL 数据库。运行该程序，如果输出“PDO 连接 MySQL 成功”，则表示 PDO 能够正确连接 MySQL。如果连接失败则输出数据库连接失败信息。本例能够正确连接 MySQL 数据库，页面预览的结果如图 9-4 所示。

例 9-1

操作步骤如下。

① 在 HBuilder 中建立 Web 项目 ch9，其对应的文件夹为 C:\xampp\htdocs\ch9，本章的所有案例均存放于该文件夹中。

② 在 Web 项目 ch9 中新建一个 PHP 文件，命名为 9-1.php，在代码编辑区输入以下代码。

```
<!DOCTYPE html>
<html>
    <head>
        <meta charset="UTF-8" />
        <title>使用 PDO 连接 MySQL 数据库</title>
    </head>
    <body>
        <?php
            $db_type="mysql";                    //数据库类型
            $db_name="news";                     //新闻管理数据库
            $username="root";                    //用户名
            $password="root";                    //密码
            $host="localhost";                   //主机名
```

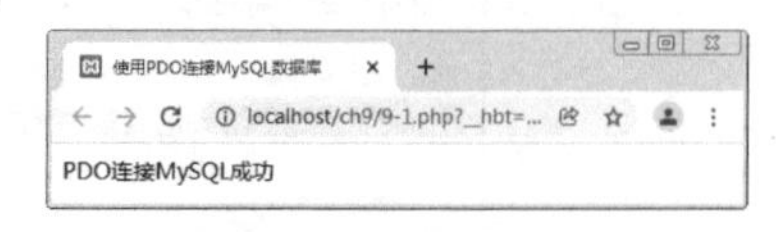

图 9-4 PDO 连接 MySQL 成功

```
            $dsn="$db_type:host=$host;dbname=$db_name";
            try{                              //捕获异常
                $pdo=new pdo($dsn,$username,$password);      //实例化 PDO 对象
                echo "PDO 连接 MySQL 成功";
            }catch(Exception $e){
                echo $e->getMessage()."<br/>";               //输出错误信息
            }
        ?>
    </body>
</html>
```

③ 执行“文件”→“全部保存”命令，保存页面，在浏览器中预览网页如图 9-4 所示。

9.4　PDO 中执行 SQL 语句

创建 PDO 对象并成功连接 MySQL 数据库之后，接着可以通过 PDO 对象执行 SQL 语句。PDO 对象提供了以下几种执行 SQL 语句的方法：PDO::exec()方法、PDO::query()方法、PDO::prepare()方法和 PDOStatement::execute()方法，接下来详细讲解这些方法。

9.4.1　PDO::exec()方法

PDO 对象的 exec()方法主要用于执行 INSERT、UPDATE 和 DELETE 语句，该方法成功执行后，将返回受影响的行数，其语法格式如下。

```
int PDO::exec ( string $statement )
```

其中，变量$statement 代表要被执行的 SQL 语句。

【例 9-2】 PDO::exec()方法的使用，页面预览的结果如图 9-5 所示。

例 9-2

操作步骤如下。

① 在 Web 项目 ch9 中新建一个 PHP 文件，命名为 9-2.php，在代码编辑区输入以下代码。

```
<!DOCTYPE html>
<html>
    <head>
        <meta charset="UTF-8" />
        <title>PDO::exec()方法的使用</title>
    </head>
    <body>
    <?php
        try{
            $pdo=new PDO("mysql:host=localhost;dbname=news","root","root");
        }catch(PDOException $e){
            echo "数据库连接失败".$e->getMessage();
            exit;
        }
        $query="update newsdata set news_editor='小海' where news_id=4";
        //使用 exec()方法可以执行 INSERT、UPDATE 和 DELETE 的操作
        $result=$pdo->exec($query);
        if($result){
            echo "数据表 student 中受影响的行数为: ".$result."条";
        }else{
            print_r($pdo->errorInfo());
        }
    ?>
    </body>
</html>
```

PDO::exec()方法的使用
localhost/ch9/9-2.php
数据表student中受影响的行数为：1条

图 9-5　PDO::exec()方法的使用

② 执行“文件”→“全部保存”命令，保存页面，在浏览器中预览网页如图 9-5 所示。

9.4.2 PDO::query()方法

PDO 对象的 query()方法主要用于执行 SELECT 语句，如果该方法成功执行，则返回一个结果集（PDOStatement）对象，其语法格式如下。

```
PDOStatement PDO::query ( string $statement )
```

其中，变量$statement 代表要被执行的 SQL 语句，PDOStatement 代表结果集。如果想要获取结果集中数据记录的个数，可以调用 PDOStatement 对象中的 rowCount()方法。

【例 9-3】 PDO::query()方法的使用，页面预览的结果如图 9-6 所示。

操作步骤如下。

① 在 Web 项目 ch9 中新建一个 PHP 文件，命名为 9-3.php，在代码编辑区输入以下代码。

```
<!DOCTYPE html>
<html>
    <head>
        <meta charset="UTF-8" />
        <title>PDO::query()方法的使用</title>
    </head>
    <body>
    <?php
        try{
            $pdo=new PDO("mysql:host=localhost;dbname=news","root","root");
        }catch(PDOException $e){
            echo "数据库连接失败". $e->getMessage();
            exit;
        }
        $sql="select * from newsdata where news_type= '音乐'";
        $result=$pdo->query($sql);         //执行 SELECT 查询，并返回 PDOStatement 对象
        echo "一共从表中获取到".$result->rowCount()."条记录: <hr>";     //输出结果条数
        foreach ($result as $value) {            //循环遍历结果集对象
            echo $value['news_id']."   ".$value['news_type']."  ".
                $value['news_title']."  ".$value['news_editor']."<br>";
        }
    ?>
    </body>
</html>
```

图 9-6 PDO::query()方法的使用

② 执行“文件”→“全部保存”命令，保存页面，在浏览器中预览网页如图 9-6 所示。

9.4.3 PDO::prepare()方法和 PDOStatement::execute()方法

当同一个查询需要多次执行时（有时需要迭代传入不同的列值），使用预处理语句的方式来实现效率会更高。预处理语句包括 prepare()和 execute()两种方法。首先，通过 prepare()方法做查询的准备工作，然后通过 execute()方法执行查询，其语法结构形式如下。

```
PDOStatement PDO::prepare ( string $statement [, array $driver_options ] )
bool PDOStatement::execute ([ array $input_parameters ] )
```

其中，参数 statement 表示合法的 SQL 语句；参数 driver_options 是一个数组，此数组包含一个或多个键值对来设置 PDOStatement 对象的属性。该函数如果执行成功，则返回一个 PDOStatement 对象，失败返回 FALSE 或抛出异常 PDOException。

9.5 PDO 中获取结果集

PDO 的数据获取方法与其他数据库扩展非常类似，只要成功执行 SELECT 查询，都会有

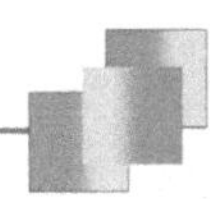

结果集对象生成。不管是使用 PDO 对象中的 query()方法，还是使用 prepare()和 excute()等方法结合的预处理语句，执行 SELECT 查询都会得到相同的结果集 PDOStatement，而且都需要通过 PDOStatement 类对象中的方法将数据遍历出来。接下来介绍 PDOStatement 类中常见的几个获取结果集数据的方法。

9.5.1　fetch()方法

fetch()方法获取结果集中的下一行数据，其语法格式如下。

```
mixed PDOStatement::fetch ([ int $fetch_style [, int $cursor_orientation [, int $cursor_offset ]]] )
```

其中，参数$fetch_style 表示控制结果集的返回方式，其可选值见表 9-3。

表 9-3　fetch_style 控制结果集返回方式的可选值

值	说　明
PDO::FETCH_ASSOC	关联数组形式
PDO::FETCH_NUM	数字索引数组形式
PDO::FETCH_BOTH（默认）	关联数组形式和数字索引数组形式的混合
PDO::FETCH_OBJ	按照对象的形式，类似于以前的 mysql_fetch_object()
PDO::FETCH_BOUND	以布尔值的形式返回结果，同时获取的列值赋给 bindParam()方法中的指定变量
PDO::FETCH_LAZY	以关联数组、数字索引数组和对象 3 种形式返回结果

参数 cursor_orientation 表示 PDOStatement 对象的一个滚动游标，可用于获取指定的一行；参数 cursor_offset 表示游标的偏移量。

【例 9-4】 fetch()方法的使用，页面预览的结果如图 9-7 所示。

操作步骤如下。

① 在 Web 项目 ch9 中新建一个 PHP 文件，命名为 9-4.php，在代码编辑区输入以下代码。

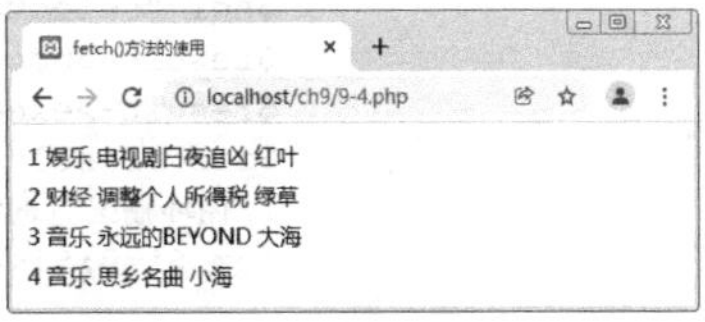

图 9-7　fetch()方法的使用

```
<!DOCTYPE html>
<html>
    <head>
        <meta charset="UTF-8" />
        <title> fetch()方法的使用</title>
    </head>
    <body>
    <?php
        try{
            $pdo=new PDO("mysql:host=localhost;dbname=news","root","root");
        }catch(PDOException $e){
            echo "数据库连接失败". $e->getMessage();
            exit;
        }
        $sql="select * from newsdata";
        $result=$pdo->prepare($sql);          //准备查询语句
        $result->execute();                   //执行查询语句，并返回结果集
        while($row=$result->fetch(PDO::FETCH_ASSOC)){
    ?>
        <table border="0">
            <tr>
                <td height="22"><?php echo $row['news_id'];?></td>
                <td height="22"><?php echo $row['news_type'];?></td>
                <td height="22"><?php echo $row['news_title'];?></td>
                <td height="22"><?php echo $row['news_editor'];?></td>
            </tr>
```

```
            </table>
            <?php
                }
            ?>
        </body>
</html>
```

② 执行“文件”→“全部保存”命令，保存页面，在浏览器中预览网页如图 9-7 所示。

9.5.2 fetchAll()方法

fetchAll()方法获取结果集中的所有行，其语法格式如下。

```
array PDOStatement::fetchAll ([ int $fetch_style [, int $column_index ]] )
```

其中，参数 fetch_style 表示控制结果集的返回方式，其可选值见表 9-3。

参数 column_index 表示字段的索引；该函数返回值是一个包含结果集中所有数据的二维数组。

【例 9-5】 fetchAll()方法的使用，页面预览的结果如图 9-8 所示。

操作步骤如下。

① 在 Web 项目 ch9 中新建一个 PHP 文件，命名为 9-5.php，在代码编辑区输入以下代码。

图 9-8 fetchAll()方法的使用

```
<!DOCTYPE html>
<html>
    <head>
        <meta charset="UTF-8" />
        <title>fetchAll()方法的使用</title>
    </head>
    <body>
    <?php
        try{
            $pdo=new PDO("mysql:host=localhost;dbname=news","root","root");
        }catch(PDOException $e){
            echo "数据库连接失败". $e->getMessage();
            exit;
        }
        $sql="select * from newsdata";
        $result=$pdo->prepare($sql);            //准备查询语句
        $result->execute();                     //执行查询语句，并返回结果集
        $res=$result->fetchAll(PDO::FETCH_ASSOC);
        //循环输出查询结果集，并且设置结果集为关联数组形式
        for($i=0;$i<count($res);$i++){
    ?>
        <table border="0">
            <tr>
                <td height="22"><?php echo $res[$i]['news_id'];?></td>
                <td height="22"><?php echo $res[$i]['news_type'];?></td>
                <td height="22"><?php echo $res[$i]['news_title'];?></td>
                <td height="22"><?php echo $res[$i]['news_editor'];?></td>
            </tr>
        </table>
        <?php
            }
        ?>
    </body>
</html>
```

② 执行“文件”→“全部保存”命令，保存页面，在浏览器中预览网页如图 9-8 所示。

9.5.3 fetchColumn()方法

fetchColumn()方法获取结果集中下一行指定列的值，其语法格式如下。

```
string PDOStatement::fetchColumn ([ int $column_number ] )
```

其中，可选参数$column_number 设置行中列的索引值，该值从 0 开始。如果省略该参数，则将从第 1 列开始取值。

【例 9-6】 fetchColumn()方法的使用，页面预览的结果如图 9-9 所示。

操作步骤如下。

① 在 Web 项目 ch9 中新建一个 PHP 文件，命名为 9-6.php，在代码编辑区输入以下代码。

```
<!DOCTYPE html>
<html>
    <head>
        <meta charset="UTF-8" />
        <title>fetchColumn()方法的使用</title>
    </head>
    <body>
    <?php
        try{
            $pdo=new PDO("mysql:host=localhost;dbname=news","root","root");
        }catch(PDOException $e){
            echo "数据库连接失败". $e->getMessage();
            exit;
        }
        $sql="select * from newsdata";
        $result=$pdo->prepare($sql);            //准备查询语句
        $result->execute();                     //执行查询语句，并返回结果集
    ?>
        <table border="0">
            <tr><td height="22"><?php echo $result->fetchColumn(3);?></td></tr>
            <tr><td height="22"><?php echo $result->fetchColumn(3);?></td></tr>
            <tr><td height="22"><?php echo $result->fetchColumn(3);?></td></tr>
            <tr><td height="22"><?php echo $result->fetchColumn(3);?></td></tr>
        </table>
    </body>
</html>
```

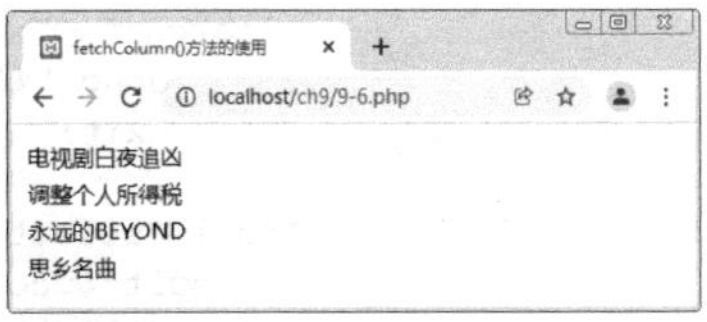

图 9-9　fetchColumn()方法的使用

② 执行“文件”→“全部保存”命令，保存页面，在浏览器中预览网页如图 9-9 所示。

9.6 PDO 中的错误处理

在 PDO 中有两个获取程序中错误信息的方法：errorCode()方法和 errorInfo()方法。

9.6.1 errorCode()方法

errorCode()方法用于获取在操作数据库句柄时所发生的错误代码，这些错误代码被称为 SQLSTATE 代码，其语法格式如下。

```
int PDOStatement::errorCode ( void )
```

该函数返回一个 SQLSTATE，它是一个由 5 个字母或数字组成的在 ANSI SQL 标准中定义的标识符。简要地说，一个 SQLSTATE 由前面两个字符的类值和后面 3 个字符的子类值组成。如果数据库句柄没有进行操作，则返回 NULL。

【例 9-7】 errorCode()方法的使用，页面预览的结果如图 9-10 所示。

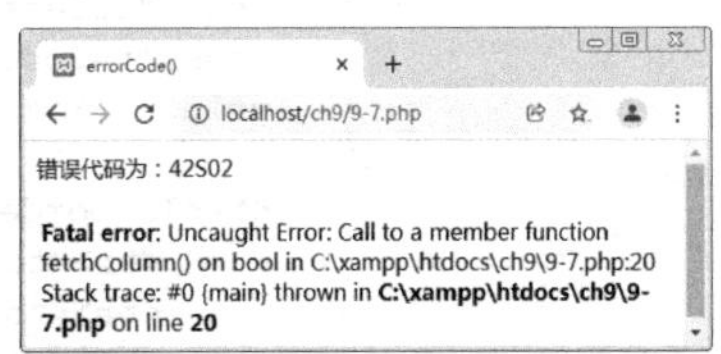

图 9-10　errorCode()方法的使用

操作步骤如下。

① 在 Web 项目 ch9 中新建一个 PHP 文件，命名为 9-7.php，在代码编辑区输入以下代码。

```
<!DOCTYPE html>
<html>
     <head>
          <meta charset="UTF-8" />
          <title>errorCode()</title>
     </head>
     <body>
     <?php
          try{
               $pdo=new PDO("mysql:host=localhost;dbname=news","root","root");
          }catch(PDOException $e){
               echo "数据库连接失败". $e->getMessage();
               exit;
          }
          $sql="select * from abc";                    //不存在表 abc，故意编写错误的 sql 语句
          $result=$pdo->query($sql);                   //准备查询语句
          echo "错误代码为: ".$pdo->errorCode();       //使用 errorCode()方法输出错误代码
     ?>
          <table border="0">
               <tr><td height="22"><?php echo $result->fetchColumn(3);?></td></tr>
               <tr><td height="22"><?php echo $result->fetchColumn(3);?></td></tr>
               <tr><td height="22"><?php echo $result->fetchColumn(3);?></td></tr>
               <tr><td height="22"><?php echo $result->fetchColumn(3);?></td></tr>
          </table>
     </body>
</html>
```

② 执行“文件”→“全部保存”命令，保存页面，在浏览器中预览网页如图 9-10 所示。

9.6.2 errorInfo()方法

errorInfo()方法用于获取操作数据库句柄时所发生的错误信息，其语法格式如下。

```
array PDOStatement::errorCode ( void )
```

errorInfo()方法返回值为一个数组，它包含了相关的错误信息。

【例 9-8】 errorInfo()方法的使用，页面预览的结果如图 9-11 所示。

操作步骤如下。

① 在 Web 项目 ch9 中新建一个 PHP 文件，命名为 9-8.php，在代码编辑区输入以下代码。

```
<!DOCTYPE html>
<html>
     <head>
          <meta charset="UTF-8" />
          <title>errorInfo()</title>
     </head>
     <body>
     <?php
          try{
               $pdo=new PDO("mysql:host=localhost;dbname=news","root","root");
          }catch(PDOException $e){
               echo "数据库连接失败". $e->getMessage();
               exit;
          }
          $sql="select * from abc";               //不存在表 abc，故意编写错误的 sql 语句
          $result=$pdo->query($sql);              //准备查询语句
          print_r($pdo->errorInfo());             //如果程序执行出错输出错误信息
     ?>
          <table border="0">
               <tr><td height="22"><?php echo $result->fetchColumn(3);?></td></tr>
               <tr><td height="22"><?php echo $result->fetchColumn(3);?></td></tr>
               <tr><td height="22"><?php echo $result->fetchColumn(3);?></td></tr>
               <tr><td height="22"><?php echo $result->fetchColumn(3);?></td></tr>
          </table>
```

errorInfo()
localhost/ch9/9-8.php
Array ([0] => 42S02 [1] => 1146 [2] => Table 'news.abc' doesn't exist)

Fatal error: Uncaught Error: Call to a member function fetchColumn() on bool in C:\xampp\htdocs\ch9\9-8.php:20 Stack trace: #0 {main} thrown in **C:\xampp\htdocs\ch9\9-8.php** on line **20**

图 9-11 errorInfo()方法的使用

```
    </body>
</html>
```

② 执行“文件”→“全部保存”命令，保存页面，在浏览器中预览网页如图 9-11 所示。

9.7　综合案例——查询新闻内容

本实例中的查询留言内容代码实现了典型的站内搜索关键字的功能。

例 9-9

【例 9-9】 查询新闻内容。当单击“查询”按钮时，首先，判断文本框内容是否为空；其次，使用 PDO 抽象层连接 MySQL 数据库，并在 try…catch 内部利用 PDO 对象句柄调用 query()函数执行查询操作；最后，输出查询结果。页面预览的结果如图 9-12 所示。

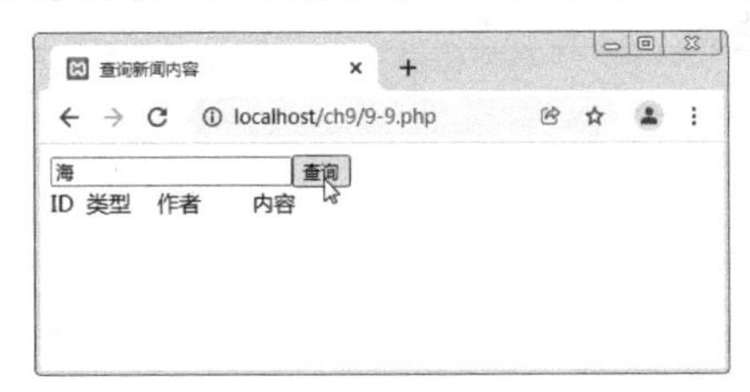

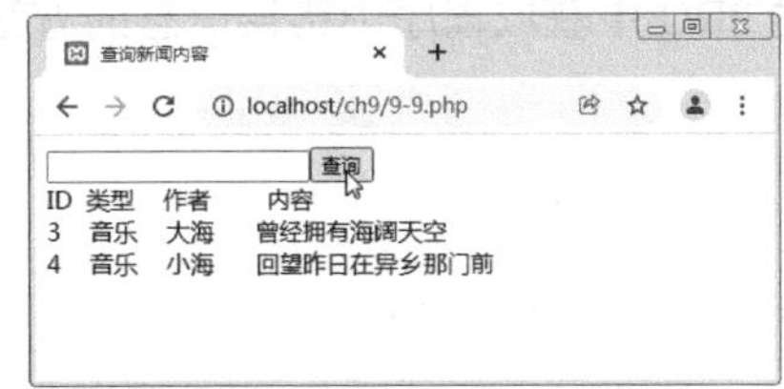

图 9-12　查询新闻内容

操作步骤如下。

① 在 Web 项目 ch9 中新建一个 PHP 文件，命名为 9-9.php，在代码编辑区输入以下代码。

```
<!DOCTYPE html>
<html>
    <head>
        <meta charset="UTF-8" />
        <title>查询新闻内容</title>
    </head>
    <body>
        <form action="" method="post">
            <input class="a" type="text" name="text" value="">
            <input class="b"type="submit" name="sub" value="查询">
        </form>
        <?php
        echo "ID  类型    作者    
    内容<br>";
        if(isset($_POST['sub'])){
            if($_POST['text']=="" || $_POST['text']=="输入查询内容"){
                echo "文本框内容不能为空";
            }else{
                try{
                    $pdo=new PDO("mysql:host=localhost;dbname=news","root","root");
                }catch(PDOException $e){
                    echo "数据库连接失败". $e->getMessage();
                    exit;
                }
                $key=$_POST['text'];
                $sql="select * from newsdata where news_editor like '%$key%'";
                $result=$pdo->query($sql);    //执行 select 查询，并返回 PDOStatement 对象
                foreach ($result as $value) {      //循环遍历结果集对象
                    echo value['news_id']."    ".$value['news_type'].
                    "    ".$value['news_editor']."  
                        ".$value['news_content']."<br>";
                }
```

```
                }
            }
            ?>
        </body>
    </html>
```

② 执行“文件”→“全部保存”命令，保存页面，在浏览器中预览网页如图 9-12 所示。

9.8 习题

1．什么是 PDO？简述其基本思想。
2．简述 PDO 的安装方法。
3．简述使用 PDO 连接数据库的方法。
4．简述 PDO 中获取结果集的方法。
5．简述 PDO 中获取程序中错误信息的方法。

第10章　图像处理技术

PHP 目前在 Web 开发领域已经被广泛地应用，互联网上已经有近半数的站点采用 PHP 作为核心语言。PHP 不仅可以生成 HTML 页面，而且可以创建和操作二进制形式数据，如图像、文件等，其中使用 PHP 操作图形可以通过 GD2 函数库来实现。使用 GD2 函数库可以在页面中绘制各种图形图像，以及统计图，如果与 Ajax 技术相结合还可以制作各种动态图表。

10.1　PHP 处理的常用图像格式

图像格式是计算机存储图片的格式，下面介绍一下在 PHP 中可以处理的常用图像格式。

1．GIF

GIF 是图形文件格式（Graphics Interchange Format）的缩写，它是无损压缩格式，广泛用于网络，用来存储包含文本、直线和单块颜色的图像。GIF 使用 LZW（Lempel Ziv Welch，一种由 Lempel、Ziv 和 Welch 发明的基于表查询算法的文件压缩方法）无损数据压缩技术进行压缩，这样既减少了文件大小，又不会降低可视质量。

2．JPEG

JPEG 是联合图像专家小组（Join Photographic Experts Group）的缩写，它是目前网络上最流行的图像格式，文件扩展名为 jpg 或 jpeg。JPEG 压缩后可以保留基本的图像和颜色的层次，所以人眼可以忍受这些图像质量的损失。正是这个原因，JPEG 格式不适合绘制线条、文本或颜色块等较为简单的图片。

3．PNG

PNG 是可以移植的网络图像（Portable Network Graphics）的缩写，它可以看作是 GIF 格式的替代品。PNG 网站将其描述为“一种强壮的图像格式”，并且是无损压缩。由于它是无损压缩，所以该图像格式适合包含文本、直线和单块颜色的图像，如网站 LOGO 和各种按钮。

4．WBMP

WBMP 是无线位图（Wireless Bitmap）的缩写，它是专门为无线通信设备设计的文件格式，但并没有得到广泛应用。

10.2　GD2 函数库

GD2 函数库是一个开放的、动态创建图像的、源代码公开的函数库，是 PHP 处理图像的扩展库，提供了一系列用来处理图片的 API，使用 GD2 函数库可以处理图片，或者生成图片，也可以给图片添加水印。可以从官方网站“http://www.boutell.com/gd”下载最新版本的 GD2 库。目前，GD2 库支持 GIF、PNG、JPEG、WBMP 和 XBM 等多种图像格式。

Windows 操作系统下，GD2 函数库在 PHP7 中是默认安装的，但必须激活 GD2 函数库。

此时只需要打开 php.ini 文件，将文件中“;extension=gd2”选项前的分号“;”去掉，如图 10-1 所示，保存修改后的文件并重新启动 Apache 服务器即可加载 GD2 函数库。

需要说明的是，如果使用的是 PHP 集成开发环境（如 XAMPP、phpStudy、WampServer 等），就不必担心这个问题，因为在集成开发环境下，默认 GD2 函数库已经被加载。

接下来讲解验证 GD2 函数库加载成功的方法，在浏览器地址栏中输入“http://localhost/dashboard/phpinfo.php”，打开 phpinfo 页，进入显示 GD2 函数库安装信息的页面，如图 10-2 所示，这说明 GD2 函数库加载成功。

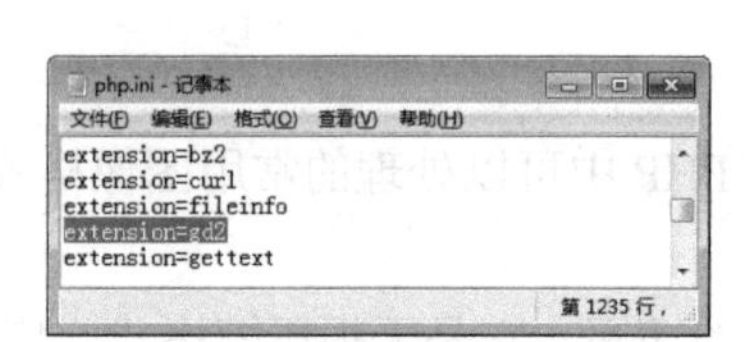

图 10-1　激活 GD2 函数库

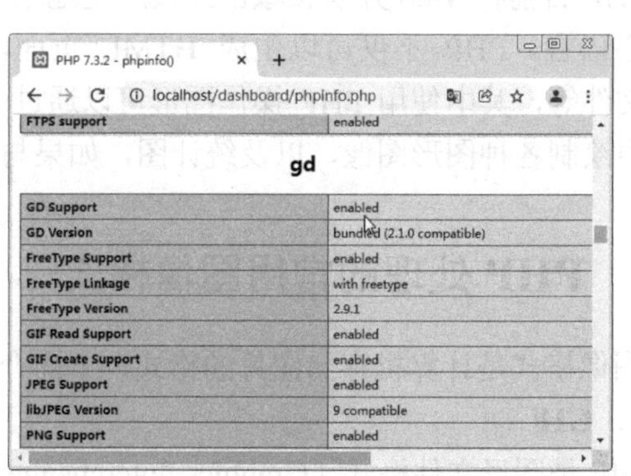

图 10-2　验证 GD2 函数库加载成功

10.3　常用的图像处理

在 PHP 中绘制图像的函数非常丰富，包括点、直线、矩形、圆等都可以通过 PHP 中提供的各种绘图函数完成。这些图像绘制函数都需要使用画布资源，在画布中的位置是通过坐标（原点是该画布左上角的起始位置，以像素为单位，沿着 X 轴正方向向右延伸，Y 轴正方向向下延伸）来决定，而且还可以通过函数中的最后一个参数设置每个图形的颜色。画布中的坐标体系如图 10-3 所示。

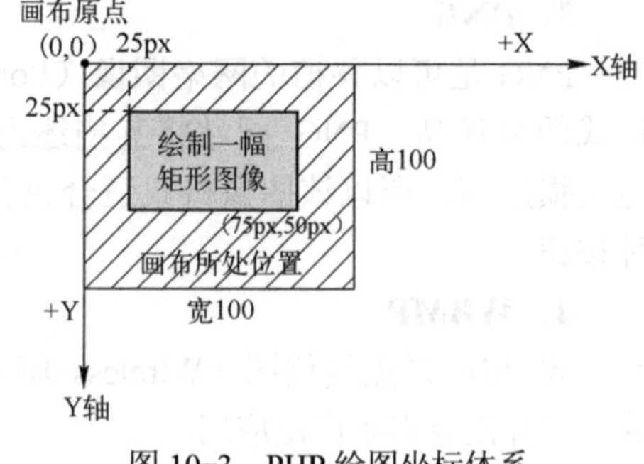

图 10-3　PHP 绘图坐标体系

在绘制图像时，无论多么复杂的图形都离不开一些基本的图形，例如，点、直线、圆等。只有掌握了这些最基本图形的绘制方式，才能绘制出各种独特风格的图形。

PHP 中的 GD2 函数库用于创建或者处理图片，通过它可以生成统计图表、动态图形、缩略图、图形验证码等。在 PHP 中，对图像的操作可以分为以下 4 个步骤。

① 创建画布。

② 在画布上绘制图形。

③ 保存并输出结果图像。

④ 销毁图像资源。

10.3.1　创建画布

GD2 函数库在图像图形绘制方面功能非常强大，开发人员既可以在已有图片的基础上进行

绘制，又可以在没有任何素材的基础上绘制，在这种情况下首先要创建画布，之后所有操作都将依据所创建的画布进行。在 GD2 函数库中创建画布应用 imagecreate()函数，语法格式如下。

```
resource imagecreate ( int x_size, int y_size )
```

该函数用于返回一个图像标识符，参数 x_size、y_size 为图像的尺寸，单位为像素（pixel）。

【例 10-1】 通过 imagecreate()函数创建一个宽 300 像素、高 150 像素的画布，并且设置画布背景颜色 RGB 值为：200 60 60，最后输出一个 GIF 格式的图像，页面预览的结果如图 10-4 所示。

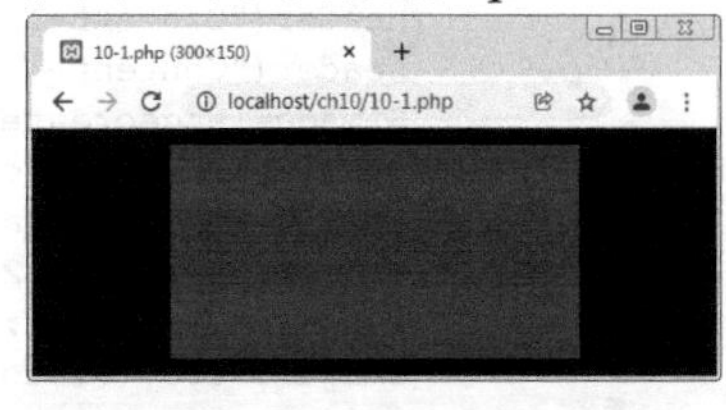

图 10-4　创建画布

操作步骤如下。

① 在 HBuilder 中建立 Web 项目 ch10，其对应的文件夹为 C:\xampp\htdocs\ch10，本章的所有案例均存放于该文件夹中。

② 在 Web 项目 ch10 中新建一个 PHP 文件，命名为 10-1.php，在代码编辑区输入以下代码。

```
<?php
    header("Content-type:text/html;charset=utf-8");          //设置页面的编码风格
    header("Content-type:image/jpg");                        //告知浏览器输出的是图片
    $image=imagecreate(300,150);                             //设置画布的大小
    $bgcolor=imagecolorallocate($image,200,60,60);           //设置画布的背景颜色
    imagejpeg($image);                                       //输出图像
    imagedestroy($image);                                    //销毁图像
?>
```

③ 执行“文件”→“全部保存”命令，保存页面，在浏览器中预览网页如图 10-4 所示。

【说明】 在上面的代码中，应用 imagecreate()函数创建一个基于普通调色板的画布，通常支持 256 色。其中通过 imagecolorallocate()函数设置画布的背景颜色，通过 imagegif()函数输出图像，通过 imagedestroy()函数销毁图像资源。

10.3.2　颜色处理

应用 GD2 函数绘制图形需要为图形中的背景、边框和文字等元素指定颜色，GD2 中使用 imagecolorallocate()函数设置颜色，语法格式如下。

```
int imagecolorallocate ( resource image, int red, int green, int blue)
```

image 参数是 imagecreatetruecolor()函数的返回值。red、green 和 blue 分别是所需要的颜色的红、绿、蓝成分，这些参数是 0～255 的整数或者 16 进制的 0x00～0xff。

imagecolorallocate()函数返回一个标识符，代表由给定的 RGB 成分组成的颜色。如果是第一次调用 imagecolorallcate()函数，那么它将完成背景颜色的填充。

【例 10-2】 通过 imagecreate()函数创建一个宽 300 像素、高 180 像素的画布，通过 imagecolorallocate()函数为画布设置背景颜色以及图像的颜色，接着通过 imageline()函数绘制一条白色的直线，最后，完成图像的输出和资源的销毁。页面预览的结果如图 10-5 所示。

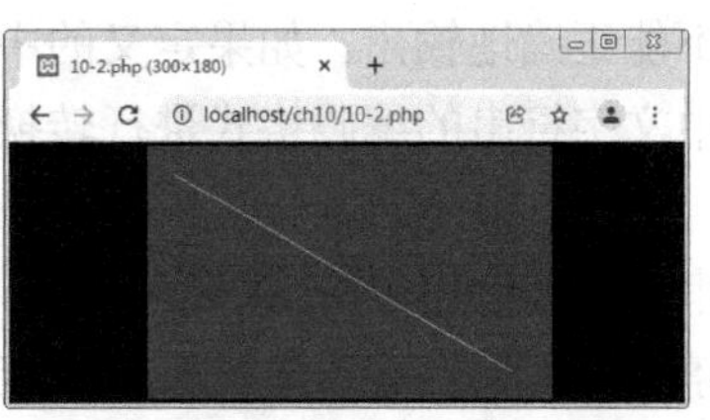

图 10-5　设置背景颜色和图像颜色

操作步骤如下。

例 10-2

① 在 Web 项目 ch10 中新建一个 PHP 文件，命名为 10-2.php，在代码编辑区输入以下代码。

```
<?php
    header("Content-Type:text/html;charset=utf-8");          //设置页面的编码风格
    header("Content-Type:image/jpeg");                       //告知浏览器输出的是一个图片
    $image=imagecreate(300,180);                             //设置画布大小
    $bgcolor=imagecolorallocate($image,200,60,120);          //设置画布的背景颜色
    $write=imagecolorallocate($image,200,200,250);           //设置线条的颜色
    imageline($image,20,20,270,160,$write);                  //画一条线
    imagejpeg($image);                                       //输出图像
    imagedestroy($image);                                    //销毁图片
?>
```

② 执行“文件”→“全部保存”命令，保存页面，在浏览器中预览网页如图 10-5 所示。

10.3.3 绘制文字

PHP 中的 GD 库既可以绘制英文字符串，也可以绘制中文汉字。绘制英文字符串应用 imagestring()函数，语法格式如下。

```
bool imagestring ( resource image, int font, int x, int y, string s, int col )
```

imagestring()函数用 col 颜色将字符串 s 绘制到 image 所代表的图像的（x，y）坐标处（这是字符串左上角坐标，整幅图像的左上角为（0，0）。如果 font 是 1、2、3、4 或 5，则使用内置字体。绘制中文汉字应用 imagettftext()函数，其语法格式如下。

```
array imagettftext ( resource image, float size, float angle, int x, int y, int color, string fontfile, string text )
```

imagettftext()函数的参数说明见表 10-1。

表 10-1　imagettftext()函数的参数说明

参数	说　明
image	图像资源
size	字体大小。根据 GD 版本不同，应该以像素大小指定（GD1）或点大小（GD2）
angle	字体的角度，顺时针计算，0° 为水平，也就是 3 点钟的方向（由左到右），90° 则为由下到上的文字
x	文字的 x 坐标值。它设定了第一个字符的基本点
y	文字的 y 坐标值。它设定了字体基线的位置，不是字符的最底端
color	文字的颜色
fontfile	字体的文件名称，也可以是远端的文件
text	字符串内容

需要注意的是，在 GD2 函数库中支持的是 UTF-8 编码格式的中文，所以在通过 imagettftext()函数输出中文字符串时，必须保证中文字符串的编码格式是 UTF-8，否则中文将不能正确地输出。如果定义的中文字符串是 gb2312 简体中文编码，那么要通过 iconv()函数对中文字符串的编码格式进行转换。

【例 10-3】 通过 imagestring()函数水平地绘制一行字符串“Hello, PHP”。首先，创建一个画布。然后，定义画布背景颜色和输出字符串的颜色。接着，通过 imagestring()函数水平地绘制一行英文字符串。最后，输出图像并且销毁图像资源。页面预览的结果如图 10-6 所示。

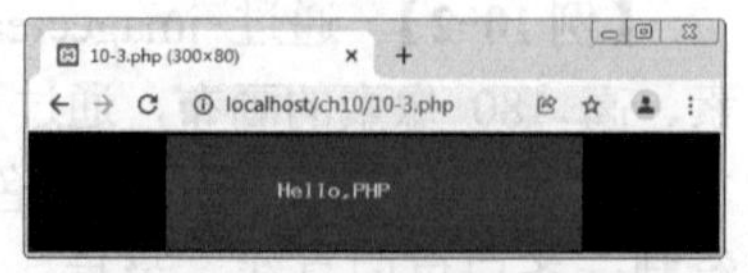

图 10-6　绘制英文字符串

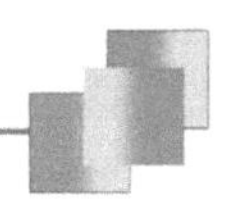

操作步骤如下。

① 在 Web 项目 ch10 中新建一个 PHP 文件，命名为 10-3.php，在代码编辑区输入以下代码。

```
<?php
    header("Content-Type:text/html;charset=utf-8");        //设置页面的编码风格
    header("Content-Type:image/jpeg");                      //告知浏览器输出的是一张图片
    $image=imagecreate(300,80);                              //创建画布的大小
    $bgcolor=imagecolorallocate($image,200,60,90);          //设置背景颜色
    $write=imagecolorallocate($image,255,255,0);            //设置文字颜色
    imagestring($image,5,80,30,"Hello,PHP","$write");       //书写英文字符
    imagejpeg($image);                                       //输出图像
    imagedestroy($image);                                    //销毁图像
?>
```

② 执行“文件”→“全部保存”命令，保存页面，在浏览器中预览网页如图 10-6 所示。

【例 10-4】 通过 imagettftext ()函数水平地绘制一行中文字符串。首先，创建一个画布，定义画布背景颜色和输出字符串的颜色。然后，定义中文字符串使用的字体，以及要输出的中文字符串的内容。接着，通过 imagettftext ()函数水平地绘制一行中文字符串。最后，输出图像并且销毁图像资源。页面预览的结果如图 10-7 所示。

操作步骤如下。

① 在 Web 项目 ch10 中新建一个 PHP 文件，命名为 10-4.php，在代码编辑区输入以下代码。

图 10-7　绘制中文字符串

```
<?php
    header("Content-Type:text/html;charset=utf-8");        //设置文件编码格式
    header("Content-Type:image/jpeg");                      //告知浏览器所要输出图像的类型
    $image=imagecreate(800,150);                             //创建画布
    $bgcolor=imagecolorallocate($image,0,200,200);          //设置画布背景色
    $fontcolor=imagecolorallocate($image,200,80,80);        //设置字体颜色为黑色
    $font=$_SERVER['DOCUMENT_ROOT']."/ch10/font/SimHei.ttf";
    //定义字体，注意使用字体文件所在位置的完整路径
    $string="海阔天空";                                      //定义输出中文
    imagettftext($image,80,5,100,130,$fontcolor,$font,$string);//写 TTF 文字到图中
    imagejpeg($image);                                       //输出图像
    imagedestroy($image);                                    //销毁图像
?>
```

② 执行“文件”→“全部保存”命令，保存页面，在浏览器中预览网页如图 10-7 所示。

【说明】 由于 imagettftext()函数只支持 UTF-8 编码，如果创建的网页的编码格式使用 gb2312，那么在应用 imagettftext()函数输出中文字符串时，必须应用 iconv()函数将字符串的编码格式由 gb2312 转换为 UTF-8，否则在输出时将会乱码。在本范例中之所以没有进行编码格式转换，是因为创建的文件默认使用的是 UTF-8 编码。

10.3.4　输出图像

PHP 作为一种 Web 语言，无论解析出的是 HTML 代码还是二进制的图片，最终都要通过浏览器显示。应用 GD2 函数绘制的图像首先需要用 header()函数发送 HTTP 头信息给浏览器，告知所要输出图像的类型，然后应用 GD2 函数库中的函数完成图像输出。

1．header()函数

使用 header()函数向浏览器发送 HTTP 头信息，语法格式如下。

```
void header ( string string [, bool replace [, int http_response_code]] )
```

参数说明如下。

1）参数 string：发送的标头。

2）参数 replace：如果一次发送多个标头，对于相似的标头是替换还是添加。如果是 FALSE，则强制发送多个同类型的标头。默认是 TRUE，即替换。

3）参数 http_response_code：强制 HTTP 响应为指定值。

header()函数可以实现如下 4 种功能。

1）重定向，这是最常用的功能。

```
header("Location: http://www.baidu.com");
```

2）强制客户端每次访问页面时获取最新资料，而不是使用存储在客户端的缓存。

```
//设置页面的过期时间(用格林尼治时间表示)。
header("Expires:   Mon,   08   Jul   2008   08:08:08   GMT");
//设置页面的最后更新日期(用格林尼治时间表示)，使浏览器获取最新资料
header("Last-Modified: " . gmdate("D, d M Y H:i:s") . "GMT");
header("Cache-Control: no-cache, must-revalidate");           //控制页面不使用缓存
header("Pragma: no-cache");                          //参数（与以前的服务器兼容），即兼容 HTTP1.0 协议
header("Content-type: application/file");   //输出 MIME 类型
header("Content-Length: 227685");            //文件长度
header("Accept-Ranges: bytes");              //接受的范围单位
//默认时文件保存对话框中的文件名称
header("Content-Disposition: attachment; filename=$filename"); //实现下载
```

3）输出状态值到浏览器，控制访问权限。

```
header('HTTP/1.1 401 Unauthorized');
header('status: 401 Unauthorized');
```

4）完成文件的下载。

```
header("Content-type: application/x-gzip");
header("Content-Disposition: attachment; filename=文件名");
header("Content-Description: PHP3 Generated Data"); >
```

在应用的过程中，唯一需要改动的就是 filename，即将 filename 替换为要下载的文件。

2．imagegif()函数

使用 imagegif()函数以 GIF 格式将图像输出到浏览器或文件，语法格式如下。

```
bool imagegif ( resource image [, string filename] )
```

参数说明如下。

1）image：是 imagecreate()或 imagecreatefromgif()等创建图像函数的返回值，图像格式为 GIF。如果应用 imagecolortransparent()函数，则使图像设置为透明，图像格式为 GIF。

2）filename：可选参数，如果省略，则原始图像流将被直接输出。

imagejpeg()和 imagepng()函数的使用方法与 imagegif()函数类似，这里不再赘述。至于图像输出函数的应用在前面的几个实例中都已经使用过，这里不再重新举例。

10.3.5 销毁图像

在 GD2 函数库中，通过 imagedestroy()函数来销毁图像，释放内存，其语法格式如下。

```
bool imagedestroy ( resource image )
```

imagedestroy()释放与 image 关联的内存。image 是由图像创建函数返回的图像标识符，例如 imagecreatetruecolor()。

有关销毁图像函数的应用在前面的几个实例中都已经使用过，这里不再重新举例。

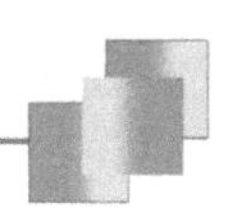

10.4　使用 JpGraph 类库绘制图像

JpGraph 是基于 GD2 函数库编写的用于创建统计图的类库。在绘制统计图方面不仅功能强大，而且代码编写方便，只需要简单的几行代码就可以绘制出非常复杂的统计图效果，从而大大提高编程人员的开发效率。

10.4.1　JpGraph 类库简介

JpGraph 类库是一个可以应用在 PHP 4.3.1 以上版本的用于图像图形绘制的类库，该类库完全基于 GD2 函数库编写，JpGraph 类库提供了多种方法创建各类统计图，包括坐标图、柱状图、饼形图等。JpGraph 类库使复杂的统计图编写工作变得简单，大大提高了开发者的开发效率，在 PHP 项目中应用广泛。下面是一些使用 JpGraph 绘制的图表，如图 10-8 所示。

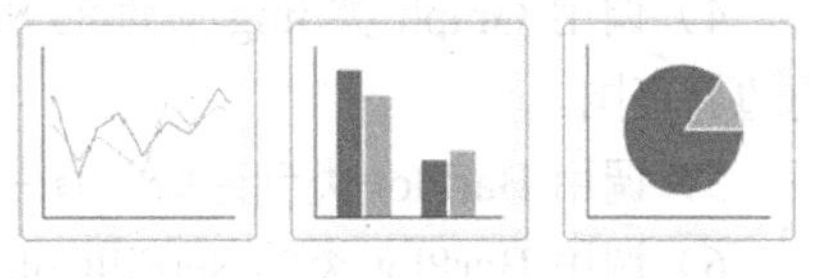

图 10-8　使用 JpGraph 绘制的图表

10.4.2　JpGraph 的安装

本书使用的 JpGraph 版本是 4.3.5，同时支持 PHP5 和 PHP7，可以在官网 jpgraph.net/download/下载，下载的页面如图 10-9 所示。单击下载页面中的 jpgraph-4.3.5.tar.gz 进行下载。下载成功后，解压文件可以看到 JpGraph 文件的目录结构，如图 10-10 所示。

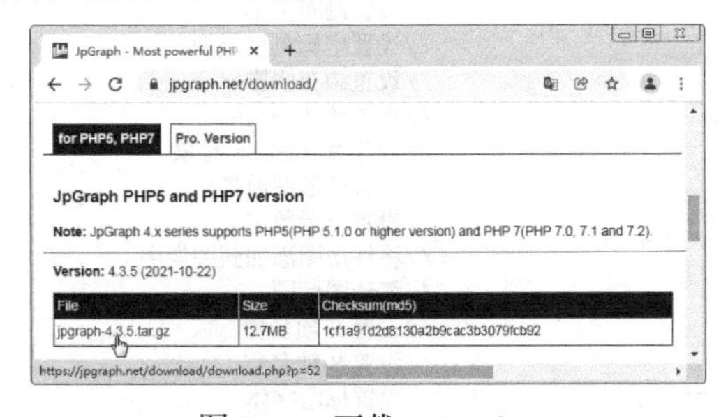

图 10-9　下载 JpGraph

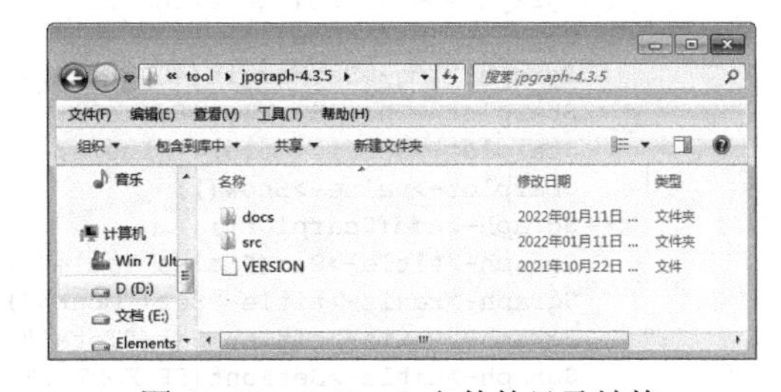

图 10-10　JpGraph 文件的目录结构

如果希望服务器中所有站点均有效，可以按如下步骤进行配置。

① 解压下载的压缩包，复制图 10-10 中的 src 文件夹，并将该文件夹保存到服务器磁盘中，例如：C:\jpgraph。

② 编辑 php.ini 文件，修改 include_path 配置项，在该项后增加 JpGraph 类库的保存目录，例如，include_path = “.;C:\jpgraph”。

③ 重新启动 Apache 服务，则配置生效。

如果只希望在本站点使用 JpGraph，则直接将 src 文件夹复制到当前 Web 项目的目录下即可。本书的案例采用此方法。

上述两种方式都可以完成 JpGraph 的安装，此时在程序中通过 require_once 语句即可完成 JpGraph 类库的载入操作，代码如下。

```
require_once 'src/jpgraph.php';
```

10.4.3 案例——柱形图分析产品月销售量

【例 10-5】 通过 JpGraph 类库创建柱形图，完成对产品月销售量的统计分析，页面预览的结果如图 10-11 所示。

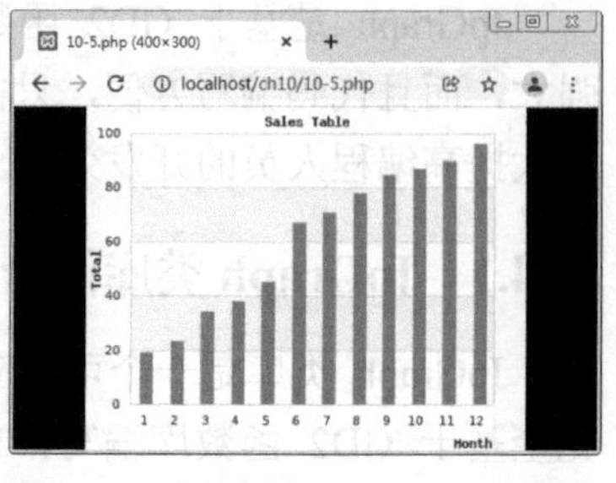

图 10-11 柱形图分析产品月销售量

实现本案例的主要技术要点如下。

1）使用 Graph 类创建统计图对象。

2）调用 Graph 类的 SetScale()方法设置统计图刻度样式。

3）调用 Graph 类的 SetShadow()方法设置统计图阴影。

4）调用 Graph 类 img 属性的 SetMargin()方法设置统计图的边界范围。

5）调用 BarPlot 类创建统计图的柱状效果。

6）调用 BarPlot 类的 SetFillColor()方法设置柱状图的前景色。

操作步骤如下。

例 10-5

① 将 Jpgraph 解压缩后生成的 src 文件夹复制到 Web 项目 ch10 的根目录下。

② 在 Web 项目 ch10 中新建一个 PHP 文件，命名为 10-5.php，在代码编辑区输入以下代码。

```
<?php
    header ( "Content-type: text/html; charset=UTF-8" );
    require_once 'src/jpgraph.php';                         //导入 JpGraph 类库
    require_once 'src/jpgraph_bar.php';                     //导入 JpGraph 类库的柱状图功能
    $data = array(19,23,34,38,45,67,71,78,85,87,90,96);    //定义数组
    $graph = new Graph(400,300);                            //设置画布大小
    $graph->SetScale("textlin");                            //设置坐标刻度类型
    $graph->SetShadow();                                    //设置画布阴影
    $graph->img->SetMargin(40,30,20,40);                    //设置统计图边距
    $barplot = new BarPlot($data);                          //创建 BarPlot 对象
    $barplot->SetFillColor('blue');                         //设置柱形图前景色
    $barplot->value->Show();                                //设置显示数字
    $graph->Add($barplot);                                  //将柱形图添加到图像中
    $graph->title->Set("Sales Table");                      //统计图标题
    $graph->xaxis->title->Set("Month");                     //设置 X 轴名称
    $graph->yaxis->title->Set("Total");                     //设置 Y 轴名称
    $graph->title->SetFont(FF_FONT1,FS_BOLD);               //设置标题字体
    $graph->xaxis->title->SetFont(FF_FONT1,FS_BOLD);        //设置 X 轴字体
    $graph->yaxis->title->SetFont(FF_FONT1,FS_BOLD);        //设置 Y 轴字体
    $graph->Stroke();                                       //输出图像
?>
```

③ 执行“文件” → “全部保存”命令，保存页面，在浏览器中预览网页如图 10-11 所示。

10.4.4 案例——折线图分析某地区年内气温的变化走势

使用 JpGraph 类库创建折线统计图，除了需要在程序中包含“jpgraph.php”文件外，还需要包含“jpgraph_line.php”文件，从而启用 JpGraph 类库的折线创建功能。使用的 JpGraph 技术如下。

1）使用 LinePlot 对象绘制曲线。通过 JpGraph 类库中的 LinePlot 类创建曲线，该类的语法格式如下。

```
$linePlot = new LinePlot($data)
```

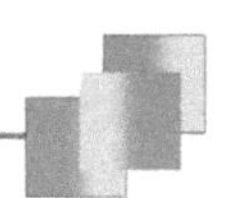

其中，参数$data 是数值型数组，用于指定统计数据。

2）SetFont()方法统计图标题、坐标轴等文字样式。制作统计图时，需要对图像的标题、坐标轴内文字进行样式设置。JpGraph 类库中，可以使用 SetFont()实现，该方法的语法格式如下。

```
SetFont($family, [$style,] [$size])
```

其中，参数$family 用于指定文字的字体，$style 用于指定文字的样式，$size 用于指定文字的大小，默认为 10。

3）SetMargin()方法设置图像、标题、坐标轴上文字与边框的距离，其语法格式如下。

```
SetMargin($left,$right,$top,$bottom)
```

参数指定其与左右、上下边框的距离。

或者语法格式如下。

```
SetMargin($data)
```

参数$data 同样指定与边框的距离。

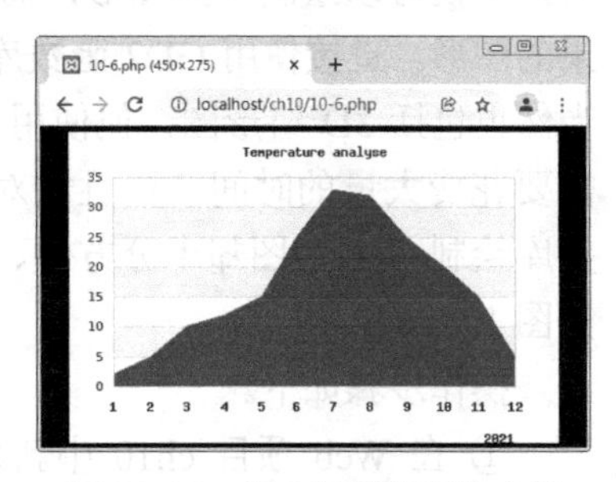

图 10-12　年内气温的变化走势

【例 10-6】 通过 JpGraph 类库创建折线图，对年内气温的变化走势进行分析。其中，应用 SetFillColor()方法为图像填充颜色；通过 SetColor()方法定义数据、文字、坐标轴的颜色。折线图分析某地区年内气温的变化走势，页面预览的结果如图 10-12 所示。

操作步骤如下。

① 在 Web 项目 ch10 中新建一个 PHP 文件，命名为 10-6.php，在代码编辑区输入以下代码。

```
<?php
    header ( "Content-type: text/html; charset=UTF-8" ); //设置文件编码格式
    require_once 'src/jpgraph.php';                     //导入 JpGraph 类库
    require_once 'src/jpgraph_line.php';                //导入 JpGraph 类库的柱状图功能
    $datas=array("1","2","3","4","5","6","7","8","9","10","11","12");   //月份数据
    $datay=array("2","5","10","12","15","25","33","32","25","20","15","5"); //各月份气温数据
    $graph = new Graph(450,275);                        //创建图像
    $graph->SetMargin(40,40,40,50);                     //设置图像的边
    $graph->SetScale("textint");                        //定义刻度值的类型
    $graph->SetShadow();                                //设置图像阴影
    $graph->title->Set("Temperature analyse");          //统计图标题
    $graph->title->SetFont(FF_FONT1, FS_BOLD);          //设置标题字体
    $graph->title->SetMargin(10);                       //设置标题边距
    $graph->xaxis->SetTickLabels($datas);               //添加 X 轴上的数据
    $graph->xaxis->SetFont(FF_FONT1, FS_BOLD);          //定义 X 轴字体
    $graph->xaxis->title->Set("2021");                  //设置 X 轴名称
    $graph->xaxis->title->SetFont(FF_FONT1,FS_BOLD);    //定义 X 轴标题字体
    $graph->xaxis->title->SetMargin(10);                //定义 X 轴标题边距
    $pl = new LinePlot($datay);                         //创建折线图像
    $pl->value->Show();                                 //输出图像对应的数据值
    $pl->value->SetFont(FF_FONT1,FS_BOLD);              //定义图像值的字体
    $pl->value->SetColor("black","darkred");            //定义值的颜色
    $pl->SetColor("blue");                              //定义图像颜色
    $pl->SetFillColor("blue@0.4");                      //定义填充颜色
    $graph->Add($pl);                                   //添加数据
    $graph->Stroke();                                   //输出图像
?>
```

② 执行“文件”→“全部保存”命令，保存页面，在浏览器中预览网页如图 10-12 所示。

【说明】 创建不同的图像，导入的文件是有所区别的。如果创建的是柱形图，那么导入的是：

```
include ("../src/jpgraph.php");
include ("../src/jpgraph_bar.php");
```

```
include ("../src/jpgraph_flags.php");
```

如果创建折线图，那么导入的是：

```
include ("../src/jpgraph.php");
include ("../src/jpgraph_line.php");
```

这点必须注意，如果没有导入正确的文件，那么就不能够完成图像的创建操作。

10.4.5 案例——3D 饼形图展示不同月份的销量

【例 10-7】 用 JpGraph 类库制作统计图功能极其强大，不仅可以绘制平面图形，而且可以绘制具有 3D 效果的图形。直接使用 GD2 函数库可以绘制出各种图形，当然也包括 3D 饼形图，但使用 GD2 函数绘制 3D 图形需要花费大量的时间，而且相对复杂，而采用 JpGraph 类库绘制 3D 饼图却十分方便、快捷，页面预览的结果如图 10-13 所示。

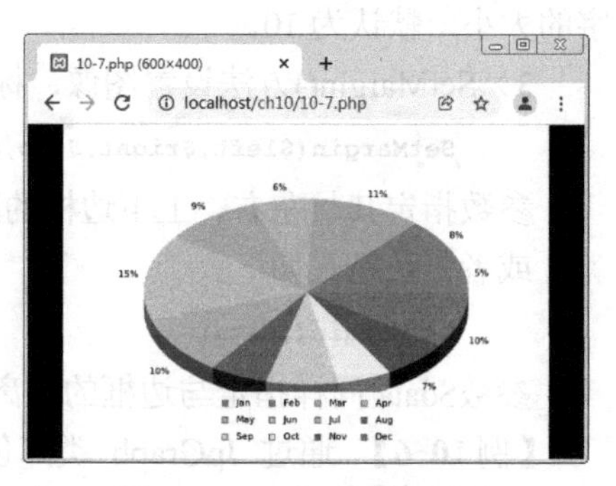

图 10-13 不同月份的销量

操作步骤如下。

① 在 Web 项目 ch10 中新建一个 PHP 文件，命名为 10-7.php，在代码编辑区输入以下代码。

```
<?php
    header ( "Content-type: text/html; charset=UTF-8" ); //设置文件编码格式
    require_once 'src/jpgraph.php';                      //导入 JpGraph 类库
    require_once 'src/jpgraph_pie.php';                  //导入 JpGraph 类库的饼图功能
    require_once 'src/jpgraph_pie3d.php';                //导入 JpGraph 类库的 3D 饼形图功能
    $data = array(30,48,65,37,55,88,61,34,42,32,40,57);  //设置统计数据
    $graph = new PieGraph(600,400);                      //创建饼形图像
    $graph->SetShadow();                                 //设置图像阴影
    $graph->title->SetFont(FF_FONT1,FS_BOLD);            //设置字体
    $graph->title->SetColor('blue');                     //设置颜色
    $pieplot = new PiePlot3D($data);                     //创建 3D 饼形图像
    $pieplot->SetLegends($gDateLocale->GetShortMonth()); //设置图例
    $graph->Add($pieplot);                               //添加数据
    $graph->Stroke();                                    //输出图像
?>
```

② 执行“文件”→“全部保存”命令，保存页面，在浏览器中预览网页如图 10-13 所示。

10.5 习题

1. 简述 PHP 中可以处理的常用图像格式。
2. 简述 GD2 函数库的用途。
3. 怎样安装 GD2 函数库？
4. 简述 PHP 绘图的基本步骤。
5. JpGraph 类库基于什么编写？简述 JpGraph 类库的用途。
6. 下载并安装 JpGraph 类库。
7. 通过 JpGraph 类库创建柱形图，完成对产品月销售量的统计分析，页面预览的结果如图 10-14 所示。

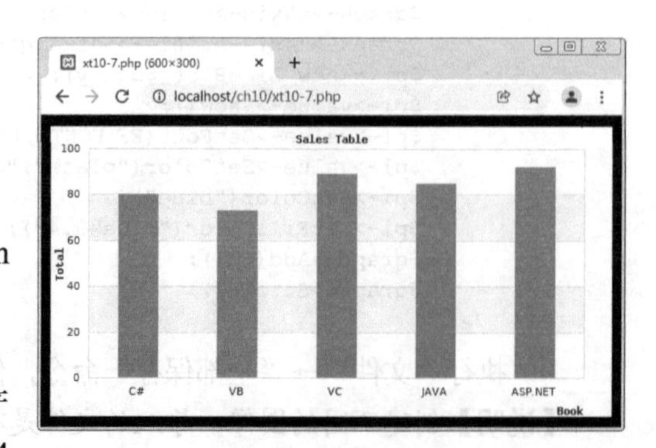

图 10-14 题 7 图

第 11 章　Ajax 技术

Ajax 是一种创建起来十分灵活、交互性强的 Web 应用技术，可以在浏览器和服务器之间通过异步通信机制进行数据通信，允许浏览器向服务器获取少量信息而不是刷新整个页面。

11.1　Ajax 基础知识

随着 Web 2.0 时代的到来，Ajax 技术产生并逐渐成为主流的 Web 应用。相对于传统的 Web 应用开发，Ajax 使用的是更加先进、更加标准、更加高效的 Web 开发技术体系。

11.1.1　Ajax 简介

Ajax 是 Asynchronous JavaScript And XML 的缩写，即异步 JavaScript 和 XML 技术。Ajax 并不是一种新技术，或者说它不是一种技术，实际上，它是结合了 Javascript、XHTML 和 CSS、DOM、XML 和 XSTL、XMLHttpRequest 等编程技术以新的强大方式组合而成的，可以让开发人员构建基于 PHP 技术的 Web 应用，并打破了使用页面重载的惯例。

1）XHTML 和 CSS 技术实现标准页面。

2）Document Object Model 技术实现动态显示和交互。

3）XML 和 XSLT 技术实现数据的交换和维护。

4）XMLHttpRequest 技术实现异步数据接收。

5）JavaScript 绑定和处理所有数据。

11.1.2　Ajax 的优点

Ajax 是使用客户端脚本与 Web 服务器交换数据的 Web 应用开发方法。这样，Web 页面不用打断交互流程进行重新加载，就可以动态地更新。Ajax 优点如下。

1）减轻服务器的负担。Ajax 的原则是“按需取数据”，可以最大限度地减少冗余请求，从而减轻对服务器造成的负担。

2）无刷新更新页面，减少用户心理和实际的等待时间。“按需取数据”的模式减少了数据的实际读取量。如果说重载的方式是从一个终点回到原点再到另一个终点的话，如图 11-1 所示，那么 Ajax 就是以一个终点为基点到达另一个终点，如图 11-2 所示。

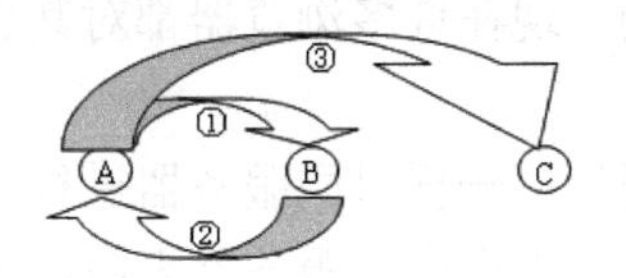

图 11-1　重载方式

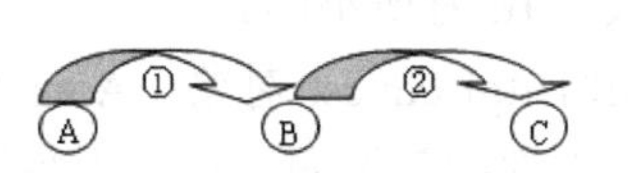

图 11-2　Ajax 方式

其次，即使要读取较大的数据，也不会出现白屏的情况。Ajax 使用 XMLHTTP 对象发送请求并得到服务器响应，在不重新载入整个页面的情况下用 JavaScript 操作 DOM 最终更新页

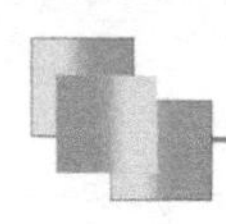

面，所以在读取数据的过程中，用户所面对的不是白屏，而是原来的页面状态；页面只有接收到全部数据后才更新相应部分的内容，而这种更新也是瞬间的，用户几乎感觉不到。

3）带来更好的用户体验。

4）把部分服务器负担的工作转交给客户端，利用客户端闲置的线程来处理任务，从而减轻服务器和带宽的负担，节约空间和宽带租用成本。

5）可以调用外部数据。

6）Ajax 是一种基于标准化并被广泛支持的技术，不需要下载插件或者小程序。

7）进一步促进 Web 页面展现形式与数据的分离。

11.1.3 Ajax 的工作原理

传统的 Web 应用强制用户进入“提交→等待→重新显示”网页，用户的动作总是与服务器进行同步思考，客户在网页上的操作转化为 HTTP 请求传回服务器，而服务器接受请求以及相关数据，解析数据并将其发送给相应的处理单元后，将返回的数据转成 HTML 页返还给客户。而当服务器处理数据时，用户只能等待，每一步操作都需要等待服务器返回新的网页。由于每次应用的交互都需要向服务器发送请求，应用的响应时间就依赖于服务器的响应时间，这就导致了用户页面的响应比本地应用慢得多。传统 Web 应用的工作原理如图 11-3 所示。

与传统 Web 应用不同的是，Ajax 采用异步交互过程。Ajax 可以仅向服务器发送并取回必需的数据，它使用 SOAP（简单对象访问协议）或其他一些基于 XML 的 Web Service 接口，并在客户端采用 JavaScript 处理来自服务器的响应。用户在页面上获得的数据是通过 Ajax 引擎提供的，由于页面不需要与服务器直接交互，所以客户端浏览器不需要刷新页面就能获得服务器的信息，提高了页面的友好度。Ajax 引擎的工作原理如图 11-4 所示。

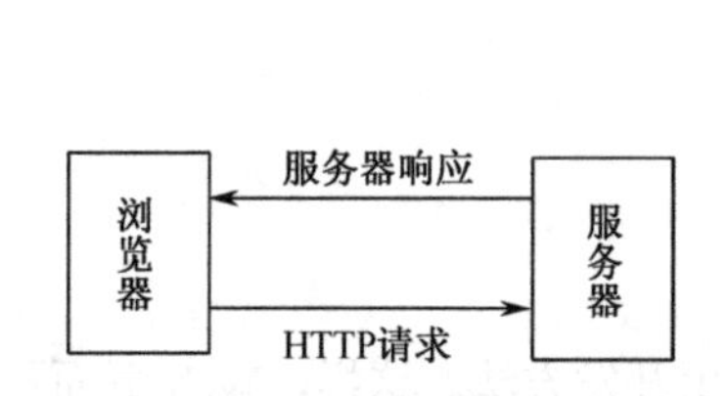

图 11-3　传统 Web 应用的工作原理

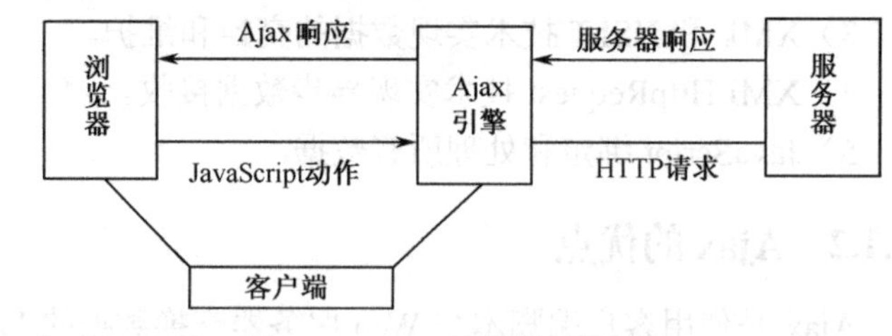

图 11-4　Ajax 引擎的工作原理

11.1.4 Ajax 中的核心技术 XMLHttpRequest

1. XMLHttpRequest 简介

Ajax 技术中最核心的技术就是 XMLHttpRequest，它是一个具有应用程序接口的 JavaScript 对象，能够使用超文本传输协议（HTTP）连接一个服务器，是微软公司为了满足开发者的需要，于 1999 年在 IE 5.0 浏览器中率先推出的。现在许多浏览器都对其提供了支持，不过实现方式与 IE 有所不同。

通过 XMLHttpRequest 对象，Ajax 可以像桌面应用程序一样只同服务器进行数据层面的交换，而不用每次都刷新页面，也不用每次都将数据处理的工作交给服务器来做，这样既减轻了服务器负担又加快了响应速度、缩短了用户等待的时间。

2. XMLHttpRequest 常用的属性和方法

XMLHttpRequest 对象常用的属性，见表 11-1。

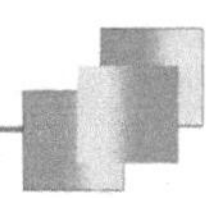

表 11-1 XMLHttpRequest 对象常用的属性

属性	描　述
readyState	返回当前的请求状态
onreadystatechange	当 readyState 属性改变时就可以读取此属性值
status	返回 HTTP 状态码
responseText	将返回的响应信息用字符串表示
responseBody	返回响应信息正文，格式为字节数组
responseXML	将响应的 document 对象解析成 XML 文档并返回

XMLHttpRequest 对象常用的方法，见表 11-2。

表 11-2 XMLHttpRequest 对象常用的方法

方法	描　述
open()	初始化一个新请求
send()	发送请求
getAllReponseHeaders()	返回所有 HTTP 头信息
getResponseHearder()	返回指定的 HTTP 头信息
setRequestHeader()	添加指定的 HTTP 头信息
abort()	停止当前的 HTTP 请求

3．XMLHttpRequest 对象的工作过程

XMLHttpRequest 对象的工作过程如下。

① 创建 XMLHttpRequest 对象。

② 使用 open()方法指定载入文档请求。

③ 使用 send()方法发送请求。

④ 使用 onreadystatechange 事件指定响应处理函数。

⑤ 处理服务器返回的信息。

11.1.5 Ajax 初始化

不同的浏览器使用不同的方法来创建 XMLHttpRequest 对象。

1．IE 浏览器

IE 浏览器使用 ActiveXObject，其他浏览器使用名为 XMLHttpRequest 的 JavaScript 内建对象。微软最新版本的 Msxml2.XMLHTTP 组件在 IE 6 中可用，若使用它来创建 XMLHttpRequest 对象，则使用以下代码。

```
<script>
function GetXmlHttpObject()          //定义一个初始化函数
{
    var XMLHttp=null;                //创建一个作为 XMLHttpRequest 对象使用的 XMLHttp 变量
    try
    {
        //尝试使用 XMLHttpRequest 创建对象
        XMLHttp=new XMLHttpRequest();
     }
     catch (e)
     {
```

```
        //如果捕获错误则尝试使用“Msxml2.XMLHTTP”创建对象
        try
        {
           XMLHttp=new ActiveXObject("Msxml2.XMLHTTP");
        }
        catch (e)
        {
           //如果捕获错误则尝试使用“Microsoft.XMLHTTP”创建对象
           XMLHttp=new ActiveXObject("Microsoft.XMLHTTP");
        }
    }
    return XMLHttp;
}
</script>
```

2．Mozilla、Safari 等其他浏览器

Mozilla、Safari 等其他浏览器把 XMLHttpRequest()实例化为一个本地 JavaScript 对象，其方法格式如下。

```
var http_request = new XMLHttpRequest();
```

为了提高程序的兼容性，可以创建一个跨浏览器的 XMLHttpRequest 对象。创建一个跨浏览器的 XMLHttpRequest 对象其实很简单，只需要判断不同浏览器的实现方式，如果浏览器提供了 XMLHttpRequest 类，则直接创建一个实例，否则使用 IE 的 ActiveX 控件。具体代码如下。

```
if (window.XMLHttpRequest) {        // Mozilla、Safari 等其他浏览器
    http_request = new XMLHttpRequest();
} else if (window.ActiveXObject) {          // IE 浏览器
    try {
        http_request = new ActiveXObject("Msxml2.XMLHTTP");
    } catch (e) {
        try {
            http_request = new ActiveXObject("Microsoft.XMLHTTP");
        } catch (e) {}
    }
}
```

由于 JavaScript 具有动态类型特性，而且 XMLHttpRequest 对象在不同浏览器上的实例是兼容的，所以可以用同样的方式访问 XMLHttpRequest 实例的属性的方法，不需要考虑创建该实例的方法是什么。

11.1.6　发送 HTTP 请求

Ajax 初始化后，就可以向服务器发送 HTTP 请求了。通过调用 XMLHttpRequest 对象的 open()和 send()方法即可实现这一功能。

open()方法的作用是建立对服务器的调用，语法格式如下。

```
XMLHttp.open("method","url"[,flag])
```

其中，method 参数可以是 GET 或 POST，对应表单的 GET 和 POST 方法。url 参数是页面要调用的地址，可以是相对 URL 或绝对 URL。flag 参数是一个标记位，如果为 TRUE 则表示在等待被调用页面响应的时间内可以继续执行页面代码，若为 FALSE 则相反，默认为 TRUE。

open()方法调用完后要调用 send()方法，send()方法的作用是向服务器发送请求，语法格式如下。

```
XMLHttp.send(content)
```

send()方法的参数如果是以 GET 方法发出，可以是任何想要传送给服务器的内容。

11.1.7　指定响应处理函数

发送服务器请求后，需要指定当服务器返回信息时客户端的处理方式。这时只要将相应的处理函数的名称赋给 XMLHttpRequest 对象的 onreadystatechange 属性即可。每当状态改变时都会触发这个事件处理器，通常会调用一个 JavaScript 函数。语法格式如下。

XMLHttp.onreadystatechange=函数名

XMLHttp 为创建的 XMLHttpRequest 对象。函数名不加括号，不指定参数。也可以使用 JavaScript 即时定义函数的方法来定义相应函数，例如：

```
XMLHttp.onreadystatechange=function()
{
    //代码
}
```

11.1.8　处理服务器返回的信息

在进行操作前，处理函数首先需要判断请求目前的状态。表示请求状态的是 XMLHttpRequest 对象的 readyState 属性。通过判断该属性的值就可以知道请求的状态。有 5 个可取值：“0”表示未初始化；“1”表示正在加载；“2”表示已加载；“3”表示交互中；“4”表示完成。

readyState 属性的值为 4 时，表示服务器已经传回了所有信息，可以开始处理信息并更新页面内容了。例如：

```
if(XMLHttp.readyState==4)
{
    //处理信息
}
else
{
    window.alert("请求还未成功");
}
```

服务器返回信息后需要判断服务器的 HTTP 状态码，确定返回的页面没有错误。通过判断 XMLHttpRequest 对象的 status 属性的值即可得到 HTTP 状态码。例如，200 表示 OK（成功），404 表示 Not Found（未找到），代码如下。

```
if(XMLHttp.status==200)
{
    //页面正常
}
else
{
    window.alert("页面有问题");
}
```

XMLHttpRequest 对象的 statusTextHTTP 属性保存了 HTTP 状态码的相应文本，如 OK 或 Not Found 等。

XMLHttpRequest 对成功返回的信息有如下两种处理方式。

- responseText：将传回的信息当字符串使用。
- responseXML：将传回的信息当 XML 文档使用，可以用 DOM 处理。

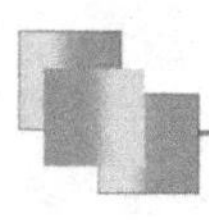

11.2 Ajax 与 PHP 交互

初始化 Ajax 后，就可以进行 Ajax 与 PHP 的交互。PHP 中表单的提交方法有 GET 和 POST 两种，而在 Ajax 中提交请求也分为 GET 方式和 POST 方式。

11.2.1 GET 方式

使用 GET 方式发送请求时，在 open()方法的 url 参数中要包含需要传递的参数，url 的语法格式如下。

```
url="xxx.php?参数 1=值 1&参数 2=值 2&…"
```

请求发送后，服务器端将在 xxx.php 页面中进行数据处理，之后将该页面的输出结果返回到本页面中。整个过程浏览器页面一直是本页面的内容，页面没有刷新。下面以一个具体的实例来介绍如何使用 GET 方式发送请求。

例 11-1

【例 11-1】 使用 GET 方式实现一个简单的服务器请求，在作者文本框中输入新闻的作者，单击“查询”按钮，在页面无刷新（即文本框中仍保留显示作者的名字）的情况下，显示出该作者发布的所有新闻信息，页面预览的结果如图 11-5 和图 11-6 所示。

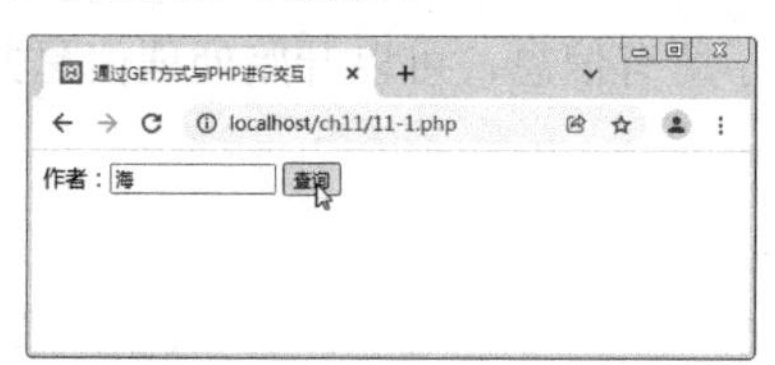

图 11-5　输入新闻作者

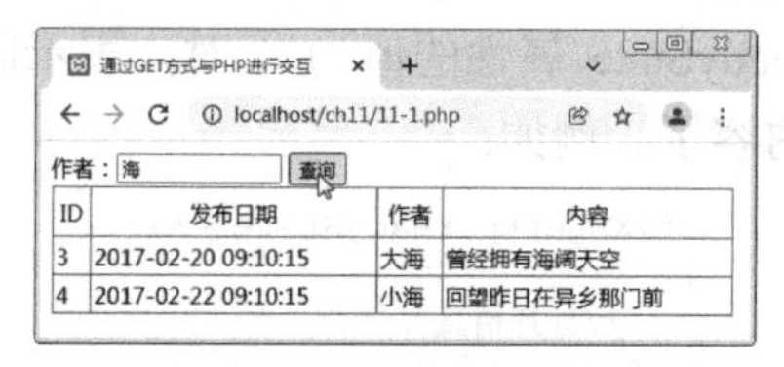

图 11-6　无刷新查询新闻信息

操作步骤如下。

① 在 HBuilder 中建立 Web 项目 ch11，其对应的文件夹为 C:\xampp\htdocs\ch11，本章的所有案例均存放于该文件夹中。

② 在 Web 项目 ch11 中新建一个发送请求的 PHP 文件，命名为 11-1.php，在代码编辑区输入以下代码。

```
<!doctype html>
<html>
<head>
<meta charset="utf-8">
<title>通过 GET 方式与 PHP 进行交互</title>
<script>
function news_query()
{
    XMLHttp=new XMLHttpRequest();                        //创建一个 XMLHttpRequest 对象
    var editor=document.getElementById("editor").value;  //获取作者文本框中输入的值
    var url="11-1-process.php";                          //服务器端在 11-1-process.php 中处理
    url=url+"?editor="+editor;                           //url 地址，以 GET 方式传递
    url=url+"&sid="+Math.random();                       //添加一个随机数，以防服务器使用缓存的文件
    XMLHttp.open("GET",url, true);                       //以 GET 方式通过给定 url 打开 XMLHTTP 对象
    XMLHttp.send(null);//向服务器发送 HTTP 请求，如果不写 null，则在 Firefox 中无法运行
    XMLHttp.onreadystatechange = function()              //定义响应处理函数
        {
            if (XMLHttp.readyState==4&&XMLHttp.status==200)
            {
```

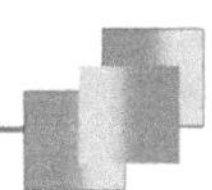

```
                        //如果请求成功则在内文本框中显示 11-1-process.php 传回的信息
                        document.getElementById("webpage").innerHTML=XMLHttp.responseText;
                    }
                }
            }
        </script>
        </head>
        <body>
            <form action="">
                作者：<input type="text" id="editor" size="12">
                <input type="button" value="查询" onclick="news_query();"><br>
                <div id="webpage"></div>
            </form>
        </body>
        </html>
```

③ 在 Web 项目 ch11 中新建一个处理请求的 PHP 文件，命名为 11-1-process.php，在代码编辑区输入以下代码。

```
<?php
$editor=$_GET['editor'];                                    //取得作者的值
header('Content-Type:text/html;charset=utf-8');             //发送 header，将编码设为 utf-8
$conn=mysqli_connect("localhost","root","root","news");          //连接 MySQL 服务器
mysqli_query($conn,"SET NAMES utf8");                       //将字符集设为 utf-8
//模糊查询 SQL 语句
$sql="select * from newsdata where news_editor like '%{$editor}%'";
$result=mysqli_query($conn,$sql);
if(mysqli_num_rows($result)>0){
    echo "<table width='500' border='1' cellpadding='1' cellspacing='1' bordercolor=
'#FFFFCC' bgcolor='#666666'>";
    echo "<tr><td height='30' align='center' bgcolor='#FFFFFF'>ID</td><td align=
'center' bgcolor='#FFFFFF'>发布日期</td><td align='center' bgcolor='#FFFFFF'>作者</td><td
align='center' bgcolor='#FFFFFF'>内容</td></tr>";
    while($row=mysqli_fetch_array($result)){                //循环输出查询结果
        echo "<tr><td height='22' bgcolor='#FFFFFF'>".$row['news_id']."</td>";
        echo "<td bgcolor='#FFFFFF'>".$row['news_date']."</td>";
        echo "<td bgcolor='#FFFFFF'>".$row['news_editor']."</td>";
        echo "<td bgcolor='#FFFFFF'>".$row['news_content']."</td>";
        echo "</tr>";
    }
    echo "</table>";
}else{
    echo "无此记录";
}
?>
```

④ 执行“文件”→“全部保存”命令，保存页面，在浏览器中预览网页如图 11-5 和图 11-6 所示。

【说明】

1）程序中使用 document.getElementById()的 value 属性来获取文本框中的内容。

2）设置“查询”按钮的 onclick 事件方法。当用户单击“查询”按钮时，触发 news_query()函数的运行。

3）当用户访问一次 Ajax 应用后，再进行访问且 XMLHttpRequest 请求中的 URL 不变时，在 IE 中就会发生这样的现象，那就是取 URL 中的网页不会到服务器端取，而是直接从 IE 的缓存中取。解决办法就是在 open()方法中加随机数，代码如下。

```
XMLHttp.open("get","9-2.html?t="+Math.random ());
```

4）请求页面 11-1.php 发送请求后，服务器端将在 11-1-process.php 页面中进行数据处理，之后将该页面的输出结果返回到请求页面中，页面在无刷新的情况下显示出查询结果。

11.2.2 POST 方式

使用 POST 方式发送请求时，open()方法中发送的 url 中不包含参数。在上传文件或发送 POST 请求时，必须先调用 XMLHttpRequest 对象的 setRequestHeader()方法修改 HTTP 报头的相关信息，其语法格式如下。

```
XMLHttp.setRequestHeader("Content-Type","application/x-www-form-urlencoded")
```

然后，在使用 send()方法发送请求时，send()方法的参数就是要发送的查询字符串，格式如下。

```
参数 1=值 1&参数 2=值 2&…
```

例如，下面的代码是使用 POST 方式发送请求的过程。

```
var XMLHttp=GetXmlHttpObject();                             //初始化
var XH="181103";
var KC="程序设计与语言";
var url="xxx.php";                                          //在 xxx.php 中处理
var postStr="XH="+XH+"&KC="+KC;                             //传送 XH 和 KC 两个值
XMLHttp.open("POST",url, true);                             //用 POST 方式打开对象
XMLHttp.setRequestHeader("Content-Type","application/x-www-form-urlencoded"); //设置头信息
XMLHttp.send(postStr);                                      //发送请求
```

下面的案例将使用在第 7 章中习题 7 中建立的学生信息管理系统数据库 xscj，其中包含管理员表 admin、学生信息表 xsb、课程表 kcb 和成绩表 cjb 共 4 个表。

【例 11-2】 使用 POST 方式实现一个简单的服务器请求，将学生信息表单中的数据无刷新添加到学生表 xsb 中，添加成功后输出数据表中的数据，页面预览的结果如图 11-7 和图 11-8 所示。

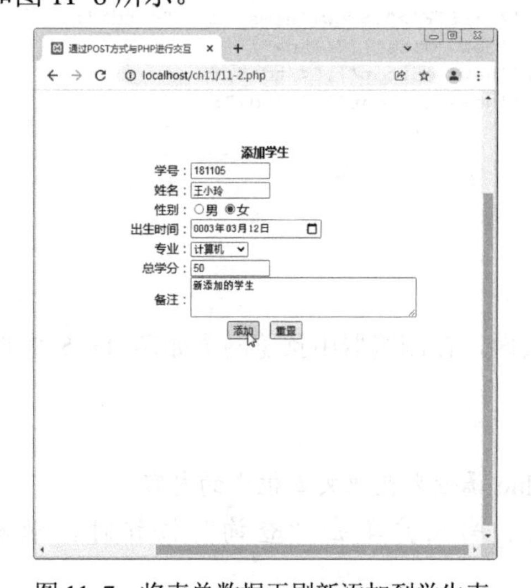

图 11-7　将表单数据无刷新添加到学生表

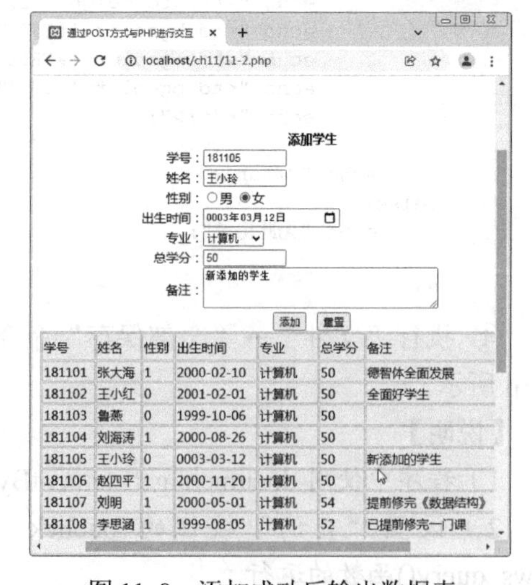

图 11-8　添加成功后输出数据表

操作步骤如下。

① 在 Web 项目 ch11 中新建一个用于数据库连接的 PHP 文件，命名为 conn.php，在代码编辑区输入以下代码。

```
<?php
$conn=mysqli_connect("localhost","root","root","xscj");
// 检查连接 ，如果连接发生错误，退出脚本并显示提示信息
if (mysqli_connect_errno()) {
```

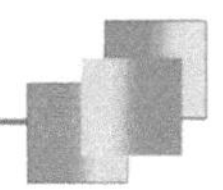

```
    exit ("数据库连接失败。");
}
mysqli_query($conn,"set names utf8");
?>
```

② 在 Web 项目 ch11 中新建一个发送请求的 PHP 文件，命名为 11-2.php，在代码编辑区输入以下代码。

```
<!doctype html>
<html>
<head>
<meta charset="utf-8">
<title>通过 POST 方式与 PHP 进行交互</title>
<style type="text/css">
<!--
body {
    margin-left: 0px;
    margin-top: 00px;
    margin-right: 0px;
    margin-bottom: 0px;
}
-->
</style></head>
<script>
function showresult(){                                      //创建主控制函数
    XMLHttp=new XMLHttpRequest();
    var XH = document.getElementById("XH").value;    //获取表单提交的学号
    var XM = document.getElementById("XM").value;    //获取表单提交的姓名
    var XB="0";                                       //默认值为 0（女生）
    var XBSZ= document.getElementsByName("XB");      //定义性别数组 XBSZ
    for (var i=0;i<XBSZ.length;i++){
        if (XBSZ[i].checked==true){                   //如果数组中哪个选项被选中
            XB=XBSZ[i].value;                         //将选中的性别选项的值赋给变量 XB
        }
    }
    var CSSJ = document.getElementById("CSSJ").value; //获取表单提交的出生时间
    var ZY = document.getElementById("ZY").value;    //获取表单提交的专业
    var ZXF = document.getElementById("ZXF").value;  //获取表单提交的总学分
    var BZ = document.getElementById("BZ").value;    //获取表单提交的备注
    if( XH==""||XM==""){                              //判断表单提交的值不能为空
        alert('添加的数据中学号和姓名不能为空！');
        return false;
    }
    //构造传递数据参数
    var post_method="XH="+XH+"&XM="+XM+"&XB="+XB+
                "&CSSJ="+CSSJ+"&ZY="+ZY+"&ZXF="+ZXF+"&BZ="+BZ;
    XMLHttp.open("POST","11-2-process.php",true);    //调用指定的添加文件
    //设置请求头信息，使用 POST 方式不能缺少的语句
    XMLHttp.setRequestHeader("Content-Type","application/x-www-form-urlencoded;");
    XMLHttp.onreadystatechange = function()           //定义响应处理函数
    {   //判断如果执行成功，则输出下面内容
        if(XMLHttp.readyState==4 && XMLHttp.status==200){
            if(XMLHttp.responseText!=""){
                alert("数据添加成功！");
                //将服务器返回的数据显示到 DIV 中
                document.getElementById("webpage").innerHTML=XMLHttp.responseText;
            }else{
                alert("添加失败！");                  //如果返回值为空
            }
        }
    }
    XMLHttp.send(post_method);                        //将数据发送给服务器
}
</script>
<body>
```

```
        <table width="800" height="632" border="0" align="center" cellpadding="0" cellspacing=
"0">
          <tr>
            <td width="260" height="245"> </td>
            <td colspan="2" align="center" valign="bottom"><strong>添加学生</strong></td>
            <td width="40"> </td>
          </tr>
          <form id="searchform" name="searchform" method="post" action="#">
          <tr>
            <td height="25"> </td>
            <td width="150" align="right">学号：      </td>
            <td width="350" align="left"><input name="XH" type="text" id="XH" size="10" /></td>
            <td> </td>
          </tr>
          <tr>
            <td height="25"> </td>
            <td align="right">姓名：      </td>
            <td align="left"><input name="XM" type="text" id="XM" size="10" /></td>
            <td> </td>
          </tr>
          <tr>
            <td height="25"> </td>
            <td align="right">性别：      </td>
            <td align="left"><input type="radio" name="XB" value="1">男   <input type="radio" name=
"XB" value="0">女</td>
            <td> </td>
          </tr>
          <tr>
            <td height="25"> </td>
            <td align="right">出生时间：   </td>
            <td align="left"><input name="CSSJ" type="date" id="CSSJ"/></td>
            <td> </td>
          </tr>
          <tr>
            <td height="25"> </td>
            <td align="right">专业：      </td>
            <td align="left">
              <select name="ZY" id="ZY">
                <?php                      //定义动态菜单项
                //引用数据库连接文件
                require_once 'conn.php';
                //定义 SQL 语句，查询专业信息
                $sql = "select distinct ZY from xsb";
                //执行 SQL 语句，返回结果,并显示为专业列表项信息
                if($results= mysqli_query($conn,$sql)) {
                //获取数据
                  while ($row = mysqli_fetch_array($results)) {
                    $ZY=$row['ZY'];
                    echo "<option value='$ZY'>$ZY</option>";
                  }
                }
                ?>
              </select>
              </td>
            <td> </td>
          </tr>
          <tr>
            <td height="25"> </td>
            <td align="right">总学分：     </td>
            <td align="left"><input name="ZXF" type="text" id="ZXF" size="10" /></td>
            <td> </td>
          </tr>
          <tr>
            <td height="25"> </td>
            <td align="right">备注：      </td>
```

```
        <td align="left"><textarea name="BZ" cols="40" rows="3" id="BZ"></textarea></td>
        <td> </td>
      </tr>
      <tr>
        <td height="25"> </td>
        <td colspan="2" align="center">
        <input  type="button"  name="Submit"  value="添加"  onclick="showresult();"  /> 
 
        <input type="reset" name="Submit2" value="重置" /></td>
        <td> </td>
      </tr>
      </form>
      <tr>
        <td height="268"> </td>
        <td colspan="2" align="center" valign="top"><div id="webpage"></div></td>
        <td> </td>
      </tr>
    </table>
    </body>
    </html>
```

③ 在 Web 项目 ch11 中新建一个处理请求的 PHP 文件，命名为 11-2-process.php，在代码编辑区输入以下代码。

```
    <?php
        header('Content-Type:text/html;charset=utf-8');        //指定发送数据的编码格式
        require_once 'conn.php';                               //连接数据库
        $XH =$_POST['XH'];        //获取 Ajax 传递的值
        $XM = $_POST['XM'];       //获取 Ajax 传递的值
        $XB = $_POST['XB'];       //获取 Ajax 传递的值
        $CSSJ = $_POST['CSSJ']; //获取 Ajax 传递的值
        $ZY = $_POST['ZY'];       //获取 Ajax 传递的值
        $ZXF = $_POST['ZXF'];     //获取 Ajax 传递的值
        $BZ = $_POST['BZ'];       //获取 Ajax 传递的值
        $sql="insert into xsb(XH,XM,XB,CSSJ,ZY,ZXF,BZ)
             values('$XH','$XM','$XB','$CSSJ','$ZY','$ZXF','$BZ')";
        if(mysqli_query($conn,$sql)){
             $sqles="select * from xsb";
             $results=mysqli_query($conn,$sqles);
             echo "<table width='700' border='1' cellpadding='1' cellspacing='1' bordercolor=
'#ccc' bgcolor='#eee'>";
             echo "<tr><td height='30'>学号</td><td>姓名</td><td>性别</td><td>出生时间
</td><td>专业</td><td>总学分</td><td>备注</td></tr>";
             while($row=mysqli_fetch_array($results)){         //循环输出查询结果
                  echo "<tr><td height='22'>".$row['XH']."</td>";
                  echo "<td>".$row['XM']."</td>";
                  echo "<td>".$row['XB']."</td>";
                  echo "<td>".$row['CSSJ']."</td>";
                  echo "<td>".$row['ZY']."</td>";
                  echo "<td>".$row['ZXF']."</td>";
                  echo "<td>".$row['BZ']."</td>";
                  echo "</tr>";
             }
             echo "</table>";
        }
    ?>
```

④ 执行“文件”→“全部保存”命令，保存页面，在浏览器中预览网页如图 11-7 和图 11-8 所示。

【说明】

1）本例使用 POST 方式将数据发送给服务器，提交的数据采用“XMLHttp.send(post_method);”方法提交，其中 post_method 为传递数据参数的变量。

2）表单中的性别要用数组的形式获取，因此不能用 getElementById 获取，应将表单中的性别 XB 获取后赋给变量 XBSZ，形成数组 XBSZ。

11.3 综合案例——使用 Ajax 技术检测学号

在添加学生档案时，为了保证学号的唯一性，在填写数据时应先检测填写的学号是否已经存在。使用 Ajax 可以在不影响填写学生信息时检测学号的唯一性，增加了页面的友好度。

【例 11-3】 使用 Ajax 技术制作添加学生信息的页面，在添加之前先使用文本框的 onblur 事件检测学号是否存在。当检测到学号没有填写时，在学号文本框右侧显示红色文字“学号未填”，如图 11-9 所示；当检测到学号已填写但已经存在时，在学号文本框右侧显示红色文字“学号已存在”，如图 11-10 所示；当检测到学号已填写且不存在时，在学号文本框右侧显示红色文字“学号未被使用”，如图 11-11 所示，则用户可以将信息添加到学生信息表 xsb 中，添加成功后的显示结果如图 11-12 所示。

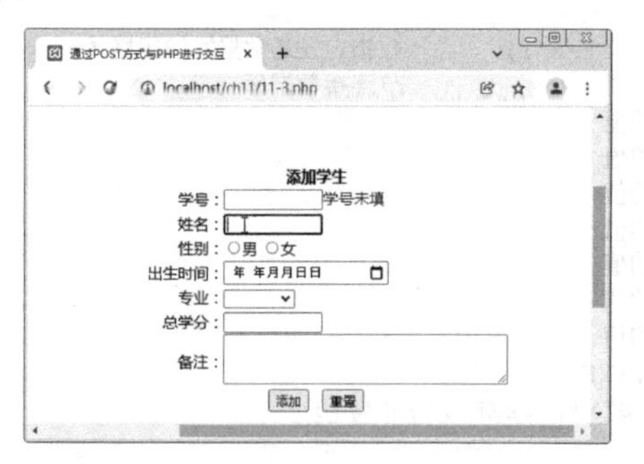

图 11-9　学号没有填写时的提示

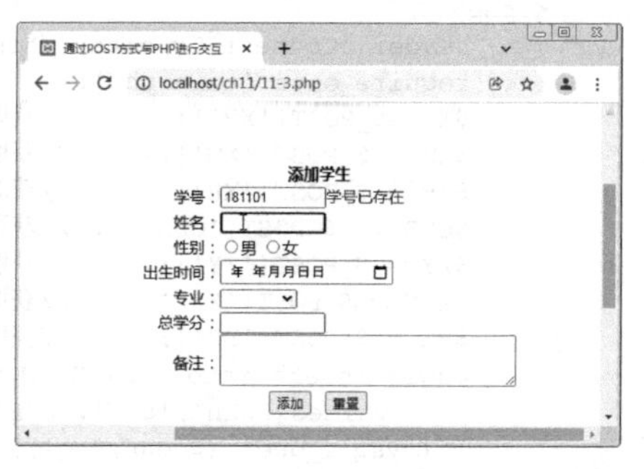

图 11-10　学号已填写但已经存在时的提示

图 11-11　学号已填写且不存在时的提示

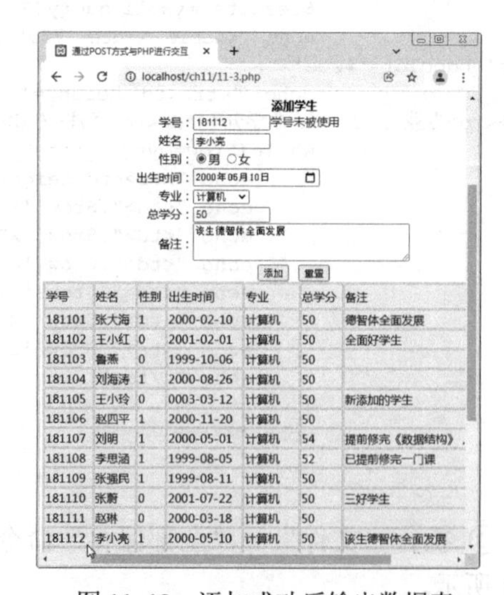

图 11-12　添加成功后输出数据表

操作步骤如下。

① 在 Web 项目 ch11 中新建一个发送请求的 PHP 文件，命名为 11-3.php，该页面在 11-2.php 的基础上增加检测学号是否已经存在的函数 checkXH()和表单中检测学号文本框失去焦点的

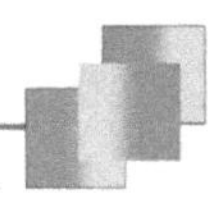

onblur 事件即可，代码如下。

```
<!doctype html>
<html>
<head>
<meta charset="utf-8">
<title>通过 POST 方式与 PHP 进行交互</title>
…（此处省略代码）
</head>
<script>
function showresult(){                                    //添加学生信息的函数
…（此处省略代码）
     XMLHttp.open("POST","11-3-insert.php",true); //注意这里将处理程序修改为 11-3-insert.php
…（此处省略代码）
}
//一个 Ajax 程序中可以定义多个异步交互应用，但是要把它们命名为不同的名称，例如下面实现检测学号是否已经
//存在的异步交互就要定义为 XMLHttp1，以区别上面实现添加记录的异步交互 XMLHttp
function checkXH(){                                            //检测学号是否已经存在的函数
     XMLHttp1=new XMLHttpRequest();
     var XH=document.getElementById("XH").value;          //得到“学号”文本框中输入的值
     var XM=document.getElementById("XM").value;          //得到“姓名”文本框中输入的值
     var url="11-3-check.php";                            //服务器端在 11-3-check.php 中处理
     var post_method="XH="+XH;                            //url 地址，以 POST 方式传递
     XMLHttp1.open("POST",url,true);                      //以 POST 方式打开 XMLHTTP 对象
     XMLHttp1.setRequestHeader("Content-Type","application/x-www-form-urlencoded");
     XMLHttp1.send(post_method);                          //将数据发送给服务器
     XMLHttp1.onreadystatechange = function()             //定义响应处理函数
          {
               if (XMLHttp1.readyState==4&&XMLHttp1.status==200)
               {
                    //如果“学号”文本框内容为空则提示“学号未填”
                    if(XH=="")
                    {
                         document.getElementById("txthint").innerHTML="学号未填";
                    }
                    else
                    {
                         //如果接收到的字符串为“1”表示学号已存在
                         if(XMLHttp1.responseText=="1")
                         {
                              //设置 id 为“txthimt”的标记要显示的信息
                              document.getElementById("txthint").innerHTML="学号已存在";
                         }
                         //如果接收到的字符串为“0”表示学号不存在
                         else if(XMLHttp1.responseText=="0")
                         {
                             document.getElementById("txthint").innerHTML="学号未被使用";
                         }
                    }
               }
          }
}
</script>
<body>
<table width="800" height="632" border="0" align="center" cellpadding="0" cellspacing= "0">
  <tr>
    <td width="260" height="245"> </td>
    <td colspan="2" align="center" valign="bottom"><strong>添加学生</strong></td>
    <td width="40"> </td>
  </tr>
  <form id="searchform" name="searchform" method="post" action="#">
  <tr>
    <td height="25"> </td>
    <td width="150" align="right">学号:      </td>
    <td  width="350"  align="left"><input  name="XH"  type="text"  id="XH"  size="10"
```

```
onblur="checkXH()"/><font color="red"><span id="txthint"></span></font></td>
            <td> </td>
          </tr>
        …（此处省略代码）
        </table>
        </body>
        </html>
```

② 在 Web 项目 ch11 中新建一个处理请求的 PHP 文件，命名为 11-3-check.php，在代码编辑区输入以下代码。

```
<?php
require_once 'conn.php';                          //连接数据库
$XH=$_POST['XH'];
$sql="select * from xsb where XH='$XH'";         //查询语句
$result=mysqli_query($conn,$sql);
$row=mysqli_fetch_array($result);
if($row)
     echo "1";
else
     echo "0";
?>
```

③ 在 Web 项目 ch11 中新建一个处理请求的 PHP 文件，命名为 11-3-insert.php，其代码和 11-2-process 完全一致，这里不再赘述。

④ 执行“文件”→“全部保存”命令，保存页面，在浏览器中预览网页如图 11-9～图 11-12 所示。

11.4 习题

1．什么是 Ajax？Ajax 有哪些优点？

2．简述 Ajax 的工作原理。

3．Ajax 的核心技术是什么？

4．简述 XMLHttpRequest 对象的工作过程。

5．如何初始化 Ajax？不同的浏览器初始化的方法是否相同？

6．Ajax 如何处理服务器返回的信息？

7．使用 Ajax 技术制作菜单项和该菜单项对应记录的联动显示，页面预览的结果如图 11-13 所示。

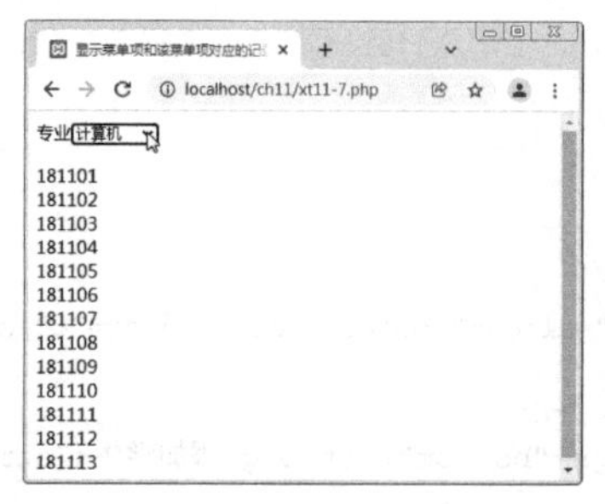

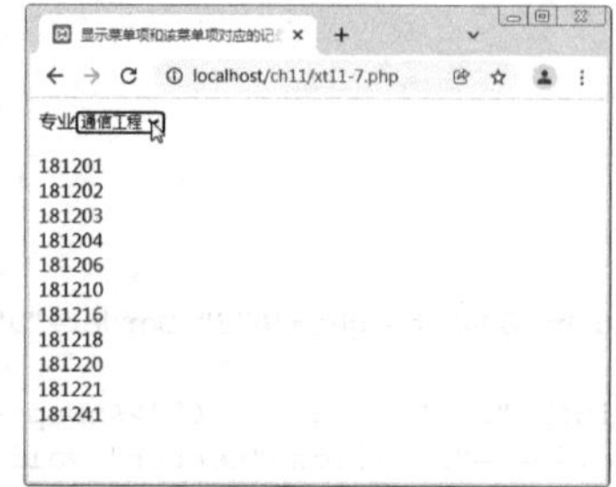

图 11-13　题 7 图

第 12 章　PHP 的 MVC 开发模式

MVC 是一种源远流长的软件设计模式，早在 20 世纪 70 年代就已经出现了基于 MVC 的开发模式。随着 Web 应用开发的广泛展开，也因为 Web 应用需求复杂度的提高，MVC 这一设计模式也逐渐被 Web 应用开发所采用。本章主要讲解 MVC 模型的基本概念以及基于 MVC 模型的 Web 应用框架开发技术。

12.1　MVC 模型简介

MVC 模型即 Model-View-Controller（模型-视图-控制器）模型，这种模型用于应用程序的分层开发，如图 12-1 所示。其中，M（Model）是指业务模型，V（View）是指用户界面，C（Controller）则是控制器，使用 MVC 的目的是将 M 和 V 的代码分离，从而使同一个程序可以使用不同的表现形式。例如，一批统计数据可以分别用柱状图、饼图来表示。C 存在的目的则是确保 M 和 V 的同步，一旦 M 改变，V 应该同步更新。

在 MVC 机制下，应用被清晰地分为 Model、View 和 Controller 3 个部分，这 3 个部分分别依次对应了业务逻辑和数据、用户界面、用户请求处理和数据同步。这种模块功能的划分有利于在代码修改过程中选择重点。PHP 的 MVC 架构如图 12-2 所示。

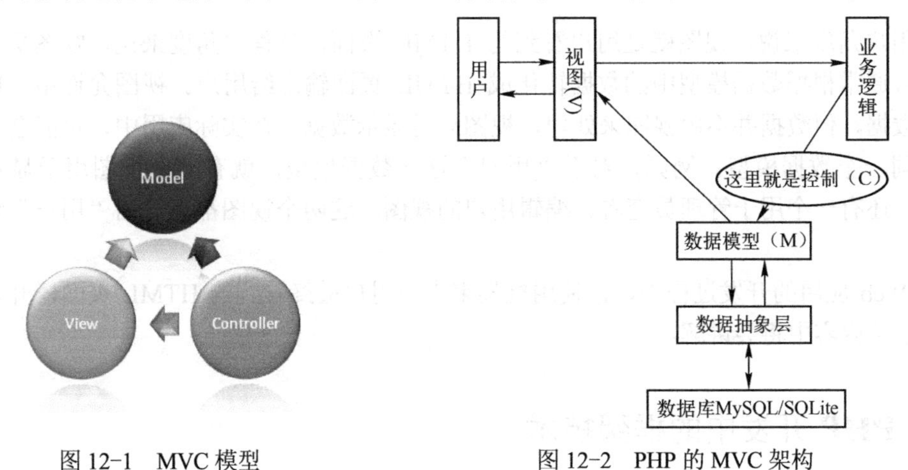

图 12-1　MVC 模型　　图 12-2　PHP 的 MVC 架构

12.2　MVC 模型的组成

MVC 是一个设计模式，它使 Web 应用程序的输入、处理和输出分开进行。基于 MVC 的 Web 应用程序被分成 3 个核心部件：模型、视图和控制器。一个好的 MVC 设计可以让这 3 个核心部件完美地结合起来，完成整个 Web 应用。

12.2.1 控制器（Controller）

控制器负责协调整个应用程序的运转。简单地讲，控制器的作用就是接收用户的输入并调用模型和视图去完成用户的需求。当用户单击 Web 页面中超链接或发送 HTML 表单时，控制器本身不输出任何东西和做任何处理，它只是接收请求并决定调用哪个模型构件去处理请求，然后确定用哪个视图来显示返回的数据。

12.2.2 模型（Model）

Web 应用的业务流程处理过程对其他层来说是不可见的，也就是说，模型接收视图请求的数据，并返回最终的处理结果。在 MVC 的 3 个部件中，模型拥有最多的处理任务。被模型返回的数据是中立的，模型与数据格式无关，这样一个模型能为多个视图提供数据，由于应用于模型的代码只需写一次就可以被多个视图重用，所以减少了代码的重复性。

模型的设计是 MVC 最主要的核心。MVC 设计模式把应用的模型按一定的规则抽取出来，抽取的层次很重要，抽象与具体不能隔得太远，也不能太近。MVC 并没有提供模型的设计方法，只是用来组织管理这些模型，以便模型的重构和提高重用性。从面向对象编程的角度来讲，MVC 定义了一个顶级类，再告诉它的子类有哪些是可以做的，这点对开发人员至关重要。

模型携带着数据，并执行这些数据的业务规则。通常会将业务规则的实现放进模型，以保证 Web 应用的其他部分不会产生非法数据。因此，模型不仅是数据的容器，还是数据的监控者。

12.2.3 视图（View）

从用户角度来说，视图就是用户看到的 HTML 页面。从程序角度来说，视图负责生成用户界面，通常根据数据模型中的数据转化成 HTML 页面输出给用户。视图允许用户以多种方式输入数据，但数据并不由视图来处理，视图只是显示数据。在实际应用中，可能会有多个视图访问同一个数据模型。例如，对于“用户”这一数据模型，就有一个视图用于显示用户信息列表，还有一个用于管理员查看、编辑用户的视图。这两个视图都要访问“用户”这一数据模型。

在 Web 应用的开发过程中，常使用框架来生成用户最终看到的 HTML 页面，开发框架在本章的后续内容中将会讲解。

12.3 PHP 开发中的框架技术

随着 MVC 设计方法与开发理念的流行，Web 应用领域产生了大量的开发框架，使用这些框架可以迅速搭建 Web 应用，降低开发成本，缩短开发周期。PHP 社区也出现大量的 MVC 开发框架，本节向读者介绍 4 种比较流行的 PHP 开发框架。

12.3.1 Laravel

Laravel 是一个功能强大、易于使用的 Web 应用框架，它将 Web 项目中主要的通用任务加以封装，从而提升了项目开发的效率。

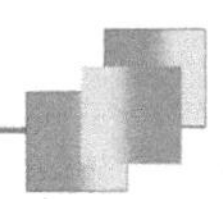

Laravel 提供了大型稳健应用所需的各种强大工具，例如，IOC 容器、控制器等，除此之外，Laravel 提供对扩展包的支持，Laravel 的扩展包由世界各地的开发者贡献，而且还在不断增加中。

Laravel 是完全开源的，它的所有代码都可以从 GitHub 上获取。同时，Laravel 有着完美的社区支持，其语法本身的表现力和良好的技术文档使编写 PHP 程序更加容易。

12.3.2　CodeIgniter

CodeIgniter 是一个小巧但功能强大的、由 PHP 编写的、基于 MVC 的 Web 应用开发框架，它为用户提供了足够的自由支持，自由意味着使用 CodeIgniter 时，用户不必以某种方式命名数据库表，也不必根据表命名模型。CodeIgniter 不需要大量代码，也不会要求插入类似于 PEAR 的庞大的库，允许用户创建可移植的应用程序。

CodeIgniter 是经过 Apache/BSD-style 开源许可授权的免费框架，最小化了模板中的程序代码量。CodeIgniter 生成的 URL 非常干净，而且对搜索引擎友好。CodeIgniter 使用了基于段的（segment-based）URL 表示法，有利于搜索引擎搜索。

除此之外，CodeIgniter 拥有全面的开发类库，可以完成大多数 Web 应用的开发任务。而且 CodeIgniter 提供了完善的扩展功能，可以有效帮助开发人员扩展更多的功能。

12.3.3　CakePHP

CakePHP 是一个基于 PHP、免费且开源的 MVC 框架。CakePHP 封装了数据库访问逻辑，对于小应用可获得令人惊叹的开发效率。CakePHP 比较有特色的地方是命令行代码生成工具，它让开发者可以快速生成应用程序框架。CakePHP 的主要特点如下。

1）数据库交互和简单查询的集成。

2）MVC 体系结构。

3）自定义的 URL 的请求分配器（request dispatcher）。

4）内置验证机制。

5）快速灵活的模板。

6）支持 Ajax。

7）灵活的视图缓存。

8）可在任何 Web 站点的子目录里工作，不需要改变 Apache 配置。

9）命令行生成 Web 站点框架。

CakePHP 也有一些不足，就是模型实现过于复杂，模型不但尝试封装行数据集，甚至连数据库访问也包含在内，使得项目的重构变得困难，大大降低了系统的开发效率。

12.3.4　Zend Framework

Zend Framework 是一个 PHP“官方的”的、基于 MVC 模式的框架，由 Zend 公司负责开发和维护。Zend Framework 采用了 ORM（Object Relational Mapping，对象关系映射）思路，这是一种为了解决面向对象编程与关系数据库存在的互不匹配现象的技术。

Zend Framework 的另一个特点是，它实现了 Front Controller（前端控制器）模式，即所有的 HTTP 请求都会转发到同一个入口，然后再由路由功能模块转到相应的控制器。

除了最基本的 MVC 模型以外，Zend Framework 还提供了一系列高级功能，下面介绍一些功能。

1）Zend_Acl 实现了非常灵活的权限控制机制。

2）Zend_Cache 提供了一种通用的缓存方式，可以将任何数据缓存到文件系统、数据库和内存。

3）Zend_Log 提供通用的 log 解决方案，支持格式化的 log 信息。

4）Zend_Json 封装了数据在 PHP 和 JSON 格式之间的转换操作。

5）Zend_Feed 封装了对 RSS 和 ATOM 的操作。

12.4 Laravel 框架应用

Larave 框架是一种代码优雅的 PHP 开发框架，它可以帮助开发人员以更加简洁的方法构建一个 PHP 项目，使开发人员从杂乱冗长的原生代码中解放出来。

12.4.1 Larave 框架的技术特点

Larave 以其简洁、优雅的特性获得了 PHP 开发者的欢迎，它引入了一系列用于实现 Web 应用中通用任务的强大功能，具体如下。

1）可扩展。Laravel 的扩展包仓库已经相当成熟，它可以帮助开发者把扩展包（Bundle）安装到应用程序中。开发者可以选择将扩展包复制到 Bundles 目录，或者通过命令行工具 Artisan 自动安装。

2）灵活性。Laravel 给开发者以最大的灵活性，应用逻辑既可以在控制器中实现，也可以直接集成到路由声明中，如此一来，使用 Laravel 既能创建非常小的网站，也能构建大型的企业应用。

3）反向路由。反向路由赋予使用者通过路由名称创建 URL 的能力。通过路由名称，Laravel 就会自动创建正确的 URL。

4）Restful 控制器。Restful 控制器是一项区分 GET 和 POST 请求逻辑的可选方式，它可以区分页面发出的请求逻辑并做出处理。

5）自动加载类。自动加载类简化了类的加载工作，当加载任何库或模型时，开发者无须维护自动加载配置表和手动进行其他组件的加载，Laravel 框架会自动帮助使用者加载需要的文件。

6）视图组装器。视图组装器本质上就是一段代码，这段代码在视图加载时会自动执行。例如，博客首页的“随机文章推荐”功能即可通过视图组装器实现，视图组装器中包含了加载随机文章推荐的逻辑，这样，当加载视图时，Laravel 会通过视图组装器完成随机文章推荐的功能。

7）反向控制容器。反向控制容器提供了生成对象、随时实例化对象、访问单例对象的便捷方式。反向控制意味着程序几乎不需要加载外部的库文件，就可以在代码中的任意位置访问这些对象。

8）迁移。迁移的功能类似于版本控制工具，不同的是，它管理的是数据库范式，并且直接集成于 Laravel 中。开发者可以使用 Artisan 命令行工具生成并执行迁移指令。

9）单元测试。单元测试是 Laravel 中较为重要的功能，Laravel 包含数以百计的测试用例，从而保障任何一处的修改不会影响其他部分的功能，这也是业内认为 Laravel 性能稳定的

原因之一。使用 Laravel 时，通过 Artisan 命令行工具可以运行所有的测试用例，这能让代码很容易的得到单元测试。

10）自动分页。自动分页功能避免了在业务逻辑中混入大量的分页配置代码，程序只需从数据库中获取总的条目数量，然后使用 limit/offset 获取选定的数据，最后调用 paginate 方法，让 Laravel 将各页链接输出到指定的视图中即可。

12.4.2　安装 Laravel 框架

安装 Laravel 框架有两种方法：一种是通过一键安装包进行安装；另一种是通过 Composer（PHP5 新增的依赖管理工具，和自动加载非常相似）进行安装。

本书讲解第一种安装方法，另外一种方法限于篇幅不再讲解。通过一键安装包安装 Laravel 相对简单，打开下载地址 http://laravelacademy.org/resources-download，找到对应的超链接即可下载，本书使用的是 Laravel 5.5 版本。

安装 Laravel 框架

下载完成后，将解压后的 laravel 文件夹复制到 Web 项目的根目录 C:\xampp\htdocs 下，然后在浏览器中输入访问地址“http://localhost/laravel/public/index.php”，打开 Laravel 框架启动的主界面，如图 12-3 所示。

图 12-3　Laravel 框架启动的主界面

12.4.3　目录结构

Laravel 应用默认的目录结构试图为不管是大型应用还是小型应用提供一个好的起点，开发者也可根据自身需求重新组织应用目录结构，Laravel 对类在何处被加载没有任何限制，只需 Composer 自动载入即可。

1．根目录

在 HBuilder 中建立 Web 项目 laravel，其对应的文件夹为 C:\xampp\htdocs\laravel，展开 laravel 项目即可看到 Laravel 框架根目录结构，如图 12-4 所示。

图 12-4　根目录结构

接下来，详细介绍 Laravel 根目录的结构。

1）app 目录包含了应用的核心代码，开发者编写的代码大多会放到这里。

2）bootstrap 目录包含了用于框架的启动和自动载入配置的文件，还有一个 cache 文件夹包含了框架为提升性能所生成的文件，例如，支撑路由的文件、支撑服务缓存的文件等。

3）config 目录包含了应用所有的配置文件，通过这些配置文件完成 Laravel 的相关配置。

4）database 目录包含了用于数据迁移及填充的文件。

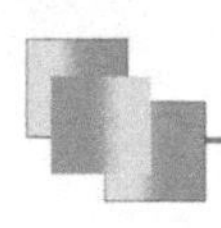

5）public 目录包含了入口文件 index.php 和前端资源文件（图片、JavaScript、CSS 等）。

6）resources 目录包含了视图文件及原生资源文件（LESS、SASS、CoffeeScript）以及本地化语言文件。

7）routes 目录包含了应用的所有路由定义。Laravel 默认提供了 3 个路由文件：web.php、api.php 和 console.php。其中，web.php 文件包含的路由都可以应用 Web 中间件组，具备 Session、CSRF 防护以及 Cookie 加密功能，如果应用无须提供无状态的、RESTful 风格的 API，所有路由都会定义在 web.php 文件中；api.php 文件包含的路由应用 API 中间件组，具备频率限制功能，这些路由是无状态的，所以请求通过这些路由进入应用需要通过 token 进行认证并且不能访问 Session 状态；console.php 文件用于定义所有基于闭包的控制台命令，每个闭包都被绑定到一个控制台命令并且允许与命令行 I/O 方法进行交互，尽管这个文件并不定义 HTTP 路由，但是它定义了基于控制台的应用入口（路由）。

8）storage 目录包含编译过的 Blade 模板、基于文件的 Session、文件缓存以及其他由框架生成的文件。该目录被细分成 app、framework 和 logs 子目录，app 目录用于存放应用要使用的文件，framework 目录用于存放框架生成的文件和缓存，logs 目录用于存放日志文件。在 app 目录的子目录中，public 目录用于存储用户生成的文件，例如，可以被公开访问的用户头像等，如果想要这些文件被访问，还需要在 public 目录下生成一个软链接指向这个目录。使用者可以通过 php artisan storage:link 命令生成这个软链接。

9）tests 目录包含自动化测试的文件，其中提供了一个开箱即用的 PHPUnit 示例；每一个测试类都要以 Test 开头，使用者可以通过 phpunit 或 php vendor/bin/phpunit 命令来运行测试。

10）vendor 目录包含所有 Composer 依赖。

2．app 目录

应用程序的核心代码位于 app 目录下，默认情况下，该目录位于命名空间 app 下，并且被 Composer 按照 PSR-4 自动加载标准自动加载。

app 目录下包含多个子目录，如 Console、Http、Providers 等。Console 和 Http 目录提供了进入应用核心的 API，HTTP 和 CLI 是和应用进行交互的两种机制，但实际上并不包含应用逻辑。换句话说，它们只是两个向应用发布命令的方式。Console 目录包含了所有的 Artisan 命令，Http 目录包含了控制器、中间件和请求等。

其他目录会在开发者通过 Artisan 命令 make 生成相应类时生成到 app 目录下。例如，app/Jobs 目录直到开发者执行 make:job 命令生成任务类时才会出现在 app 目录下。此处需要注意的是，app 目录中的很多类都可以通过 Artisan 命令生成，要查看所有有效的命令，可以在终端中运行 php artisan list make 命令。

接下来以项目 laravel 为例，对 app 目录的组织结构作详细介绍，如图 12-5 所示。

laravel
app
Console
Exceptions
Http
Providers
User.php

图 12-5 app 目录

1）Console 目录：主要包含所有的 Artisan 命令。这些命令类可以由 make：command 命令生成。该目录下还有 Console Kernel 类，在这里可以注册自定义的 Artisan 命令以及定义调度任务。

2）Exceptions 目录：主要包含应用的异常处理器，如果需要自定义异常或渲染，需要修改 Handler 类。

3）Http 目录：包含控制器、中间件和表单请求等，用于处理几乎所有进入应用的请求。

4）Providers 目录：包含应用的所有服务提供者。服务提供者在启动应用过程中绑定服务

到容器、注册事件以及执行其他任务，为即将到来的请求处理做准备。在新安装的 Laravel 应用中，该目录已经包含了一些服务提供者，可以按需添加新的服务提供者到该目录。

12.4.4　生命周期

在使用 Laravel 开发程序之前，首先要理解 Laravel 的生命周期，接下来本节将开始讲解 Laravel 的生命周期。

Laravel 的生命周期从 public/index.php 开始，以 public/index.php 结束。Laravel 应用的所有请求入口都是 public/index.php 文件，所有请求都会被 Web 服务器（Apache/Nginx）导向这个文件。

Laravel 的生命周期围绕 public/index.php 进行，public/index.php 的源码如下所示。

```
require __DIR__.'/../vendor/autoload.php';
$app = require_once __DIR__.'/../bootstrap/app.php';
$kernel = $app->make(Illuminate\Contracts\Http\Kernel::class);
$response = $kernel->handle(
    $request = Illuminate\Http\Request::capture()
);
$response->send();
$kernel->terminate($request, $response);
```

从上面所示的源码可以看出，Laravel 处理请求分 4 步完成。

① 载入 Composer 生成的自动加载设置，包括所有 composer require 依赖。

② 生成容器 Container，Application 实例，并向容器注册核心组件。

③ 处理请求，生成并发送响应。

④ 请求结束，进行回调。

12.4.5　服务容器

服务容器是用来管理类依赖与运行依赖注入的工具。Laravel 框架中使用服务容器来实现控制反转和依赖注入。

1. 控制反转和依赖注入

（1）控制反转（IOC）

控制反转即把创建对象的控制权进行转移，以前创建对象的主动权和创建时机是由开发者自己把控，而现在这种权力转移到第三方，也就是 Laravel 中的服务容器。

（2）依赖注入（DI）

依赖注入即实现容器在运行中动态地为对象提供依赖资源。

2. 服务容器

为帮助大家更好地理解 Laravel 服务容器，接下来通过代码演示服务容器的工作机制。

【例 12-1】 服务容器的工作机制，页面预览的结果如图 12-6 所示。

操作步骤如下。

① 在 HBuilder 中建立 Web 项目 ch12，其对应的文件夹为 C:\xampp\htdocs\ch12，本章的部分案例存放于该文件夹中。

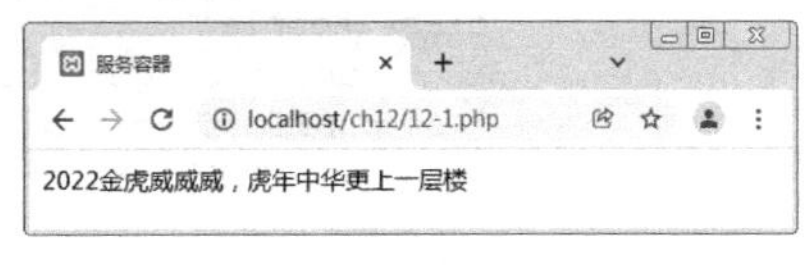

图 12-6　服务容器的工作机制

② 在 Web 项目 ch12 中新建一个 PHP 文件，命名为 12-1.php，在代码编辑区输入以下代码。

```
<!DOCTYPE html>
<html>
    <head>
        <meta charset="utf-8">
        <title>服务容器</title>
    </head>
    <body>
    <?php
    //构建一个人的类
     class People
    {
        public $tiger = null;

        public function __construct()
        {
            $this->tiger = new Tiger();
        }
        public function putTiger(){
            return $this->tiger->tigerCall();
        }
    }
    //构建一个虎的类
    class Tiger{
        public function tigerCall(){
            echo '2022 金虎威威威，虎年中华更上一层楼';
        }
    }
    //实例化人类
    $people = new People();
    $people->putTiger();
    ?>
    </body>
</html>
```

③ 执行“文件”→“全部保存”命令，保存页面，在浏览器中预览网页如图 12-6 所示。

【说明】在本例的代码中，语句“$people=new People();”用于实例化 People 类，语句“$people->putTiger();”用于调用 putTiger ()方法，要想实现该方法，需要依赖 Tiger 类，即在 People 类中利用构造函数来添加 Tiger 类依赖。如果使用控制反转，则依赖注入如例 12-2 所示。

【例 12-2】 使用控制反转，页面预览的结果如图 12-7 所示。

操作步骤如下。

① 在 Web 项目 ch12 中新建一个 PHP 文件，命名为 12-2.php，在代码编辑区输入以下代码。

```
<!DOCTYPE html>
<html>
    <head>
        <meta charset="utf-8">
        <title>使用控制反转</title>
    </head>
    <body>
    <?php
    class People{
        public $tiger =null;
        public function __construct(Tiger $tiger){
            $this->tiger = $tiger;
        }
    public function putTiger(){
            return $this->tiger->tigerCall();
        }
    }
    class Tiger{
        public function tigerCall(){
```

图 12-7 使用控制反转

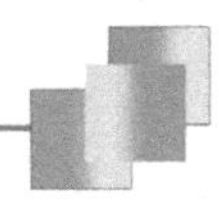

```
                echo '2022 金虎威威威，虎年中华更上一层楼';
            }
        }
        $tiger = new Tiger();
        $people = new People($tiger);
        $people->putTiger();
        ?>
        </body>
</html>
```

② 执行“文件”→“全部保存”命令，保存页面，在浏览器中预览网页如图 12-7 所示。

【说明】在本例的代码中，People 类通过构造函数声明需要的依赖类（Tiger 类），并由服务容器完成注入。

12.4.6 服务提供者

1．服务提供者概念

从某种意义上说，服务提供者功能类似于 HTTP 控制器，HTTP 控制器用于为相关路由注册提供统一管理，而服务提供者用于为相关服务容器提供统一绑定场所，除此之外，服务提供者会处理一些初始化启动操作。

服务提供者是 Laravel 的核心，Laravel 的每个核心组件都对应一个服务提供者，核心组件类通过服务提供者完成注册、初始化以供后续调用。

服务提供者举例说明

2．服务提供者举例说明

（1）定义服务类

① 在项目 laravel/app 下分别创建 Contracts 和 Services 文件夹，如图 12-8 所示。

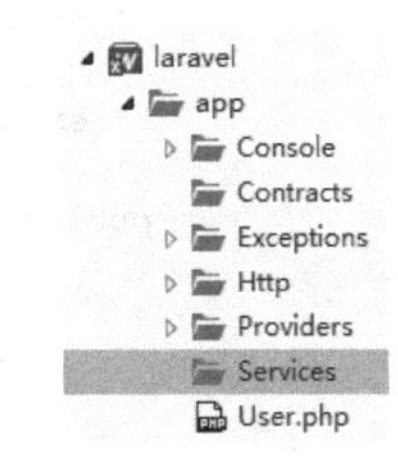

图 12-8　新建目录

② 在 Contracts 文件下新建文件 TestContract.php，代码如下。

```
<?php
namespace App\Contracts;
interface TestContract{
     public function callMe($controller);
}
?>
```

③ 在 Services 文件下新建文件 TestService.php，代码如下。

```
<?php
namespace App\Services;
use App\Contracts\TestContract;
class TestService implements TestContract {
     public function callMe($controller)
     {
          echo "laravel_test 测试调用成功";
     }
}
?>
```

（2）创建服务提供者

接下来定义一个服务提供者类 TestServiceProvider，用于注册该类到容器中。创建服务提供者可以使用 Artisan 命令：php artisan make:provider TestServiceProvider。

打开命令行窗口，执行以下命令，如图 12-9 所示。

```
C:\Users\Administrator.XB-20200830VOVJ>set path=c:/xampp/php
C:\Users\Administrator.XB-20200830VOVJ>cd/xampp/htdocs/laravel
```

```
C:\xampp\htdocs\laravel>php artisan make:provider TestServiceProvider
Provider created successfully.
C:\xampp\htdocs\laravel>
```

执行上述命令后，出现 Provider created successfully，说明 TestServiceProvider 服务提供者创建成功。此时，会在 laravel/app/Providers 目录下自动生成 TestServiceProvider.php 文件，如图 12-10 所示。

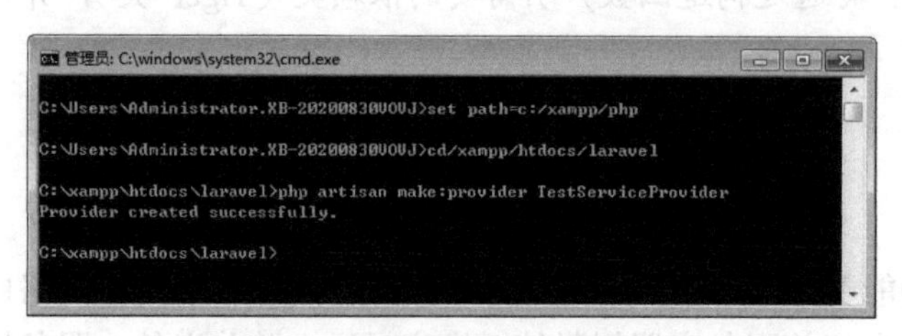

图 12-9　创建服务提供者

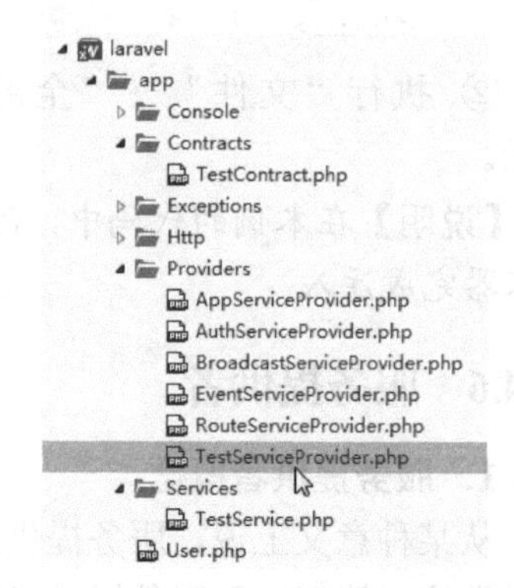

图 12-10　服务提供者创建成功

在 HBuilder 中打开生成的 TestServiceProvider.php 文件，编写使用接口进行绑定的代码，代码如下。

```
<?php
namespace App\Providers;
use App\Services\TestService;
use Illuminate\Support\ServiceProvider;
class TestServiceProvider extends ServiceProvider
{
    /**
     * Register services.
     *
     * @return void
     */
    public function register()
    {
          //使用接口进行绑定
          $this->app->bind('App\Contracts\TestContract', function(){
               return new TestService();
          });
    }
    /**
     * Bootstrap services.
     *
     * @return void
     */
    public function boot()
    {
       //
    }
}
?>
```

（3）注册服务提供者

创建服务提供者类后，接下来需要将该服务提供者注册到应用中。打开配置文件 config/app.php，将该类追加到 providers 数组中，代码如下，如图 12-11 所示。

```
App\Providers\TestServiceProvider::class,
```

```
166         * Package Service Providers...
167         */
168
169        /*
170         * Application Service Providers...
171         */
172        App\Providers\AppServiceProvider::class,
173        App\Providers\AuthServiceProvider::class,
174        // App\Providers\BroadcastServiceProvider::class,
175        App\Providers\EventServiceProvider::class,
176        App\Providers\RouteServiceProvider::class,
177        App\Providers\TestServiceProvider::class,
178
```

图 12-11　将服务提供者类加到 providers 数组中

（4）测试服务提供者

在命令行窗口中使用 Artisan 命令创建一个资源控制器 TestController，输入命令 php artisan make:controller TestController，如图 12-12 所示。

执行上述命令后，出现 Controller created successfully，说明 TestController 资源控制器创建成功。此时，会在 laravel/app/Http/Controllers 目录下自动生成 TestController.php 文件，如图 12-13 所示。

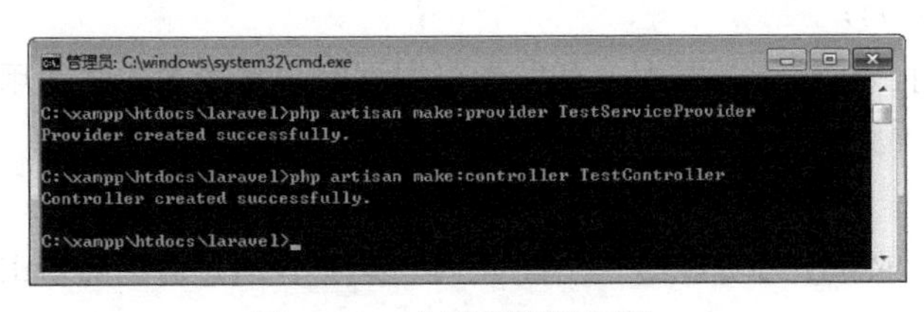

图 12-12　创建资源控制器

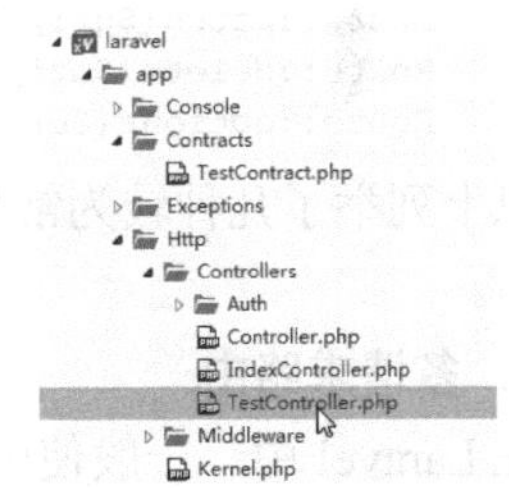

图 12-13　资源控制器创建成功

在 HBuilder 中打开生成的 TestController.php，编写代码如下。

```
<?php
namespace App\Http\Controllers;
use Illuminate\Http\Request;
use App\Http\Requests;
use App\Http\Controllers\Controller;
use App;
use App\Contracts\TestContract;
class TestController extends Controller
{
    //依赖注入
    public function __construct(TestContract $test){
        $this->test = $test;
    }
    public function index()
    {
        $this->test->callMe('TestController');
    }
}
?>
```

打开路由配置文件 routes/web.php，定义一个控制器路由，代码如下，如图 12-14 所示。

```
Route::resource('laravel_test','TestController');
```

在浏览器中输入 localhost/laravel/public/laravel_test，运行结果如图 12-15 所示。

```
14 Route::get('/', function () {
15     return view('welcome');
16 });
17
18 Route::get('/test',"IndexController@dbTest");
19
20 Route::resource('laravel_test','TestController');
```

图 12-14　定义控制器路由

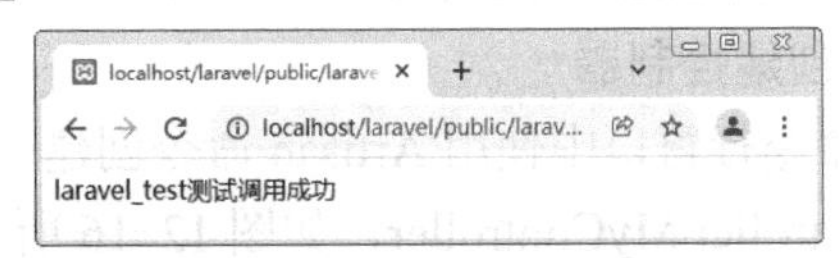

图 12-15　创建服务提供者测试成功

从图 12-15 中可以看出，本小节创建服务提供者测试用例执行成功。

12.4.7 路由

1．路由基本概念

Laravel 路由和路由器的原理相似，它的功能是将用户的请求进行路由解析，然后将解析后的结果分配到对应的模块或控制器中。所有的 Laravel 路由都在 routes/web.php 文件中定义，该文件由框架自动加载。

2．基础路由

Laravel 路由支持所有的 HTTP 方法，例如，GET、POST、DELETE 等。构建最基本的路由只需一个 URL 和一个闭包，具体示例如下。

```
Route::get($uri, $callback);
Route::post($uri, $callback);
Route::put($uri, $callback);
Route::patch($uri, $callback);
Route::delete($uri, $callback);
Route::options($uri, $callback);
```

以上列举了几种较为常见的路由，在实际开发中，开发者可根据客户端请求方式选用相应的路由。

3．多请求路由

在 Laravel 中，一般使用 mathch 或 any 方法注册一个能够响应多个 HTTP 请求的路由，具体示例如下。

```
Route::match(['get', 'post'], '/', function(){
    return 'Hello World';
});
Route::any('foo', function(){
    return 'Hello World';
});
```

4．路由前缀

使用 prefix 方法可以为路由组中给定的 URL 增加前缀，具体示例如下。

```
Route::prefix('admin')->group(function()){
    Route::get('users', function(){
        //匹配包含"/admin/users"的 URL
    });
});
```

在以上所示路由组中，为匹配的 URL 加上 admin 前缀。

12.4.8 控制器

将所有的请求处理逻辑都放在一个路由文件中是不合理的，开发者可能希望通过使用控制器来组织管理这些行为。

控制器可以将相关的 HTTP 请求封装到一个类中进行处理，通常控制器存放在 app/Http/Controllers 目录中。

1．创建控制器

在命令行窗口中使用 Artisan 命令创建一个资源控制器 MyController，输入命令 php artisan make:controller MyController，如图 12-16 所示。

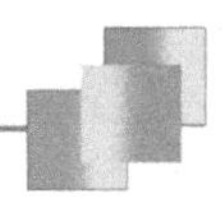

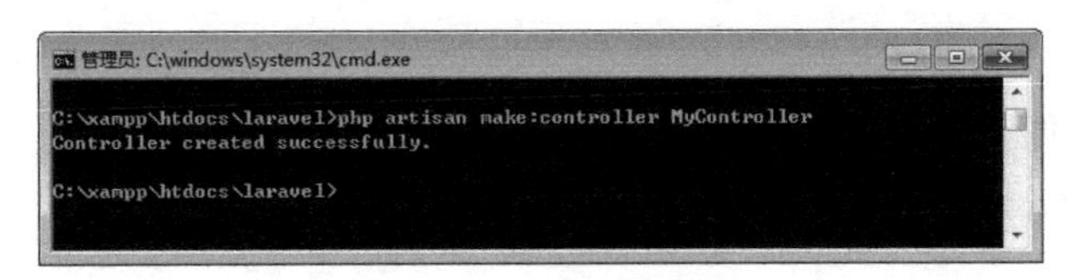

图 12-16　创建控制器

执行上述命令后，会在 laravel/app/Http/Controllers 目录下自动生成 MyController.php 文件。

2．结合路由设置控制器

当用户请求服务器的 show 路径时，服务器会执行 MyController 中的 show 方法。打开路由配置文件 routes/web.php，定义一个控制器路由，代码如下。

```
Route::get('/show', 'MyController@show');
```

3．带参数的路由使用控制器

当用户请求服务器的 edit 路径时，服务器会执行 MyController 中的 edit 方法，并且后面需带有参数 id。打开路由配置文件 routes/web.php，定义一个控制器路由，代码如下。

```
Route::get('/edit/{id}', 'MyController@edit');
```

4．测试用例

编辑 MyController 控制器，代码如下。

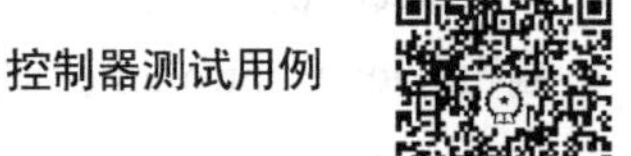


```
<?php
    namespace App\Http\Controllers;
    use Illuminate\Http\Request;
    use App\Http\Controllers\Controller;
    class MyController extends Controller
    {
        public function show(){
            return "这是测试页";
        }
        public function edit($id){
            return "这是测试页!用户的 id 是  " . $id;
        }
    }
?>
```

在浏览器地址栏中输入 localhost/laravel/public/show，运行结果如图 12-17 所示。在浏览器地址栏中输入 localhost/laravel/public/edit/666，运行结果如图 12-18 所示。

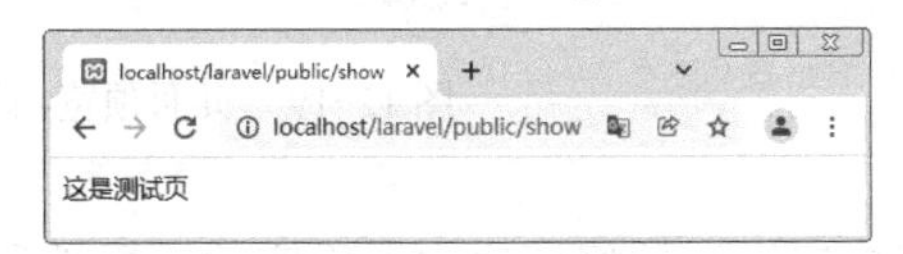

图 12-17　不带参数的路由

图 12-18　带参数的路由

12.4.9　视图

Laravel 内置的模板引擎是 blade，模板文件默认放在 Laravel 根路径下的 resources/views 目录下。

1．创建控制器

在命令行窗口中使用 Artisan 命令创建一个资源控制器 ViewController，输入命令 php artisan make:controller ViewController。执行命令后，会在 laravel/app/Http/Controllers 目录下自动生成 ViewController.php 文件。

2．匹配路由

打开路由配置文件 routes/web.php，新建路由匹配规则，代码如下。

```
Route::get('/view', 'ViewController@view');
```

3．新建视图

进入文件夹 resources/views 新建文件 view.blade.php，代码如下。

```
<!DOCTYPE html>
<html>
     <head>
          <meta charset="UTF-8" />
          <title>laravel 视图</title>
     </head>
     <body>
          <h1>社会主义核心价值观国家层面</h1>
          <ul>
               <li><span>1、</span>{{$part1}}</li>
               <li><span>2、</span>{{$part2}}</li>
               <li><span>3、</span>{{$part3}}</li>
               <li><span>4、</span>{{$part4}}</li>
          </ul>
     </body>
</html>
```

视图测试用例

4．测试用例

编辑 ViewController 控制器，代码如下。

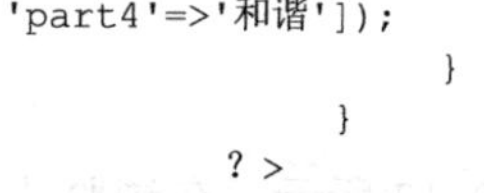

```
<?php
     namespace App\Http\Controllers;
     use Illuminate\Http\Request;
     use App\Http\Controllers\Controller;
     class ViewController extends Controller
     {
          public function view(){
               //通过数组形式给 view 模板赋值
               return  view('view',['part1'=>'富强','part2'=>'民主','part3'=>'文明',
'part4'=>'和谐']);
          }
     }
?>
```

在浏览器地址栏中输入 localhost/laravel/public/view，页面预览结果如图 12-19 所示。

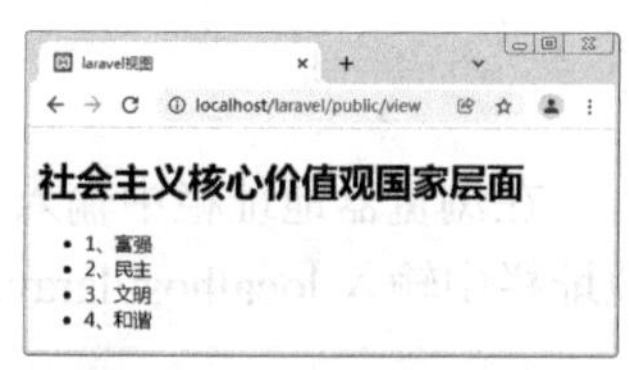

图 12-19　页面预览结果

12.4.10　Laravel 数据库操作

Web 程序的运行离不开数据库的支持，数据库接口设计的好坏决定了程序的扩展性和执行效率。Laravel 框架通过统一的接口实现对不同数据库的操作，使得程序连接和操作数据库变得非常容易。目前，Laravel 框架支持 MySQL、Postgres、SQLite 和 SQL Server 四种数据库。

1．数据库配置

在 Laravel 中一般通过 config 目录下的 database.php 文件实现数据库的配置，默认情况下，Laravel 连接 MySQL 数据库的代码如下所示。

Laravel 数据库操作

```
'mysql' => [
   'driver' => 'mysql',
   'url' => env('DATABASE_URL'),
   'host' => env('DB_HOST', '127.0.0.1'),
   'port' => env('DB_PORT', '3306'),
   'database' => env('DB_DATABASE', 'forge'),
```

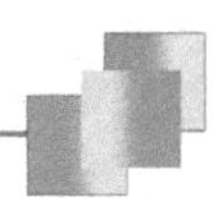

```
        'username' => env('DB_USERNAME', 'forge'),
        'password' => env('DB_PASSWORD', ''),
        'unix_socket' => env('DB_SOCKET', ''),
        'charset' => 'utf8mb4',
        'collation' => 'utf8mb4_unicode_ci',
        'prefix' => '',
        'prefix_indexes' => true,
        'strict' => true,
        'engine' => null,
        'options' => extension_loaded('pdo_mysql') ? array_filter([
        PDO::MYSQL_ATTR_SSL_CA => env('MYSQL_ATTR_SSL_CA'),
        ]) : [],
    ],
```

其中，env 对应的是.env 文件；DB_HOST 表示主机名；DB_PORT 表示端口号；DB_DATABASE 表示数据库名称；DB_USERNAME 表示数据库用户名；DB_PASSWORD 表示数据库密码。

2．连接数据库

1）数据准备。由于本次操作涉及增、删、改、查操作，为了不影响之前的新闻管理数据库 news 和学生管理数据库 xscj，这里新建一个数据库 db_laravel，然后在其中建立一个简单的学生表 student，表中设置 4 个字段，分别为学生 id、姓名、课程和成绩，然后在一个空表的基础上练习，代码如下。

```
CREATE DATABASE db_laravel;
USE db_laravel;
CREATE TABLE student(
    id MEDIUMINT(20) NOT NULL AUTO_INCREMENT,
    name VARCHAR(20) NOT NULL,
    major VARCHAR(50) NOT NULL,
    score VARCHAR(20) NOT NULL,
    PRIMARY KEY(id)
)DEFAULT CHARSET=utf8;
```

建好的学生表 student 的结构如图 12-20 所示。

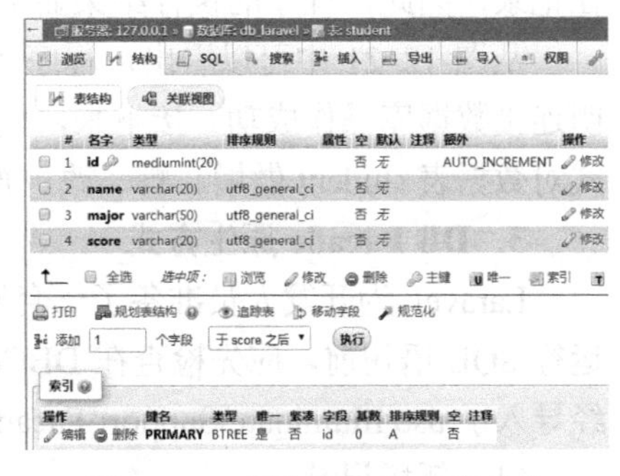

图 12-20　学生表 student 的结构

2）修改 config 目录下的数据库配置文件 database.php，代码如下。

```
'mysql' => [
    'driver' => 'mysql',
    'url' => env('DATABASE_URL'),
    'host' => env('DB_HOST', '127.0.0.1'),
    'port' => env('DB_PORT', '3306'),
    'database' => env('DB_DATABASE', 'db_laravel'),
    'username' => env('DB_USERNAME', 'root'),
    'password' => env('DB_PASSWORD', 'root'),
    'unix_socket' => env('DB_SOCKET', ''),
    'charset' => 'utf8mb4',
    'collation' => 'utf8mb4_unicode_ci',
    'prefix' => '',
    'prefix_indexes' => true,
    'strict' => true,
    'engine' => null,
],
```

3）修改 laravel 目录下的.env 文件，代码如下。

```
DB_CONNECTION=mysql
DB_HOST=127.0.0.1
DB_PORT=3306
DB_DATABASE=db_laravel
DB_USERNAME=root
```

```
DB_PASSWORD=root
```

4）创建并编辑 DBController 控制器。在命令行窗口中使用 Artisan 命令创建一个资源控制器 DBController，输入命令 php artisan make:controller DBController。执行命令后，会在 laravel/app/Http/Controllers 目录下自动生成 DBController.php 文件。

编辑 DBController.php 文件，代码如下。

```
<?php
namespace App\Http\Controllers;
use Illuminate\Http\Request;
use App\Http\Controllers\Controller;
use Illuminate\Support\Facades\DB;
class DBController extends Controller
{
     //查询数据表 student
     public function test1(){
          $student=DB::select("select * from student");
           var_dump($student);
     }
}
? >
```

5）分配路由。打开路由配置文件 routes/web.php，新建路由匹配规则，代码如下。

```
Route::get('/test1', 'DBController@test1');
```

在浏览器地址栏中输入 localhost/laravel/public/test1，页面预览结果如图 12-21 所示。由于 student 表中尚未存在记录，因此，程序的执行结果显示的是一个空数组。

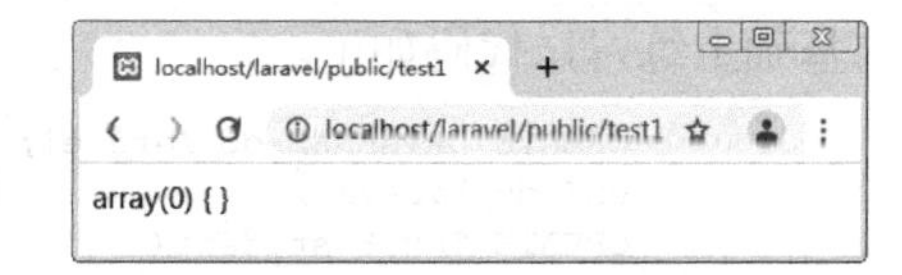

图 12-21　分配路由结果

从图 12-21 中可以看出，程序运行后未出现错误，说明连接数据库操作成功。接下来，使用 DB Facade 原生方式对数据表 student 做增、删、改、查操作。

3．DB Facade 原生方式

Laravel 为开发人员准备了一套操作数据库的原生方法，运行 SQL 语句前，应先检查在 DBController 控制器中是否已经导入了 use Illuminate\Support\Facades\DB。

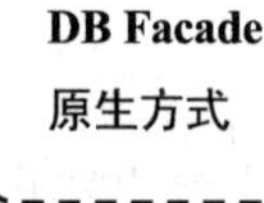

（1）新增记录

首先编辑 web.php，新建路由匹配规则，代码如下。

```
Route::get('/addMessage', 'DBController@addMessage');
```

然后编辑前面建立的 DBController.php，新增 addMessage()方法，代码如下。

```
public function addMessage(){
      $bool=DB::insert("insert into student(name,major,score)
               values(?,?,?)",['张三','PHP 程序设计','88']);
      var_dump($bool);
}
```

在浏览器地址栏中输入 localhost/laravel/public/addMessage，页面预览结果如图 12-22 所示。打开图形管理工具 phpMyAdmin，即可看到新增的记录，如图 12-23 所示。

图 12-22　新增记录

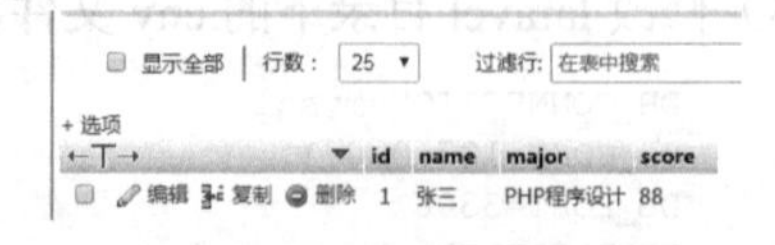

图 12-23　新增的记录（phpMyAdmin）

在本例中，新增数据使用 DB 类的静态方法 insert()方法，第一个参数是 SQL 语句，第二个参数是一个数组，将要插入的数据放入数组中。“？”表示占位符，通过数据库接口层 PDO 的方式，达到防止 SQL 注入的目的。该方法成功返回 TRUE，失败则返回 FALSE。

（2）查询记录

首先编辑 web.php，新建路由匹配规则，代码如下。

```
Route::get('/findMessage', 'DBController@findMessage');
```

然后编辑前面建立的 DBController.php，新增 findMessage()方法，代码如下。

```
public function findMessage(){
    $bool=DB::select("select * from student");
    dd($bool);
}
```

在浏览器地址栏中输入 localhost/laravel/public/findMessage，页面预览结果如图 12-24 所示。在本例中，使用 DB::select("select * from student")查询数据表 student 所有用户信息；dd()方法是 Laravel 内置函数，可以将一个数组以节点树的形式展示出来。

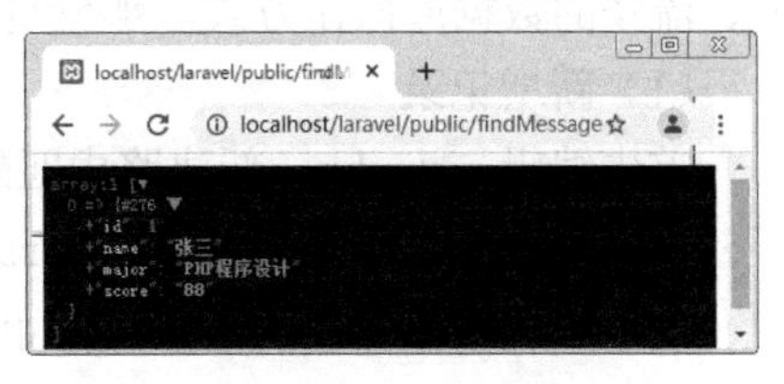

图 12-24　查询记录

（3）更新记录

首先编辑 web.php，新建路由匹配规则，代码如下。

```
Route::get('/updateMessage', 'DBController@updateMessage');
```

然后编辑前面建立的 DBController.php，新增 updateMessage()方法，代码如下。

```
public function updateMessage(){
    $bool=DB::update('update student set score= ? where id= ? ',[99,1]);
    var_dump($bool);
}
```

在浏览器地址栏中输入 localhost/laravel/public/updateMessage，页面预览结果如图 12-25 所示。打开图形管理工具 phpMyAdmin，即可看到修改的记录，如图 12-26 所示。

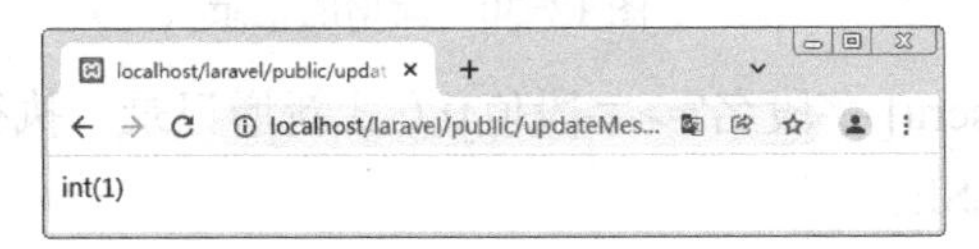

图 12-25　更新记录

图 12-26　修改的记录

在本例中，SQL 语句 update('update student set score= ? where id= ? ',[99,1])表示更改 id 为 1 的学生的成绩为 99。该方法返回的结果为受影响的记录数，即成功返回 int(1)，失败则返回 int(0)。

（4）删除记录

首先编辑 web.php，新建路由匹配规则，代码如下。

```
Route::get('/deleteMessage', 'DBController@deleteMessage');
```

然后编辑前面建立的 DBController.php，新增 deleteMessage()方法，代码如下。

```
public function deleteMessage(){
    $bool=DB::delete('delete from student where id= ?',[1]);
    var_dump($bool);
}
```

在浏览器地址栏中输入 localhost/laravel/public/deleteMessage，页面预览结果如图 12-27 所

示。打开图形管理工具 phpMyAdmin，即可看到记录被删除了，如图 12-28 所示。

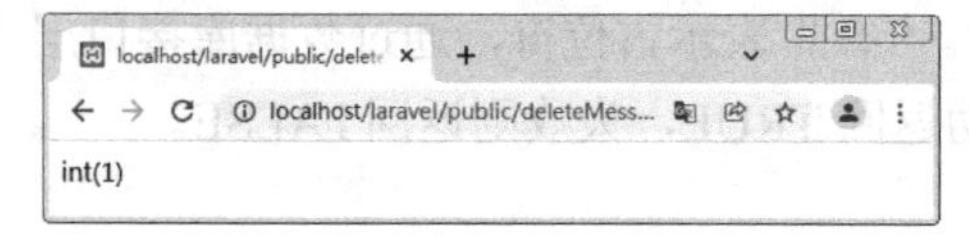

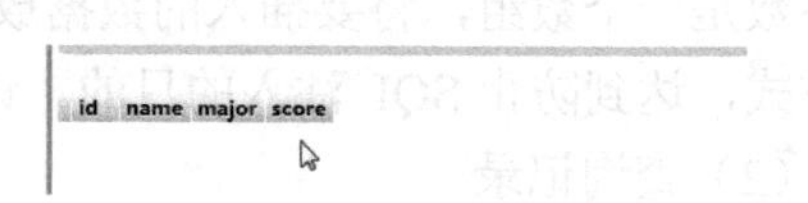

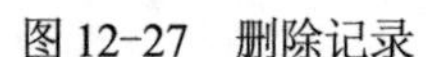
图 12-27　删除记录　　　　图 12-28　记录被删除了

在本例中，SQL 语句 delete('delete from student where id= ?',[1])表示删除 id 为 1 的学生记录。该方法返回的结果为受影响的记录数，即成功返回 int(1)，失败则返回 int(0)。

4．查询构造器

如果用户感觉使用原生的 SQL 语句比较麻烦，不要担心，Laravel 还准备了另一种更加简便、流畅的数据库操作方式，那就是查询构造器。

（1）新增记录

首先编辑 web.php，新建路由匹配规则，代码如下。

```
Route::get('/addSecond', 'DBController@addSecond');
```

然后编辑前面建立的 DBController.php，新增 addSecond()方法，代码如下。

```
public function addSecond(){
    // 插入一条数据
    $bool=DB::table("student")->insert(['name'=>'李四', 'major'=>"计算机基础",
    'score'=>"75"]);
    var_dump($bool);
}
```

在浏览器地址栏中输入 localhost/laravel/public/addSecond，页面预览结果如图 12-29 所示。打开图形管理工具 phpMyAdmin，即可看到新增的记录，如图 12-30 所示。

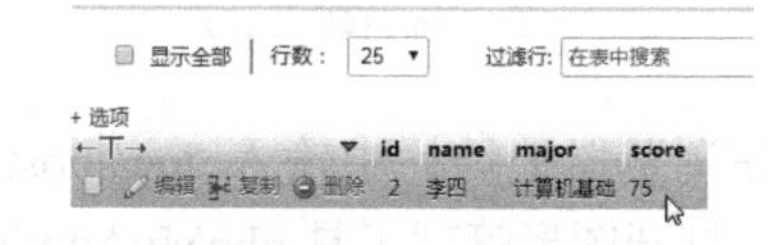

图 12-29　新增记录　　　　图 12-30　新增的记录（一）

在本例中，使用 DB::table("tableName")->insert(['字段名'=>字段值])方式新增记录，执行结果为 bool 值，成功返回 TRUE，失败则返回 FALSE。

（2）新增单条记录并获取记录 ID 值

首先编辑 web.php，新建路由匹配规则，代码如下。

```
Route::get('/addSecondGetId', 'DBController@addSecondGetId');
```

然后编辑前面建立的 DBController.php，新增 addSecondGetId()方法，代码如下。

```
public function addSecondGetId(){
    $id=DB::table("student")->insertGetId(['name'=>'王五', 'major'=>"C 语言",'score'=> "66"]);
    echo $id;
}
```

在浏览器地址栏中输入 localhost/laravel/public/addSecondGetId，页面预览结果如图 12-31 所示。打开图形管理工具 phpMyAdmin，即可看到新增的记录，如图 12-32 所示。

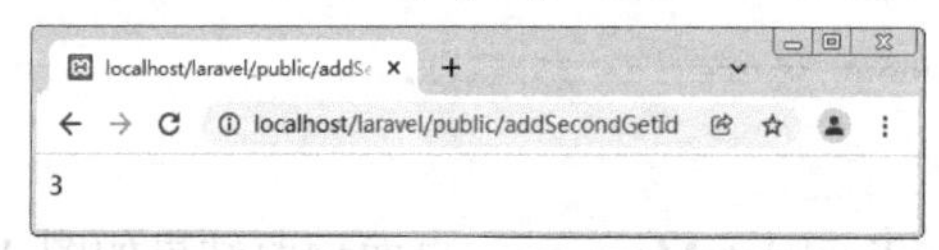

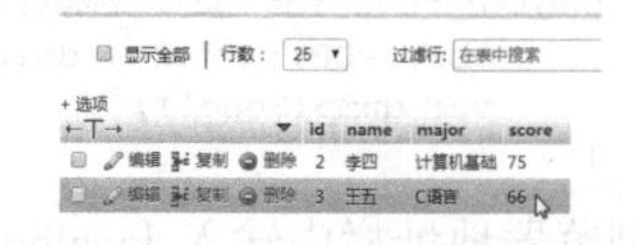

图 12-31　新增单条记录并获取记录 ID 值　　　　图 12-31　新增的记录（二）

在本例中，使用 DB::table("tableName")->insertGetId (['字段名'=>字段值])方式获取新增记录的 ID 值。

（3）新增多条记录

首先编辑 web.php，新建路由匹配规则，代码如下。

```
Route::get('/addSecondMany', 'DBController@addSecondMany');
```

然后编辑前面建立的 DBController.php，新增 addSecondMany()方法，代码如下。

```
public function addSecondMany(){
    $bool=DB::table("student")->insert([
        ['name'=>'赵亮亮','major'=>"PHP 程序设计",'score'=>"87"],
        ['name'=>'孙小美','major'=>"PHP 程序设计",'score'=>"92"],
        ['name'=>'刘海涛','major'=>"C 语言",'score'=>"82"]
    ]);
    var_dump($bool);
}
```

在浏览器地址栏中输入 localhost/laravel/public/addSecondMany，页面预览结果如图 12-33 所示。打开图形管理工具 phpMyAdmin，即可看到新增的多条记录，如图 12-34 所示。

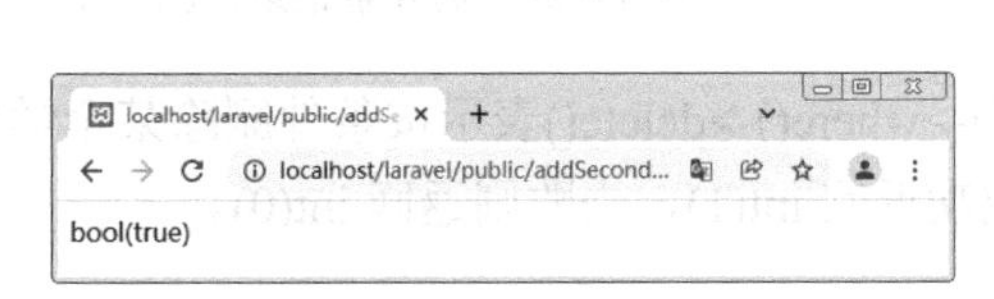

图 12-33　新增多条记录（网页）

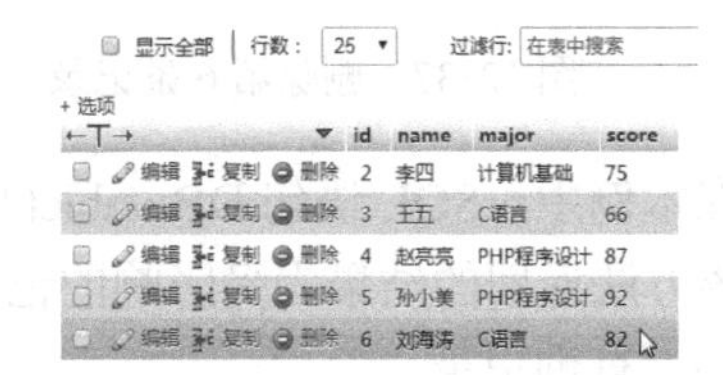

图 12-34　新增多条记录（phpMyAdmin）

在本例中，使用 DB::table("tableName")->insert(['字段名'=>字段值] ，['字段名'=>字段值], ['字段名'=>字段值]…)方式新增多条数据，执行结果为 bool 值，成功返回 TRUE，失败则返回 FALSE。

（4）修改记录

首先编辑 web.php，新建路由匹配规则，代码如下。

```
Route::get('/updateSecond', 'DBController@updateSecond');
```

然后编辑前面建立的 DBController.php，新增 updateSecond()方法，代码如下。

```
public function updateSecond(){
    $bool=DB::table("student")->where('id',3)->update(['score'=>99]);
    var_dump($bool);
}
```

在浏览器地址栏中输入 localhost/laravel/public/updateSecond，页面预览结果如图 12-35 所示。打开图形管理工具 phpMyAdmin，即可看到修改的记录，如图 12-36 所示。

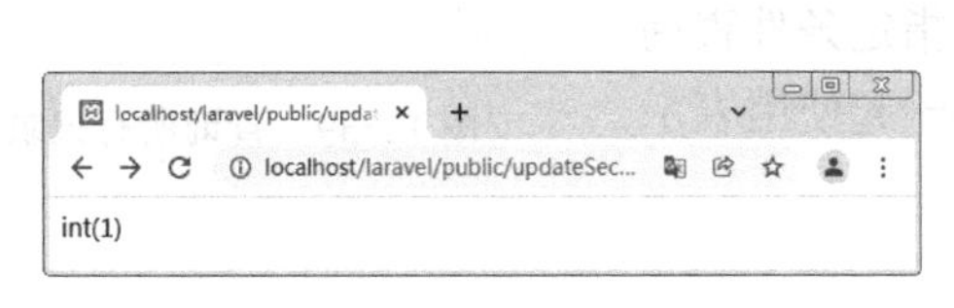

图 12-35　修改记录（网页）

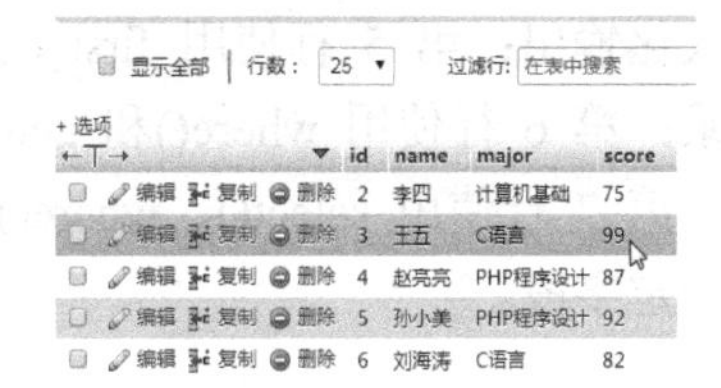

图 12-36　修改记录（phpMyAdmin）

在本例中，SQL 语句 DB::table("tableName")->where()->update(['字段名'=>字段值])表示更改 id 为 3 的学生信息。该方法返回的结果为受影响的记录数，即成功返回 int(1)，失败则返回 int(0)。

（5）删除记录

首先编辑 web.php，新建路由匹配规则，代码如下。

```
Route::get('/deleteSecond', 'DBController@deleteSecond');
```

然后编辑前面建立的 DBController.php，新增 deleteSecond()方法，代码如下。

```
public function deleteSecond(){
    $num=DB::table("student")->where('id',6)->delete();        //删除第 6 条记录
    var_dump($num);
}
```

在浏览器地址栏中输入 localhost/laravel/public/deleteSecond，页面预览结果如图 12-37 所示。打开图形管理工具 phpMyAdmin，即可看到第 6 条记录被删除了，如图 12-38 所示。

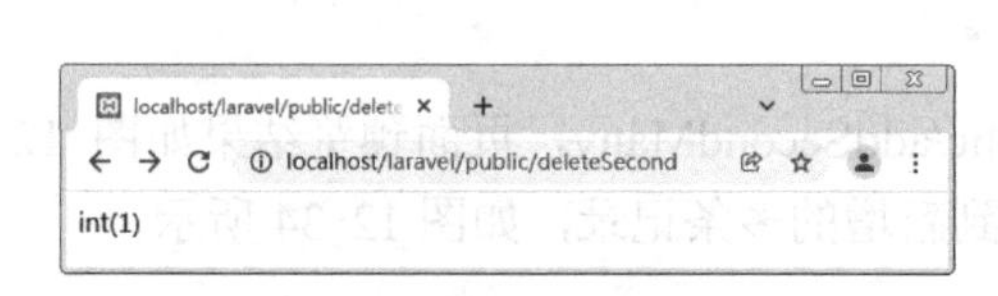

图 12-37　删除第 6 条记录

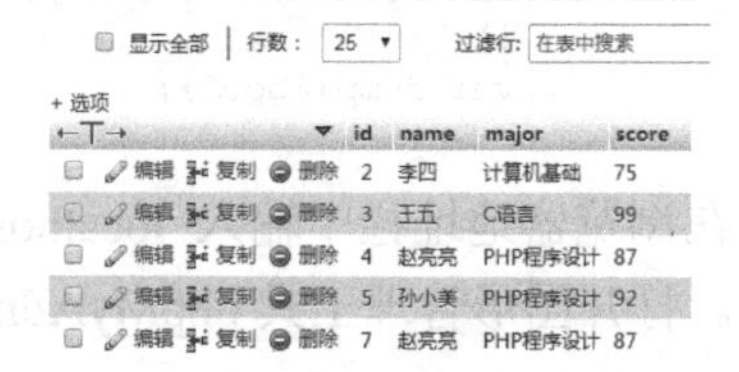

图 12-38　第 6 条记录被删除了

在本例中，SQL 语句 DB::table("tableName")->where()->delete()表示按条件删除某个学生信息。该方法返回的结果为受影响的记录数，即成功返回 int(1)，失败则返回 int(0)。

（6）查询记录

首先编辑 web.php，新建路由匹配规则，代码如下。

```
Route::get('/findSecond', 'DBController@findSecond');
```

然后编辑前面建立的 DBController.php，新增 findSecond()方法，代码如下。

```
public function findSecond(){
    $data=DB::table("student")->get();// 查询所有数据
    echo "<pre>";// 格式化输出结果
    var_dump($data);
    //$data=DB::table("student")->first();// 查询第一条记录
    //$data=DB::table("student")->where('id','>=',3)->get();// 条件查询
    //$data=DB::table("student")->select('name','score')->where('id','>',3)->get();
    // 查询指定字段
}
```

在浏览器地址栏中输入 localhost/laravel/public/findSecond，页面预览结果如图 12-39 所示。

在本例中，第 2 行使用 get()方法表示查询数据表所有学生信息；第 3 行使用 echo 输出<pre>标签，表示将查询后的结果格式化输出；第 5 行使用 first()方法表示查询结果集中第一条记录；第 6 行使用 where()和 get()方法表示按指定条件查询结果；第 7 行使用 select()、where()和 get()方法一起使用表示查询指定字段。

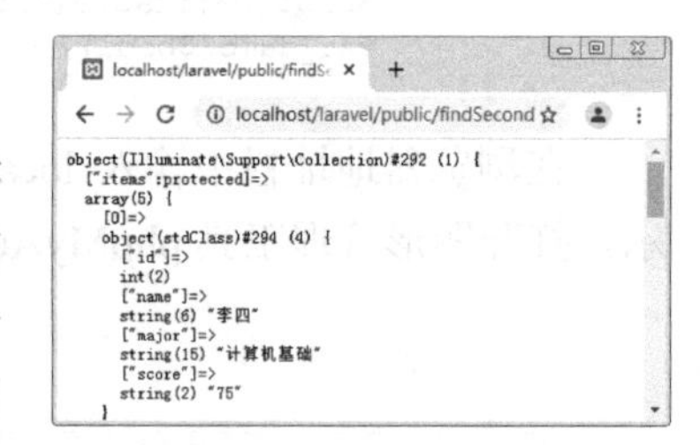

图 12-39　查询所有记录

12.5　综合案例——使用 MVC 开发模式显示学生信息表

在上一节的练习中，无论采用 DB Facade 原生方式，还是采用查询构造器方式操作数据

库，都只是测试操作是否成功，并没有将结果输出到网页中显示出来。本节将结合 MVC 开发模式的 3 个核心部件，将学生信息表以表格的形式显示在网页中。

【例 12-3】 使用 MVC 开发模式显示学生信息表中前 4 条记录，页面预览结果如图 12-40 所示。

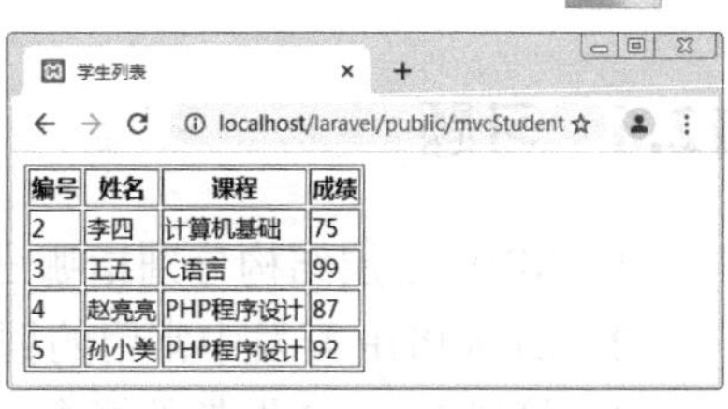

编号	姓名	课程	成绩
2	李四	计算机基础	75
3	王五	C语言	99
4	赵亮亮	PHP程序设计	87
5	孙小美	PHP程序设计	92

图 12-40　显示学生信息表中前 4 条记录

操作步骤如下。

① 编辑 web.php，新建路由匹配规则，代码如下。

```
Route::get('/mvcStudent','DBController@mvcStudent');
```

② 编辑前面建立的 DBController.php，新增 mvcStudent()方法，代码如下。

```
public function mvcStudent(){
    $rsStudent=DB::select("select * from student limit ?",[4]);
    return view("student", array("results"=>$rsStudent));
}
```

【说明】在控制器（Controller）中通过$rsStudent=DB::select(...)访问数据库模型（Model）生成表 student 前 4 条记录的结果集$rsStudent。

array("results"=>$rsStudent)用于将结果集的数据传递给数组 results。

return view("student", array("results"=>$rsStudent));用于将生成的数组 results 返回给 student 视图（View）以提供显示的数据。

③ 在文件夹 resources/views 下建立视图文件 student.blade.php，实现在客户端浏览器中显示出表 student 的前 4 条记录，代码如下。

```
<!DOCTYPE html>
<html>
    <head>
        <meta charset="utf-8" />
        <title>学生列表</title>
    </head>
    <body>
        <table border="1">
            <tr>
                <th>编号</th>
                <th>姓名</th>
                <th>课程</th>
                <th>成绩</th>
            </tr>
            @foreach($results as $st)
            <tr>
                <td>{{$st->id}}</td>
                <td>{{$st->name}}</td>
                <td>{{$st->major}}</td>
                <td>{{$st->score}}</td>
            </tr>
            @endforeach
        </table>
    </body>
</html>
```

④ 执行“文件”→“全部保存”命令，保存页面，在浏览器地址栏中输入 localhost/laravel/ public/mvcStudent，页面预览结果如图 12-40 所示。

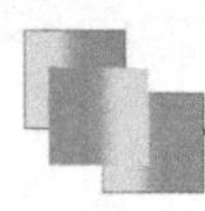

12.6 习题

1．MVC 三层结构分别指哪三层？有什么优点？
2．简述 PHP 开发中常用的框架技术。
3．简述 Laravel 框架的概念和技术特点。
4．简述 Laravel 框架处理 HTTP 请求的步骤。
5．安装 Laravel 框架有哪两种方法？
6．Laravel 框架操作数据库有哪两种方式？
7．使用 Laravel 框架编写程序，页面预览的结果如图 12-41 所示。

图 12-41　题 7 图

第13章　学生信息管理系统

PHP+MySQL 的组合可以开发几乎所有流行的 Web 应用系统，如留言板、新闻或文章管理系统、投票程序、博客等。而这些系统中，学生信息管理系统具有很强的代表性。一个学生信息管理系统几乎包含了 PHP+MySQL 编程的各个方面。

本系统是在 Windows 平台上，基于 PHP 脚本语言实现的学生信息管理系统，采用集成的 XAMPP 环境开发而成。本章重点介绍建立一个具备查询、添加、修改、删除数据库中的数据等功能的学生信息管理系统的方法。

13.1　网站的开发流程

在讲解具体页面的制作之前，首先简单介绍一下网站的开发流程。典型的网站开发流程包括以下几个阶段。

① 规划站点：包括确立站点的策略或目标、确定所面向的用户以及站点的数据需求。

② 网站制作：包括设置网站的开发环境、规划页面设计和布局、创建内容资源等。

③ 测试站点：测试页面的链接及网站的兼容性。

④ 发布站点：将站点发布到服务器上。

1．规划站点

建设网站首先要对站点进行规划，规划的范围包括确定网站的服务职能、服务对象、所要表达的内容等，还要考虑站点文件的结构等。

2．网站制作

完整的网站制作包括以下两个过程。

（1）前台页面制作

当网页设计人员拿到美工效果图以后，需要综合使用 HTML、CSS、JavaScript、jQuery 等 Web 前端开发技术，将效果图转换为.html 网页，其中包括图片收集、页面布局规划等工作。

（2）后台程序开发

后台程序开发包括网站数据库设计、网站和数据库的连接、动态网页编程等。

3．测试网站

网站测试与传统的软件测试不同，它不但需要检查是否按照设计的要求运行，而且还要测试系统在不同用户端的显示是否合适，最重要的是从用户的角度进行安全性和可用性测试。在把站点上传到服务器之前，要先在本地对其测试。测试网页主要从以下 3 个方面着手。

1）页面的效果是否美观。

2）页面中的链接是否正确。

3）页面的浏览器兼容性是否良好。

4．发布站点

当完成了网站的设计、调试、测试和网页制作等工作后，需要把设计好的站点上传到服务器来完成整个网站的发布。可以使用网站发布工具将文件上传到远程 Web 服务器以发布该站点，以及同步本地和远端站点上的文件。

13.2 网站的规划

学生信息管理是学校管理的重要组成部分，它一方面可以用来管理学生的基本信息，另一方面可以发布学生成绩信息以供学生查询。

13.2.1 需求分析

任何系统的设计都必须从用户实际的操作也就是用户的需求入手分析，学生信息管理系统也不例外。随着学校规模的不断扩大，学生数量急剧增加，有关学生的各种信息量也成倍增加。传统的人工管理方式效率低、保密性差，不利于查找、更新和维护。面对庞大的信息量，需要有相应的管理系统来提高学生管理工作的效率。通过学生信息管理系统可以做到信息的规范化管理和科学性统计，从而减少管理方面的工作量，这也是适应学校信息化建设发展趋势的重要因素。

13.2.2 网站功能结构

学生信息管理系统的主要功能就是管理员通过后台管理学生的基本信息和成绩信息。后台管理模块主要包括学生信息录入、学生信息查询、成绩信息录入和学生成绩查询等，而且管理员的操作界面不是所有用户都可以进入的，也就是说必须有管理权限的用户才能进入。下面将分别介绍学生信息管理系统的网站结构与页面设计。

学生信息管理系统的网站功能结构示意图如图 13-1 所示。

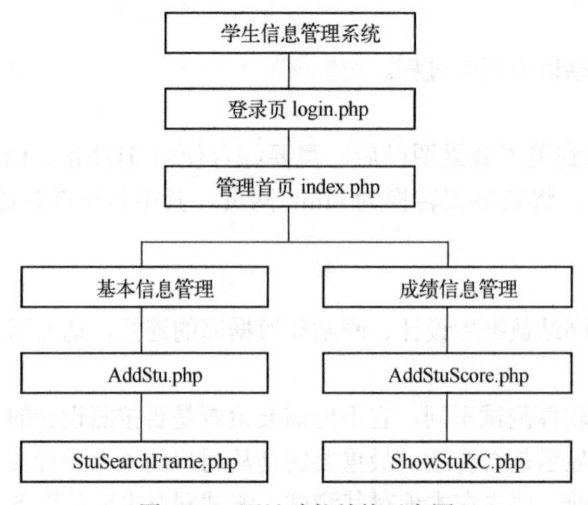

图 13-1　网站功能结构示意图

13.2.3 页面设计

本案例介绍的学生信息管理系统的后台管理页面共有 8 个页面，见表 13-1。

表 13-1　学生信息管理系统的页面文件

文 件 名 称	功 能 说 明
login.php	管理员登录页面
LoginCheck.php	检查登录信息页面
index.php	后台管理首页
AddStu.php	学生信息录入页面
StuSearchFrame.php	学生信息查询页面
AddStuScore.php	成绩信息录入页面
ShowStuKC.php	学生成绩查询页面
loginout.php	注销登录页面

13.3　数据库设计

学生信息管理系统的数据库名称为 xscj，其中包含 4 个表、1 个视图、1 个存储过程和 1 个触发器。

13.3.1　创建表

数据库 xscj 共包含 4 个表，分别是管理员表 admin、学生表 xsb、课程表 kcb 和成绩表 cjb。

1．管理员表 admin 的结构

表 admin 用来存储管理员的 id、用户名和密码，本表的主键是 id（管理员编号），并设置为自动编号 AUTO_INCREMENT，表的结构如图 13-2 所示。

	#	名字	类型	排序规则	属性	空	默认	注释	额外
编号	1	id	int(11)			否	无	管理员id	AUTO_INCREMENT
用户名	2	admin_name	varchar(50)	utf8_general_ci		是	NULL	管理员帐号	
密码	3	admin_pass	varchar(50)	utf8_general_ci		是	NULL	管理员密码	

图 13-2　表 admin 的结构

当前表中已经预存了一条管理员的记录，用户名和密码的值都是“admin”。

2．学生表 xsb 的结构

表 xsb 用来存储学生的学号、姓名、性别、出生时间、专业、总学分、备注和照片，本表的主键是 XH（学号），并设置排序规则为升序，表的结构如图 13-3 所示。

	#	名字	类型	排序规则	属性	空	默认	注释	额外
学号	1	XH	char(6)	utf8_general_ci		否	无		
姓名	2	XM	char(8)	utf8_general_ci		否	无		
性别	3	XB	tinyint(1)			是	1		
出生时间	4	CSSJ	date			是	NULL		
专业	5	ZY	char(12)	utf8_general_ci		是	NULL		
总学分	6	ZXF	int(4)			是	0		
备注	7	BZ	text	utf8_general_ci		是	NULL		
照片	8	ZP	blob			是	NULL		

图 13-3　表 xsb 的结构

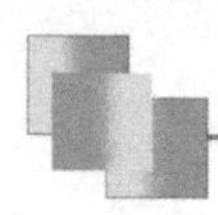

3．课程表 kcb 的结构

表 kcb 用来存储学生课程的课程号、课程名、开课学期、学时和学分，本表的主键是 KCH（课程号），并设置排序规则为升序，表的结构如图 13-4 所示。

	#	名字	类型	排序规则	属性	空	默认	注释	额外
课程号	1	**KCH**	char(3)	utf8_general_ci		否	无		
课程名	2	**KCM**	char(16)	utf8_general_ci		否	无		
开课学期	3	**KKXQ**	tinyint(1)			是	1		
学时	4	**XS**	tinyint(1)			是	NULL		
学分	5	**XF**	tinyint(1)			否	无		

图 13-4　表 kcb 的结构

4．成绩表 cjb 的结构

表 cjb 用来存储学生成绩的学号、课程号和成绩，本表的主键是由 XH + KCH（学号+课程号）组成的复合主键，并设置排序规则为升序，表的结构如图 13-5 所示。

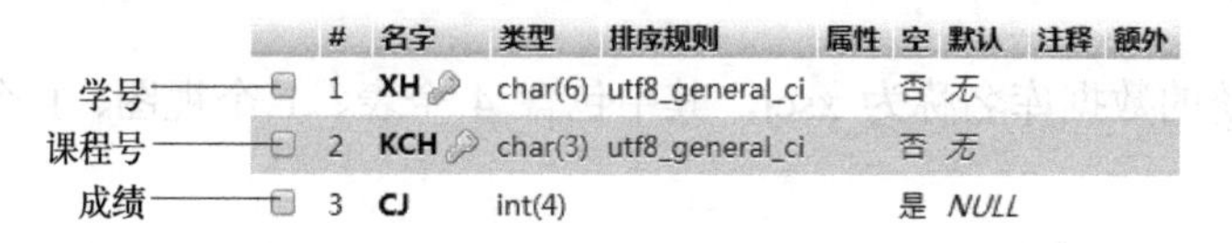

图 13-5　表 cjb 的结构

13.3.2　创建视图

创建学生课程成绩视图，名称为 XS_KC_CJ，通过学号（XH）将学生表和成绩表联系起来，通过课程号（KCH）将成绩表和课程表联系起来。该视图包含学号（XH）、姓名（XM）、课程号（KCH）、课程名（KCM）、成绩（CJ）等列。创建视图的 SQL 语句代码如下。

```
CREATE VIEW XS_KC_CJ
AS
SELECT XSB.XH,XM,KCB.KCH,KCM,CJ
     FROM KCB,CJB,XSB
     WHERE KCB.KCH=CJB.KCH
          AND XSB.XH=CJB.XH
```

13.3.3　创建存储过程

创建存储过程 CJ_Data，参数为学号（in_xh）、课程号（in_kch）和成绩（in_cj），该存储过程实现的功能是完成学生成绩记录的添加、删除和修改。参数的说明如下。

1）参数 in_cj 不等于“-1”表示要添加或修改成绩记录，等于“-1”表示要删除成绩记录。

2）根据学号和课程号查询成绩记录。如果存在记录，则删除原来的成绩记录。判断原来成绩是否大于 60，如果大于 60 则该学生总学分（ZXF）减去该课程的学分。如果参数 in_cj 不等于“-1”，则需要添加这个新成绩记录。

3）添加成绩记录时，如果成绩大于 60，则该学生总学分（ZXF）加上该课程的学分。

创建存储过程的 SQL 语句代码如下。

```
BEGIN
          DECLARE in_count    INT(4);
          DECLARE in_xf  TINYINT(1);
          DECLARE in_cjb_cj   INT(4);
          SELECT XF INTO in_xf FROM KCB WHERE KCH=in_kch;
          SELECT COUNT(*) INTO in_count FROM CJB WHERE XH=in_xh AND KCH=in_kch;
```

```
        SELECT CJ INTO in_cjb_cj FROM CJB WHERE XH=in_xh AND KCH=in_kch;
        IF in_count>0 THEN
        BEGIN
            DELETE FROM CJB WHERE XH=in_xh and KCH=in_kch;
            IF in_cjb_cj>60 THEN
                UPDATE XSB set ZXF=ZXF-in_xf WHERE XH=in_xh;
            END IF;
        END;
        END IF;
        IF in_cj!=-1 THEN
        BEGIN
            INSERT INTO CJB VALUES(in_xh,in_kch,in_cj);
            IF in_cj>60 THEN
                UPDATE XSB SET ZXF=ZXF+in_xf WHERE XH=in_xh;
            END IF;
        END;
        END IF;
END
```

13.3.4　创建触发器

本系统创建的触发器要实现的功能是：当删除学生表（xsb）中的学生记录后，同步删除成绩表（cjb）中该学生的成绩记录。可以通过创建学生表（xsb）的 DELETE 触发器实现此功能。创建触发器的 SQL 语句代码如下。

```
DELIMITER $$
CREATE TRIGGER Check_XSB_CJB AFTER DELETE
        ON XSB FROM EACH ROW
BEGIN
        DELETE FROM CJB WHERE XH=OLD.XH;
END$$
DELIMITER;
```

下面开始进行本系统的程序设计。

13.4　建立 Web 项目与设置数据库参数

接下来在 HBuilder 中建立一个 Web 项目，设置服务器本地位置、数据库的登录账号和连接脚本，见表 13-2。

表 13-2　建立 Web 项目与设置数据库参数

参　数	设　置　值
Web 项目名称	xscj
服务器本地位置	C:\xampp\htdocs\xscj
网站测试地址	http://localhost/xscj/
MySQL 服务器地址	localhost:3306
MySQL 服务器管理账号/密码	root/root
数据库名称	xscj
数据表名称	admin、xsb、kcb 和 cjb

1．建立 Web 项目

打开 HBuilder，新建一个名称为“xscj”的 Web 项目，如图 13-6 所示，使用的本地文件夹为 C:\xampp\htdocs\xscj。

2. 建立存放数据库连接脚本的文件夹

数据库连接脚本文件通常需要存放在 Web 项目下的一个文件夹中，一般命名为“conn”或“inc”。这里在 Web 项目 xscj 中新建一个文件夹，命名为“conn”，网站的目录结构如图 13-7 所示。

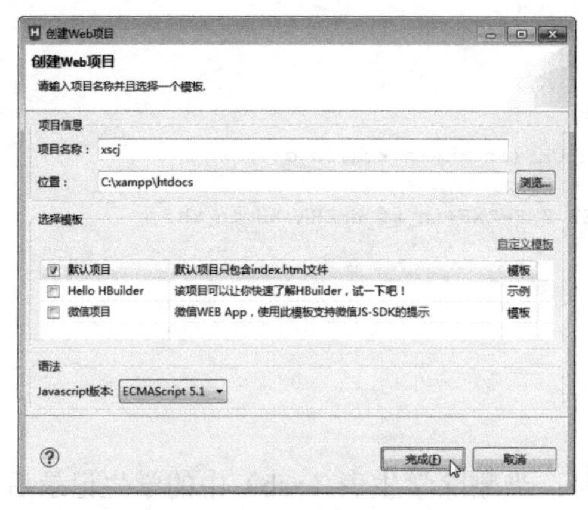

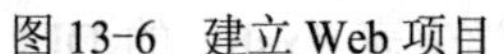
图 13-6 建立 Web 项目

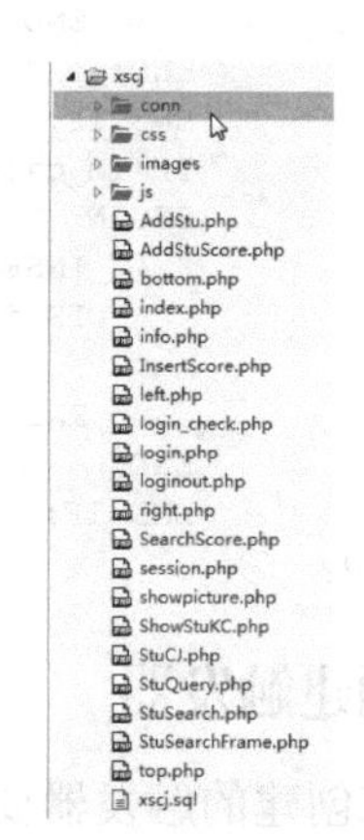

图 13-7 网站的目录结构

3. 编写数据库连接脚本

完成了 Web 项目的建立后，需要设置网站与数据库的连接，才能在此基础上制作出动态页面。在 Web 项目 xscj 的 conn 文件夹中新建一个 PHP 文件，命名为 conn.php，代码如下。

```
<?php
//连接服务器
$conn=mysqli_connect("localhost","root","root") or die('连接失败');
//选择数据库
mysqli_select_db($conn,"xscj") or die('选择数据库失败');
//设置字符集，避免中文乱码
mysqli_query($conn,"SET NAMES utf8");
?>
```

13.5 学生信息管理系统页面制作

在 Hbuilder 中建立 Web 项目、建立数据库连接脚本后，就可以开始设计 PHP 页面了。学生信息管理系统后台页面包括管理员登录页面、检查登录信息页面、后台管理首页、学生信息录入页面、学生信息查询页面、成绩信息录入页面、学生成绩查询页面和注销登录页面。

在下面的页面制作讲解中，只给出页面的制作思路、运行结果和技术要点，详细的代码请读者参考教学资源。

13.5.1 制作管理员登录页

由于管理页面是不允许普通浏览者进入的，所以必须受到权限管理。可以利用登录账号与密码来判断是否有适当的权限进入管理页面。为了系统的安全，网站的页面中不直接设置后台登录链接，而是通过在地址栏输入登录页面的地址来实现登录。

在地址栏输入 http://localhost/newsSystem/xscj/login.php，打开后台管理登录页面 login.php，该页包括一个登录表单，如图 13-8 所示。

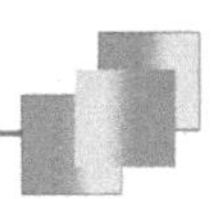

图 13-8　管理员登录页

受限于教材的篇幅，本小结及后面各小结的具体操作请参考本书提供的教学资源，教学资源中提供完整的源码。

13.5.2　制作检查登录信息页面

当用户在登录页面输入用户名和密码并单击“登录后台”按钮后，程序转向检查登录信息页面 LoginCheck.php。如果输入的用户名和密码都正确，则弹出“登录成功”消息框，如图 13-9 所示，单击“确定”按钮后，程序转向管理首页；否则，弹出“你的账号或密码不正确!”消息框，单击“确定”按钮后，程序转向登录页重新登录。

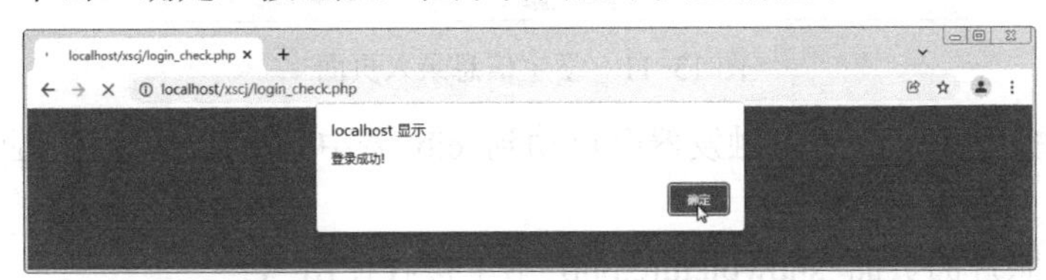

图 13-9　“登录成功”消息框

13.5.3　制作管理首页

管理首页是在系统管理员成功登录后出现的页面。该页由框架组成，上方的框架显示出网站标题和系统时间；左侧的框架显示出导航菜单；右侧框架显示的是欢迎信息和系统配置信息；下方的框架显示出网站版权信息，如图 13-10 所示。

图 13-10　管理首页

13.5.4　制作学生信息录入页面

单击左侧导航菜单中的“学生信息录入”链接，打开学生信息录入页 AddStu.php，如图 13-11 所示。在查询学号的文本框中输入学号，单击“查找”按钮。如果该学号已经存在，则将该生的信息加载到下面的表单中，可以选择“修改”或“删除”该学生的信息；如果该学号不存在，可以在下方表单中输入学生信息，单击“添加”按钮写入到数据库；单击“退出”按钮返回到管理首页。技术要点如下。

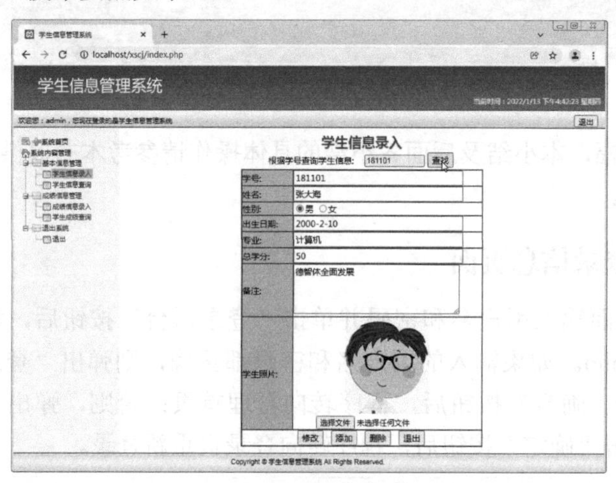

图 13-11　学生信息录入页面

1）当删除一条学生记录时，触发器会自动到 cjb 表中删除此学生的相应记录，以保证数据的参照完整性。

2）显示学生照片的页面 showpicture.php 用于接收使用 Session 从其他页面传来的学号值，并显示照片。

制作学生信息查询页面

13.5.5　制作学生信息查询页面

单击左侧导航菜单中的“学生信息查询”链接，打开学生信息查询页 StuSearchFrame.php，如图 13-12 所示。该页可以实现简单查询的需要，如果什么条件都不输入，则分页显示所有记录，当记录数量超过一页时，可以单击下面的分页链接翻阅记录页；可以输入条件进行模糊查询，各条件之间为“与”的关系；在查询结果中单击学号链接可以查看该生的备注和照片。技术要点如下。

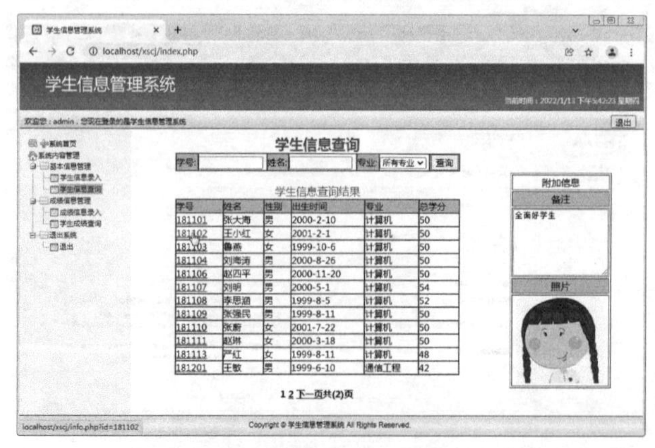

图 13-12　学生信息查询页面

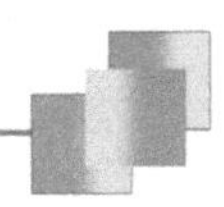

1）在 Web 项目 xscj 中新建 4 个 PHP 文件，分别是查询框架页面 StuSearchFrame.php、查询表单页面 StuSearch.php、查询结果页面 StuQuery.php 和显示学生附加信息的页面 info.php。

2）查询框架页面 StuSearchFrame.php 是实现学生信息查询的主框架，分为左、右两列，左边是学生信息查询页面，右边是学生附加信息页面。

3）查询表单页面 StuSearch.php 是一个表单页，其中包括“学号”“姓名”文本框、“专业”下拉菜单和一个“查询”按钮，表单的处理页面是 StuQuery.php。

4）查询结果页面 StuQuery.php 负责对学生数据进行查询和显示，代码中对学号设置了超链接，链接到 info.php 文件。

5）附加信息页面 info.php 使用 GET 方式接收 StuQuery.php 中的学号，并显示该生的附加信息。

13.5.6　制作成绩信息录入页面

制作成绩信息录入页面

单击左侧导航菜单中的“成绩信息录入”链接，打开成绩信息录入页 AddStuScore.php，如图 13-13 所示。当用户选择课程名和专业时，下方的表格中会列出与专业对应的学生的学号、姓名和所选课程的成绩，如果未选该课程则成绩为空。在表格中的成绩文本框中插入新成绩或修改旧成绩，单击“保存”链接可以向 cjb 表中插入一行新成绩或修改原来的成绩。单击“删除”链接可以删除 cjb 表中对应的一行数据。技术要点如下。

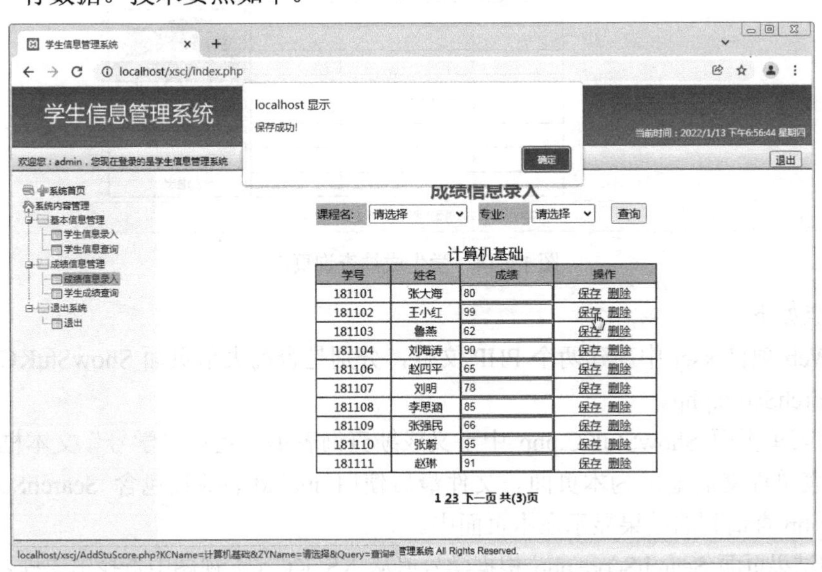

图 13-13　成绩信息录入页面

1）在 Web 项目 xscj 中新建 3 个 PHP 文件，分别是查询表单页面 AddStuScore.php、查询结果页面 InsertScore.php 和处理成绩改动的页面 StuCJ.php。

2）查询表单页面 AddStuScore.php 中定义成绩信息录入的查询表单，其中的“课程名”和“专业”下拉菜单中的选项是通过 PHP 代码从数据库中检索出来的。文件最后使用 include() 函数包含 InsertScore.php，将 InsertScore.php 查询到的结果显示在本页面中。

3）查询结果页面 InsertScore.php 以 GET 方式接收 AddStuScore.php 的表单中传来的课程

名和专业的值，查找出学号、姓名和成绩，并以表格的形式输出。单击“保存”或“删除”链接以无刷新的方式将数据传送到 StuCJ.php 中进行添加、修改和删除。由于采用了 Ajax 技术，因此页面不会跳转到 StuCJ.php 中。

4）处理页面 StuCJ.php 接收 InsertScore.php 传来的学号、姓名和成绩，根据课程名查找出课程号，调用存储过程 CJ_data 对成绩进行相应的改动。

13.5.7　制作学生成绩查询页面

单击左侧导航菜单中的“学生成绩查询”链接，打开学生成绩查询页 ShowStuKC.php，如图 13-14 所示。当用户输入学号，单击“查找”按钮，通过表格形式输出该学号学生的课程成绩和个人信息。

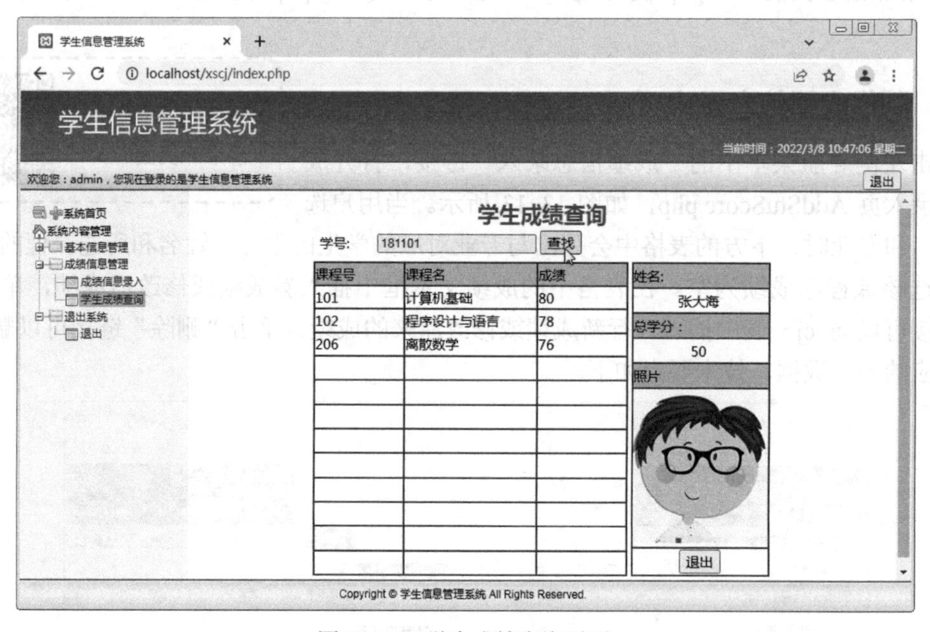

图 13-14　学生成绩查询页面

技术要点如下。

1）在 Web 项目 xscj 中新建两个 PHP 文件，分别是查询表单页面 ShowStuKC.php 和查询结果页面 SearchScore.php。

2）查询表单页面 ShowStuKC.php 中定义成绩查询表单，包括“学号”文本框和一个“查找”按钮，表单提交的地址为本页面。文件最后使用 include()函数包含 SearchScore.php，将 SearchScore.php 查询到的结果显示在本页面中。

3）查询结果页面 SearchScore.php 根据学号值从 XS_KC_CJ 视图中查找出课程号、课程名和成绩，在 xsb 表中查找出学生的姓名、总学分和照片信息，在显示照片时调用 showpicture.php 文件。使用两个表格来显示这些信息，左侧的表格显示课程号、课程名和成绩；右侧的表格显示学生的姓名、总学分和照片信息。

13.5.8　制作退出登录页面

单击左侧导航菜单中的“退出”链接，执行注销登录页 loginout.php，弹出“退出成功”消息框，注销用户的登录身份，如图 13-15 所示。

图 13-15　单击“退出”链接注销登录

至此，本系统基本设计完毕，读者可以在此基础上开发一些扩展功能。

13.6　习题

1. 简述网站的开发流程。
2. 使用 PHP+MySQL 组合开发一个简单的 Web 应用程序。